广东省"扬帆计划"引进
创新创业团队项目资助

中国太平洋学会 推荐

# 四指马鲅养殖与生物学

区又君 李加儿 编著

海洋出版社

2022年·北京

图书在版编目（CIP）数据

四指马鲅养殖与生物学 / 区又君, 李加儿编著. —
北京：海洋出版社, 2022.10
ISBN 978-7-5210-0984-2

Ⅰ.①四… Ⅱ.①区… ②李… Ⅲ.①鲻形目－生物
学－研究②鲻形目－鱼类资源－资源利用－研究 Ⅳ.
①Q959.478②S96

中国版本图书馆CIP数据核字(2022)第128041号

责任编辑：杨　　明
责任印制：安　　淼

海洋出版社 出版发行
http://www.oceanpress.com.cn
北京市海淀区大慧寺路 8 号　　邮编：100081
鸿博昊天科技有限公司印刷　　新华书店北京发行所经销
2022年10月第1版　　2022年10月第1次印刷
开本：787mm×1092mm　　1／16　　印张：19
字数：337千字　　定价：120.00元
发行部：010-62100090　　邮购部：010-62100072　　总编室：010-62100034
海洋版图书印、装错误可随时退换

# 马鲅，一条有故事的鱼：关于"一夜埕"的传说

源于阳江民间的"一夜埕"，在广东沿海地区可谓是独树一帜。

在南中国海，那些以渔猎为生的南粤先民捕鱼后需数天才能抵达岸上，期间海鱼会变质，于是采用原始的方法进行保质处理。他们把一种叫马鲅的特产海鱼放置于土埕之内，再撒上适量的盐，腌上一夜后，取出放于船篷或竹笪之上晾干，收起即成"一夜埕"。这种"一夜埕"在埕中锁住鲜嫩和营养，特别美味，经过代代相传，现已成为湛江、阳江地区独具特色的珍品佳肴。"一夜埕"制作讲究，要求咸淡适中，拿捏得当，既有海鲜的新鲜，又带有腌制的醇厚，追求一种味觉独特的效果。当地人烹饪马鲅的方式有蒸、煲、煎等，其中煎法较受欢迎，煎至微黄泛光的效果十分诱人，再配点姜粒提香更加令人陶醉。

在物质并不丰富的时代，"一夜埕"是接待贵客的最高礼遇。传说婚宴上，新人吃了"一夜埕"，会夫妻恩爱、儿孙满堂、年年有鱼、一生平安。马鲅及人们对"一夜埕"的认识似乎已从物质层面上升到精神层面，多了几分谈资，多了几段佳话。而从马鲅与"一夜埕"的传说中，仿佛看到古越人断发文身、精熟水性的强悍，他们身文龙兽臆想神力附体，在澎湃的海面搏击风浪，在宽阔的海域围捕马鲅。又仿佛看到他们强悍之余富于热情与细腻，以精细实用的方式加工处理食物，接待亲朋好友，形成了岭南饮食文化的一个组成部分。

"一夜埕"本指此法泡制的马鲅，现在演变成采用此法制作出来的鱼。有点因物得法、得法忘物、越走越远的意思。就是说针对马鲅发明了专门的腌制技法，而这技法却用于其他品种的鱼身上，偏离了马鲅与"一夜埕"工艺的适配关系。主要原因是马鲅的自然资源量近年来急剧下降，渔民出海已难以捕捞到马鲅，雷州半岛渔民便秉承"一夜埕"的精髓，另选金线鱼等其他鱼类，采用传统的"一夜埕"腌制工艺制

作，但严格来说只能算是"赝品"而已。

马鲅独具的肉质与鲜味，具有不可替代性，人们又十分怀念真材实料的"一夜埕"，回味那种集咸、香、鲜、嫩等味觉于一身的美妙感觉。马鲅是我国大陆最南端海域的一种特产，是海上丝绸之路上珍贵的鱼种。它以多脂肪和肉质紧密结构特殊称誉，美味可口同时兼具补虚健脾功效。但天然马鲅的自然资源量很少，20世纪后期渔获量便持续下降，已不见于餐桌上多年，现几近绝迹，2014年被《世界自然保护联盟（IUCN）濒危物种红色名录》列为濒危（EN）等级。目前马鲅人工繁育和规模化养殖已经取得成功，水产新技术使之不再局限于咸水环境存活。养殖马鲅不再是个难题，以马鲅为原料制作的珍品"一夜埕"得以重现人们面前。幸哉正本清源，传统烹饪得以回归，传统食材得以归真，岭南传统饮食文化得以传承光大。

本书从马鲅的形态特征、分类及地理分布、资源及开发利用状况、生物学特性、生理生态学特性、人工繁殖和育苗、发育生物学、养殖技术和养殖模式、疾病的防治、种质资源特性等方面，集成了在国内四指马鲅研究领域占据主导地位的中国水产科学研究院南海水产研究所科学家数十年来的研究成果。这一成果作为马鲅科鱼类研究的重要依据，对马鲅种质资源的开发利用、产业发展具有实际的指导意义，同时也为丰富鱼类学研究理论、恢复岭南特色的马鲅渔耕文化、实现资源的永续利用和可持续发展做出应有的贡献。

区又君　刘裕华
2021年6月

# 前　言

四指马鲅（*Eleutheronema tetradactylum*），俗称午鱼（潮汕地区）、午仔鱼（我国台湾地区）、午笋鱼（福建）、马友鱼（广东）、鲷鱼（海南）等，隶属于鲻形目 Mugiliformes、马鲅科 Polynemidae、四指马鲅属。主要分布于印度洋和太平洋西部，我国沿海地区均有出现，以南方沿海居多，属于热带及温带的海产鱼类。据《南海鱼类志》记载，在我国南海北部海区产的马鲅科鱼类有二属三种。除四指马鲅属的四指马鲅外，还有马鲅属的五指马鲅（*Polynemus plebejus*）和六指马鲅（*Polynemus sextarius*）。

在群众渔业刺网捕捞的马鲅科鱼类中，最常见种类为四指马鲅，产量最多，个体较大，体长可达2000毫米。五指马鲅一般体长100～300毫米；六指马鲅一般体长不超过200毫米，均属体型较小的鱼类，产量不多。

俗语说"一午、二红衫、三鯃、四嘉鱲（liè）"，在我国台湾地区有"一午、二鯃、三嘉鱲"的说法，广东则另有一说"一午、二鲳、三鯃、四马加"，这里的"午"就是马鲅，但不管哪种说法，马鲅美味均排行第一。马鲅是脂肪含量很高的食用鱼类，肉质鲜嫩味道香浓，鲜晒品非常名贵。而且与众不同的是这种鱼的肉质分层，像千层糕一样层叠，如果腌制之后就会一层层分开，所以咸鱼肉质紧密咸香扑鼻。以马鲅为原料制作的"一夜埕"，是广东粤西地区湛江、阳江著名的传统特色美食。马鲅具有补虚劳、健脾胃的功效，据《中华本草》上记载，该鱼还是一味消食化滞的良药，捕捉鲜鱼除去鳞片及内脏后炖食可治饮食积滞。

天然四指马鲅的自然资源量很少，只能用流刺网、底拖网等兼捕，产量不高。据1963年珠江口马鲅渔汛产量的统计资料，全汛生产船35艘，平均每艘机帆船产量为7204千克，加上其他船只的产量，总计270吨，为广东最主要产区。原广东水产供销公司历年马鲅收购量，1955年为69吨，60年代后，生产量明显增长，1966年收购量高达362吨。自此以后，四指马鲅的产量一直下降，近二十几年来市场上已基本看不到有野生马鲅出售，2014年被《世界自然保护联盟（IUCN）濒危物种红色名录》列为濒危（EN）等级。

我国台湾地区的马鲅养殖从1994年开始，至今已有20多年的发展。近年来，马鲅的种质资源被逐步开发和利用，成为我国南方沿海及台湾地区以及东南亚国家的高端海水养殖新品种，该鱼体型大、生长快，在淡水至海水中均可养殖，适合大围大塘和深水网箱养殖，是各类盐度水域理想的养殖品种，开发利用潜力巨大。

中国水产科学研究院南海水产研究所从20世纪60年代初开始进行马鲅的生物学、形态特征、早期生活史、鱼卵仔鱼分布、习性和生态、生殖洄游趋势、人工繁育、产卵场、产卵期、渔场和渔期、捕捞工具和生产经验等领域的研究，掌握了大量第一手基础资料，于1962年发表了调查研究报告《珠江口马鲅鱼生物学特性的初步研究》（卢如君），1966年的《南海北部底拖网鱼类资源调查报告（第三册）》和1985年《中国近海鱼卵与仔鱼》（张仁斋等）一书中亦记载了相关资料，1989年陆穗芬发表了《马鲅科稚鱼的形态特征及其在南海北部近海区的分布》。80年代中期李加儿在美国夏威夷海洋研究所参与马鲅的繁育研究，取得繁育初步成功；1996年发表了《六指多指马鲅中间培育生产技术》。2001年，李加儿、区又君等与养殖户合作，引进受精卵和苗种在深圳培育，在东莞等地试养，获得成功；2002年，又承担了中美海洋生物资源合作项目《六指马鲅引进及养殖技术培训》，在马鲅繁养殖等方面做了大量开拓性的工作，发表文章《六指马鲅的繁养殖》。以区又君研究员为学科组长的研究团队先后在茂名市、珠海市和中山市建立了马鲅研究和产业化示范基地，开展四指马鲅的大规模人工繁殖技术研究，2012年在茂名市取得国内首次成功，由此正式开始了四指马鲅在我国的规模化人工繁殖和养殖生产；2015年起，在广东省科学技术厅和广东省海洋与渔业厅专项经费资助下，在珠海市和中山市率先取得国内规模化全人工繁殖成功；与此同时，四指马鲅规模化健康养殖技术也逐渐熟化，建立了池塘健康养殖模式和封闭式工厂化循环水养殖模式，商品鱼养殖成活率达63.5%～95%。本团队将优质苗种和养殖技术同时在广东的珠海、深圳、中山、江门、广州番禺、饶平、汕尾、汕头、阳江、雷州、湛江、粤东、粤西以及海南、广西、福建、上海、江苏、山东、浙江、河北等沿海地区推广应用，引领和带动了这些地区四指马鲅的养殖产业发展，成功将四指马鲅开发成为重要的海水养殖新品种，使四指马鲅成为我国东南沿海重要的海、淡水养殖鱼类，人工养殖的四指马鲅已重新进入到千家万户的餐桌。

本研究团队在四指马鲅研究过程中，先后获得国家重点研发计划"蓝色粮仓科技创新"重点专项、广东省科技发展专项资金、广东省自然科学基金、广东省海洋渔业科技与产业发展专项资金等的大力资助，系统研究了马鲅的种质资源生物学，解决了四指马鲅的亲鱼和苗种培育、性逆转、开口饵料、应激、运输、抗寒和营养等关键技术难题，开拓了我国的马鲅研究领域，积极推动了马鲅养殖业的发展，并进行了资源增殖放流方面的工作，成为迄今为止国内唯一可以商业化生产四指马鲅苗种的研究团队，在国内四指马鲅研究开发领域占据主导地位。2016年，该团队及其马鲅研究项目入选广东省重大人才工程——"扬帆计划"引进创新创业团队项目。

自然海区的马鲅亲鱼产卵期较短，从开始到结束前后约50天左右。产于珠江口水域的马鲅产卵鱼群，产卵期为3月下旬至5月上旬，盛产期为4月。产于海南岛西海岸的产卵鱼群产卵期较早，为1—3月。本研究团队采用人工调控方法实现了四指马鲅全天候繁育，池塘养殖成熟的亲鱼，繁殖季节可从3月中旬开始，一直持续到11月中旬；在繁殖季节开始前经过营养强化后的亲鱼，产卵时无须注射催产激素，可自然产卵、受精。四指马鲅生长快，养殖一周年可达到750～1250克；养殖时间灵活，可以一年养殖1造，或者一年养殖2造、两年养殖3造等；平均养殖成本每500克约12元。鱼苗售价最高时达到1.5元/尾，成鱼塘头收购价达到每500克25～56元，市场售价最高可达每500克100元，并且鱼的规格越大，售价越高。现在虽然养殖量增加，但市场售价较稳定，利润空间较大，市场前景非常乐观。

本书是在作者长期从事海水鱼类种质资源开发、利用研究和技术推广工作过程中所积累的丰富经验基础上编著而成。书中大部分内容是作者多年来关于马鲅的一系列理论和实践的成果，另有部分内容参考了我所和国内外同行关于马鲅养殖的研究资料。书中系统地介绍了马鲅鱼类的形态特征、分类及地理分布、资源及开发利用状况、生物学特性、生理生态学特性、人工繁殖和育苗、发育生物学、养殖技术和养殖模式、疾病的防治、种质资源特性等内容。全书内容翔实，图文并茂，深入浅出；理论联系实际，与生产紧密结合；科学性、技术性、实用性和可操作性强，符合水产养殖业一线需求，适合水产养殖科技人员、基层养殖人员、基层水产技术推广人员使用，也可供各级水产行政主管部门的科技人员、管理干部和有关水产院校师生阅读参考。

本书的出版得到国家重点研发计划"蓝色粮仓科技创新"重点专项（2018YFD0900200），广东省重大人才工程——"扬帆计划"引进创新创业团队项目（2016YT03H038）等的支持和资助。

在研究四指马鲅的过程中，参与了部分研究工作的还有：温久福、李俊伟、谢木娇、蓝军南、周慧、林先智、王鹏飞、刘奇奇、王雯、陈世喜、赵彦花、牛莹月等，对他们付出的辛勤工作和贡献表示感谢。

特别感谢广州市协作办公室的刘裕华先生为本书的《序》润色。

本书涉及的学科和技术领域较广，在撰写过程中，我们力求内容科学，理论与实践结合，但由于水平有限，书中难免有所遗漏，恳请广大读者批评指正。

著者

2021年6月

# 目  录

# 第一章
# 马鲅科鱼类的形态特征、分类及地理分布

## 第一节  马鲅科鱼类的分类地位及形态特征

马鲅科（Polynemidae）分类学上隶属于辐鳍鱼纲（Actinopterygii）、鲻形目（Mugiliformes）、马鲅亚目（Polynemoidei）。

马鲅科鱼类的体长，侧扁，体被栉鳞，头部亦有鳞片。口下位，较大。吻部微突出，眼大，具脂眼睑，前后方较大。上下颌及犁骨、腭骨上生有绒毛状齿。前上颌骨形成上颌的边缘，可以伸出。上颌骨长，笔尖形，后部较宽，延长达眼的远后方。无辅上颌骨。背鳍两个，分离。第一背鳍7～8鳍棘，第二背鳍11～15鳍条。臀鳍与第二背鳍相对，形状相同。胸鳍位低，鳍条分为两部分，上部鳍条正常，下部鳍条游离呈丝状。第二背鳍、臀鳍及尾鳍上均有细小鳞片。尾鳍叉形。鳃孔宽阔，鳃盖膜不与峡部相连，鳃盖条7，鳃耙细长。侧线连续，延达尾部。

### 一、马鲅的外部形态

为方便查阅，将四指马鲅外形（图1-1和图1-2）及形态结构方面的部分术语简要说明如下。

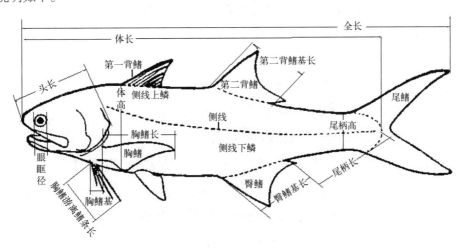

图1-1  四指马鲅的外形图

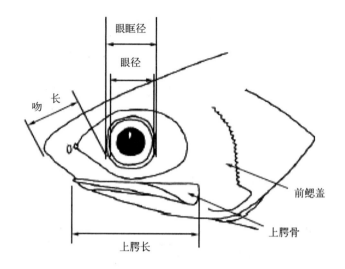

图1-2　马鲅的头部（Motomura，2004）

## 二、主要可量性状和术语

（1）全长：从吻端到尾鳍末端的直线长度。

（2）体长或标准体长：从吻端到尾鳍基部最后一个尾椎骨后缘的长度。

（3）头长：从吻端到鳃盖骨后缘的长度。

（4）上颌长：前颌骨前端到后端的距离。

（5）吻长：眼前缘到吻端的直线长度。

（6）眼径：眼睛的前缘到后缘的直线距离。

（7）眼间距：两边眼眶背缘之间的距离。

（8）眼眶径：眼眶的前缘到后缘的直线距离。

（9）体高：从第一背鳍起点到腹面的垂直高度。

（10）体宽：胸鳍基之间的宽度。

（11）尾柄长：从臀鳍基部后端到尾鳍基垂直线的距离。

（12）尾柄高：尾柄部分最低部位的高度。

（13）第二背鳍基长：从第二背鳍起点到第二背鳍基末端的直线长度。

（14）胸鳍长：胸鳍基起点到胸鳍条末端的距离。

（15）胸鳍游离鳍条长：胸鳍游离鳍条基部到末端的距离。

（16）臀鳍基长：从臀鳍起点到臀鳍基部末端的直线长度。

### 三、骨骼

马鲅的骨骼与其他硬骨鱼类一样，有外骨骼和内骨骼之分。外骨骼包括鳞片、鳍棘和鳍条；内骨骼包括埋在肌肉中的头骨、脊椎骨和附肢骨等。

（1）脑颅。印度马鲅*Leptomelanosoma indicum*头部的骨骼部分，由许多骨片组成，包括鼻骨、侧筛骨、额骨、蝶耳骨、顶骨、翼耳骨、上耳骨、外枕骨、上枕骨、筛骨（图1-3）。

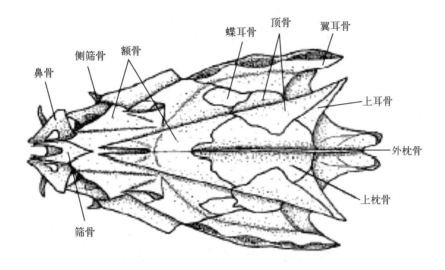

图1-3 印度马鲅*Leptomelanosoma indicum*的脑颅背面观（Motomura，2004）

（2）脊椎骨。四指马鲅的脊椎由24枚前后关联的椎骨组成，其中腹椎10枚，尾椎14枚（图1-4）。

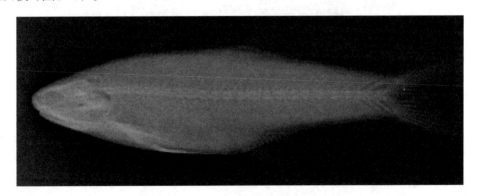

图1-4 四指马鲅的骨骼系统X光照片

（3）附肢骨。可分为奇鳍支鳍骨和偶鳍支鳍骨，前者支持背鳍和臀鳍，后者支持胸鳍和腹鳍，每一鳍条均由一枚支鳍骨所支持，胸鳍和腹鳍的鳍骨分别与肩带骨和腰带骨相连。

如图1-5所示为马鲅的髓棘、髓上骨、背鳍棘以及第一近支鳍骨。

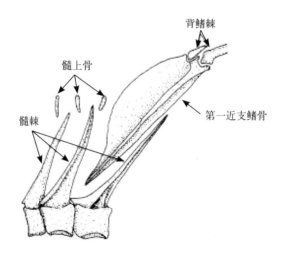

图1-5　马鲅的髓棘、髓上骨、背鳍棘和第一近支鳍骨（Hotomura，2004）

（4）腭骨。图1-6为四指马鲅上下腭左侧面观，显示了上腭骨和齿板。上腭骨高：上腭骨末端最高点至最低点之间的直线距离。齿板长度：下腭唇最前端至下腭唇前背角之间的直线距离。

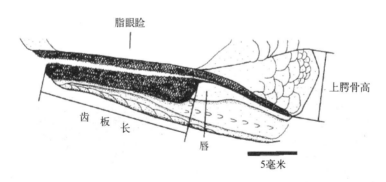

图1-6　四指马鲅（体长189毫米）上下腭左侧面观（Motomura et al，2002）

## 四、口腔

四指马鲅口腔断面形状：底线平坦，口腔断面呈半圆弧形，舌的前端游离（图1-7）。

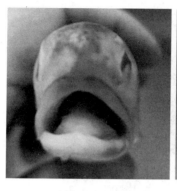

图1-7 四指马鲅的口腔（左）和舌（右）

## 五、鳃耙

图1-8（左）为马鲅鳃耙原图，图1-8（右）示鳃耙的原基、上鳃耙、下鳃耙、鳃丝、骨齿板。

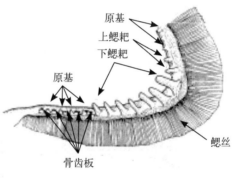

图1-8 马鲅的鳃耙（右：Motomura et al，2002）

如图1-9所示为不同体质量的四指马鲅左侧第一鳃弓。

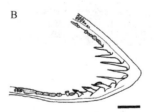

图1-9 四指马鲅左侧第一鳃弓侧面观（Motomura et al，2002）

*A.体长64毫米；B.体长225毫米（小点示绒毛状齿；标尺：5毫米）*

## 六、脂眼睑

四指马鲅的眼与鲱形目和鲻形目若干种类一样，眼被覆有透明的脂肪体脂眼睑。四指马鲅的脂眼睑特别发达，呈长椭圆形，遮于眼睛上（图1-10）。

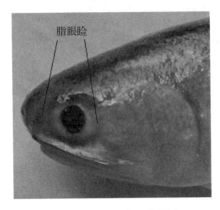

图1-10　四指马鲅的脂眼睑

## 七、耳石

据观察，3龄四指马鲅矢耳石呈瓜子状，前缘开阔，后缘窄且闭合，边缘有较多波浪形突起（图1-11）。图中，粗体线为年龄读取区，虚线为参考轴，实线为测量轴，每个环的外缘有年轮标记。

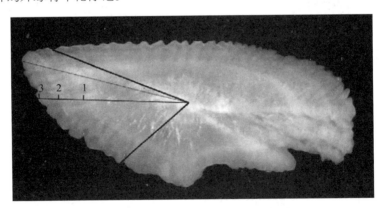

图1-11　四指马鲅的矢耳石（Ballagh et al，2012）

## 八、尾鳍侧线鳞形式

据《南海鱼类志》描述，四指马鲅侧线明显，延达尾鳍下叶。在《广东淡水鱼类志》中的描述为侧线平直，伸达尾鳍基部。

四指马鲅属鱼类的尾鳍膜上侧线鳞分布有两种形式。而多鳞四指马鲅和四指马鲅的侧线鳞有分支的，也有不分支的（图1-12A）。三趾四指马鲅的侧线不分支，从鳃盖一直伸达尾鳍下叶上缘（图1-12B）。图1-13为三种四指马鲅的侧线鳞形式。

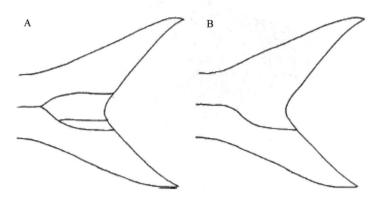

图1-12　四指马鲅的尾鳍侧线鳞形式（Motomura et al，2002）

A. 多鳞四指马鲅和四指马鲅；B. 三趾四指马鲅

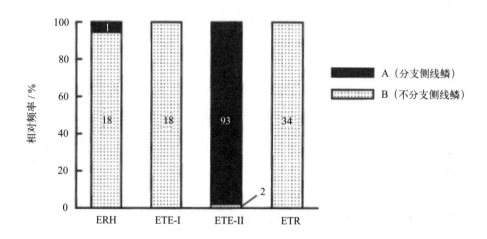

图1-13　三种四指马鲅的侧线鳞形式（Motomura et al，2002）

ERH. 多鳞四指马鲅；ETE-I. 四指马鲅（澳大利亚和巴布亚新几内亚种群）；ETE-II. 四指马鲅（其他种群）；ETR. 三趾四指马鲅

注释A和B分别对应于图1-12A和1-12B；柱形图中的数字表示检查的样本数量

据作者在对四指马鲅的观察，四指马鲅的侧线伸达尾鳍基部后，分成三支，一支延达尾鳍上叶，另外两支延达尾鳍下叶（图1-14）。

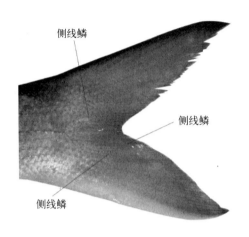

侧线鳞

侧线鳞

侧线鳞

图1-14　四指马鲅的尾鳍侧线鳞

# 第二节　我国马鲅科鱼类的地理分布与检索

马鲅科为暖水性鱼类，具有洄游特性，多分布在温带、亚热带和热带的近岸海域以及淡水河流的入海口，我国黄海、东海、南海等海域均有分布。

属的检索表：

1（2）下唇不发达，限于口角附近；齿布于颌外缘；胸鳍游离鳍条3或4 ……………………………………………………四指马鲅属*Elentheronema*

2（1）下唇较发达，但不达下颌前端；齿不布于颌外；胸鳍游离鳍条不少于5 ……………………………………………………多指马鲅属*Polydactylus*

四指马鲅属*Elentheronema*（Bleeker，1862）

胸鳍下部具4根游离鳍条，体背面和侧面灰青带黄色，腹部银白色；背鳍、胸鳍、臀鳍、尾鳍灰色；尾鳍后缘黑色；腹鳍白色。幼鱼胸鳍、臀鳍和尾鳍下叶黄色。

据国内（大陆）文献，四指马鲅属有两种，南海产一种。

分布：我国各海域，尤以南海区的珠江口至台山沿海为多见；日本、印度、菲律宾；大洋洲；印度；大西洋西部和北部。

四指马鲅，俗名"午鱼""马友"等，江浙一带俗称"章跳"。

四指马鲅种的描述：

背鳍Ⅷ-1-13-15；臀鳍Ⅲ-14-15；胸鳍18+4；腹鳍1-5；尾鳍18-22。侧线鳞79-95$\frac{10-12}{11-17}$；鳃耙5-7+6-8。

　　体长165～266毫米。体延长，侧扁，背腹缘弧度较小。尾柄较长，侧扁。体高远大于体宽，约为体宽的2倍。体长为体高的3.9～4.7倍，为头长的3.4～3.8倍。头较短，钝且尖，背部及两侧微隆起，腹面较宽阔，平坦。吻短而钝尖，约与眼径等长。头长为吻长的6.9～9.3倍。眼较大，位于头部的前端，脂眼睑特别发达，呈长椭圆形，遮于眼睛。眼间隔宽阔。鼻孔很小，每侧两个，相距很近，位于眼的前方，与眼径约在同一水平上，但距吻端较距眼为近。口大，下位，近水平。唇褶仅于口角处残存。齿细小呈绒毛状，上下颌齿呈带状排列，缝合部不相连接，两颌齿延伸达颌的外侧，下颌尤为显著，犁骨齿丛呈三角形，腭骨齿呈带状，两条。鳃孔宽阔，前鳃盖后缘具微细的锯齿；鳃盖膜分离，不与峡部相连，鳃耙发达。肛门位于腹鳍基部与臀鳍起点间，距臀鳍起点较胸鳍基部为近。

　　体被栉鳞，头部除脂眼睑外，均被有鳞片，背、臀、胸鳍基部均被有较厚的鳞鞘；除胸鳍游离鳍条外，各鳍亦有细小鳞片，胸鳍及腹鳍基部腋鳞长尖形。侧线平直，伸达尾鳍基部。

　　两背鳍分离，第一背鳍起点距第二背鳍起点较距吻端为近，约始于胸鳍中部的背方，鳍棘较软，以第2、3鳍棘为最长。第二背鳍后缘深凹形，以第2、3鳍条为最长。臀鳍与第二背鳍同形，起点约在第二背鳍2～3鳍条基部的下方。胸鳍位低，与体侧下缘近在同一水平线上；下方的游离鳍条几乎完全位于胸部腹面。游离鳍条细长呈丝状。腹鳍较小，腹位且较前。尾鳍大，深叉形，上叶稍长于下叶。

　　体背方灰褐色，腹侧乳白色，背、臀、胸、尾各鳍淡灰黑色，臀鳍边缘黑色。腹鳍色淡。

　　胃很大，呈"Y"形。无鳔。脊椎24个。

　　腹膜银白色（图1-15）。

图1-15　四指马鲅的腹膜

多指马鲅属*Polydactylus*（Lacépède，1803）：

本属有20种，南海产4种。

1（4）胸鳍下部游离鳍条3。

2（3）胸鳍上部鳍条分支；尾鳍上、下叶边缘鳍条呈丝状延长，体侧纵带纹不明显。体浅褐色，背部紫色至黑色；腹鳍近白色，其余各鳍灰褐色略带黄色（分布：我国南海南部；印度等

..............印度马鲅*Polydactylus indicus*（Shaw，1804）

3（2）胸鳍上部鳍条不分支；尾鳍上、下叶边缘鳍条不延长，体侧上部具有明显纵带纹。体背侧青灰褐色，腹侧白色；各鳍青灰色，边缘灰褐色；吻部稍呈褐黄色（分布：我国南海、东海；日本南部、东南亚各国、澳大利亚北部；印度，印度–西太平洋）

..............五指多指马鲅*P. plebeitus*（Broussonet，1782）

（同种异名：五指马鲅*P. plebeitues*）

4（1）胸鳍下部游离鳍条6。

5（6）胸鳍上部鳍条分支；体侧在侧线始部具1大于眼径的黑斑；侧线鳞44～50。体背侧和各鳍淡青黄色，腹部白色；各鳍边缘灰黑色（分布：我国南海、东海；日本、印度尼西亚、印度–西太平洋）

..............黑斑多指马鲅*P. sextaius*（Bloch et Schneider，1801）

（同种异名：六指马鲅*P. sextaius*）

6（5）胸鳍上部鳍条不分支；体侧侧线始部无黑斑；侧线鳞61～67。体背部及胸鳍除外的各鳍棕黄色，腹部白色；胸鳍黑色（分布：我国南海南部；日本；印度，印度–西太平洋）

..............六指多指马鲅*P. sexfilis*（Cuvier，1831）

## 第三节 世界马鲅科鱼类的种类及地理分布

根据联合国粮食及农业组织（FAO）（Motomura，2004）资料，马鲅科（Polynemidae）共有8属41种，在太平洋、大西洋、印度洋等海域的热带、亚热带和温带均有分布（图1-16），最大种类体型可达2米。

### 一、马鲅科分属

（1）四指马鲅属 *Eleutheronema* Bleeker，1862（3种）

（2）丝指马鲅属 *Filimanus* Myers，1936（6种）

（3）十指马鲅属 *Galeoides*（Bloch，1795）（1种）

（4）印度马鲅属 *Leptomalasoma*（Shaw，1804）（1种）

（5）副马鲅属 *Parapolynemus* Feltes，1993（1种）

（6）长指马鲅属 *Pentanemus* Günther，1860（1种）

（7）多指马鲅属 *Polydactylus* Lacépède，1803（20种）

（8）马鲅属 *Polynemus* Linaeus，1758（8种）

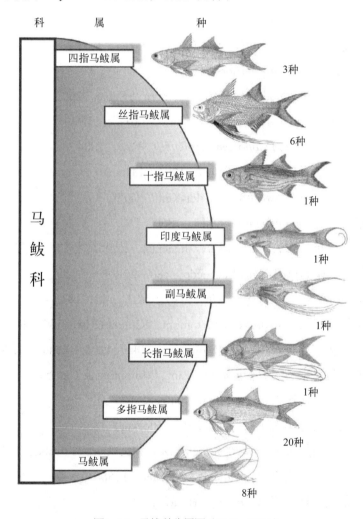

图1-16　马鲅科分属图（FAO，2004）

## 二、马鲅科各属分种

（1）四指马鲅属 *Eleutheronema* Bleeker，1862（3种）

多鳞四指马鲅 *E.rhadinum*（Jordan & Evermann，1902）

四指马鲅 *E. tetradactylum*（Shaw，1804）

三趾四指马鲅 *E. tridactylum*（Bleeker，1849）

（2）丝指马鲅属 *Filimanus* Myers，1936（6种）

七丝指马鲅 *F. heptadactyla*（Cuvier，1829）

六丝指马鲅 *F. hexanama*（Cuvier，1829）

丛丝指马鲅 *F. perplexa* Feltes，1991

西氏丝指马鲅 *F. sealei*（Jordan & Richardson，1910）

真丝指马鲅 *F. similis* Feltes，1991

印度丝指马鲅 *F. xanthonema*（Valenciennes，1831）

（3）十指马鲅属 *Galeoides*（Bloch，1795）（1种）

湖马鲅 *P. melanochair dulcis* Motomura & Sabaj，2002

（4）印度马鲅属 *Leptomelanonemus*（Shaw，1804）（1种）

印度马鲅 *Leptomelanosoma indicum*（Shaw，1804）

（5）副马鲅属 *Parapolynemus* Feltes，1993（1种）

维氏副马鲅 *P. verekeri*（Saviler-Kent，1889）

（6）长指马鲅属 *Pentanemus* Günther，1860（1种）

五丝长指马鲅 *P. quinquarius*（linaenus，1758）

（7）多指马鲅属 *Polydactylus* Lacépède，1803（20种）

太平洋多指马鲅 *P. approximans*（Lay & Benntt，1839）

双叉多指马鲅 *P. bifurcus* Motomura，Kimura & Iwatsuki，2001

长肘多指马鲅 *P. longipes* Motomura，Okamoto & Iwatsuki，2001

庐帕尔多指马鲅 *P. Luparensis* Lim，Motomura & Gambang，2010

大手多指马鲅 *P. macrochir*（Günther，1867）

大眼多指马鲅 *P. macrophthalmus*（Bleeker，1858）

马达加斯加多指马鲅 *P. malagasyensis* Motomura & Iwatsuki，2001

小口多指马鲅 *P. microstomus*（Bleeker，1858）

马伦氏多指马鲅 *P. mullani*（Hora，1926）

繁幅多指马鲅 *P. multiradiatus*（Günther，1860）

黑翅多指马鲅 *P. nigripinnis* Munro，1964

大西洋多指马鲅 *P. octonemus*（Girad，1858）

寡齿多指马鲅 *P. oligodon*（Günther，1860）

黄齿多指马鲅 *P. opercularis*（Gill，1863）

波斯湾多指马鲅 *P. persicus* Motomura & Iwatsuki，2001

五指多指马鲅 *P. plebeius*（Broussonet，1782）

四线多指马鲅 *P. quadrifilis*（Cuvier，1829）

六丝多指马鲅 *P. sexfilis*（Valenciennes，1831）；又称六丝马鲅

六指多指马鲅 *P. sextarius*（Bloch & Schneider，1801）；又称六指马鲅

暹罗湾多指马鲅 *P. siamensis* Motomura，Iwatsuki & Yoshino，2001

黑腹多指马鲅 *P. vigrinicus*（Linaeus，1758）

（8）马鲅属 *Polynemus* Linaeus，1758（8种）

长丝马鲅 *P. aquilonaris* Motomura，2003

双齿马鲅 *P. bidentatus* Motomura & Tsukawaki，2006

野马鲅 *P. dubius* Bleeker，1854

霍氏马鲅 *P. hornadayi* Myers，1936

卡普阿斯马鲅 *P. kapuasensis* Motomura & van Oijen，2003

黑鳍马鲅 *P. melanochair melanochair* Valenciennes，1831

多线马鲅 *P. multifilis* Temminck & Schlegel 1843

长指马鲅 *P. paradiseus* Linnaeus 1758

## 三、世界马鲅科鱼类的地理分布

世界马鲅科鱼类的地理分布如表1-1所示。

表1-1　马鲅科鱼类的地理分布

| 种类 | 栖息水域 | 地理分布 |
|---|---|---|
| 多鳞四指马鲅 *Eleutheronema rhadinum* | 海水，半咸淡水，水深5~8米 | 42°N—15°N，105°E—142°E。西太平洋，中国、日本与越南 |
| 四指马鲅 *E. tetradactylum* | 海水，淡水，半咸淡水，水深：0~23米 | 32°N—26°S，47°E—154°E。印度-西太平洋、波斯湾到巴布亚新几内亚与澳洲北部 |
| 三趾四指马鲅 *E. tridactylum* | 海洋，半咸淡水 | 14°N—8°S，97°E—130°E。泰国、马来西亚、印度尼西亚 |
| 七丝指马鲅 *Filimanus heptadactyla* | 海水，半咸淡水 | 10°N—11°S，99°E—148°E。西太平洋：泰国、马来西亚、印度尼西亚、巴布亚新几内亚 |
| 六丝指马鲅 *F. hexanama* | 海水 | 印度尼西亚 |
| 丛丝指马鲅 *F. perplexa* | 海水，水深34米以下 | 10°N—9°S，96°E—116°E。中西太平洋：印度尼西亚、泰国 |

续表

| 种类 | 栖息水域 | 地理分布 |
|---|---|---|
| 西氏丝指马鲅 *F. sealei* | 海水 | 20°N—12°S，119°E—163°E。中西太平洋：菲律宾到所罗门群岛 |
| 真丝指马鲅 *F. similis* | 海水 | 26°N—5°N，64°E—100°E。印度洋：巴基斯坦、印度、斯里兰卡、马来半岛 |
| 印度丝指马鲅 *F. xanthonema* | 海水，水深1~30米 | 25°N—9°S，79°E—117°E。印度-西太平洋：印度、印度尼西亚 |
| 湖马鲅 *Galeoides decadactylus* | 海水，半咸淡水，水深10~70米 | 37°N—27°S，19°W—16°E。东大西洋：摩洛哥、安哥拉、阿尔及利亚、纳米比亚 |
| 印度马鲅 *Leptomelanosoma indicum* | 海水，半咸淡水，水深55~100米 | 26°N—10°S，62°E—152°E。印度-西太平洋：巴基斯坦到巴布亚新几内亚 |
| 维氏副马鲅 *Parapolynemus verekeri* | 海水，淡水，半咸淡水 | 7°S—16°S，128°E—147°E。中西太平洋：巴布亚新几内亚、澳大利亚 |
| 五丝长指马鲅 *Pentanemus quinquarius* | 海水，半咸淡水，水深10~70米 | 21°N—18°S，27°W—14°E。东大西洋：塞内加尔、安哥拉、毛里塔尼亚、佛得角、古巴 |
| 太平洋多指马鲅 *Polydactylus approximans* | 海水，半咸淡水，水深10~60米 | 37°N—12°S，122°W—77°W。东太平洋：美国、秘鲁、墨西哥 |
| 双叉多指马鲅 *P. bifurcus* | 海水，水深0~5米 | 2°N—9°S，96°E—117°E。印度尼西亚 |
| 长肘多指马鲅 *P. longipes* | 海水 | 8°N—5°N，125°E—128°E。菲律宾棉兰老岛 |
| 庐帕尔多指马鲅 *P. luparensis* | 淡水，深3~5米 | 2°N—1°N，111°E—112°E。马来西亚婆罗洲巴塘庐帕尔河口 |
| 大眼多指马鲅 *P. macrophthalmus* | 淡水 | 印度尼西亚苏门答腊、加里曼丹、卡普阿斯河、穆西河和巴坦哈里河 |
| 马达加斯加多指马鲅 *P. malagasyensis* | 海水，半咸淡水，水深5~62米 | 1°N—35°S，25°E—51°E。西印度洋：肯尼亚、莫桑比克、南非和马达加斯加 |
| 小口多指马鲅 *P. microstomus* | 海水，半咸淡水，水深2~55米 | 26°N—11°S，77°E—154°E。东印度洋和西太平洋：印度、斯里兰卡、缅甸、泰国、中国台湾地区、印度尼西亚、菲律宾、新喀里多尼亚 |
| 马伦氏多指马鲅 *P. mullani* | 海水，水深14~115米 | 26°N—15°S，59°E—74°E。西印度洋：阿拉伯海 |
| 繁幅多指马鲅 *P. multiradiatus* | 海水，半咸淡水，水深10~56米 | 4°S—34°S，113°E—154°E。东印度洋和西太平洋：印度尼西亚南部和澳大利亚北部 |
| 黑翅多指马鲅 *P. nigripinnis* | 海水，半咸淡水 | 6°S—17°S，127°E—147°E。西太平洋：巴布亚新几内亚、澳大利亚和阿拉弗拉海 |

| 种类 | 栖息水域 | 地理分布 |
|------|----------|----------|
| 大西洋多指马鲅 *P. octonemus* | 海水，水深5～66米 | 42°N—18°N，98°W—71°E。西大西洋：美国、墨西哥、南美洲北部 |
| 寡齿多指马鲅 *P. oligodon* | 海水，半咸淡水 | 29°N—25°S，81°W—34°W。西大西洋：美国、巴西 |
| 黄齿多指马鲅 *P. opercularis* | 海水，水深10～60米 | 34°N—7°S，118°W—77°W。东太平洋：美国、秘鲁、墨西哥 |
| 波斯湾多指马鲅 *P. persicus* | 海水，水深10米以下 | 31°N—23°N，47°E—57°E。西印度洋：波斯湾 |
| 五指多指马鲅 *P. plebeius* | 海水，半咸淡水，水深122米以下 | 37°N—35°S，22°E—148°W。印度-太平洋：东非到法属波利尼西亚，北自日本，南到澳大利亚 |
| 四线多指马鲅 *P. quadrifilis* | 海水，淡水，半咸淡水，水深15～55米 | 22°N—5°S，26°W—13°E。东大西洋：塞内加尔、安哥拉、毛里塔尼亚 |
| 六丝多指马鲅 *P. sexfilis* | 海水、淡水；半咸淡水，水深1～50米 | 34°N—23°S，50°E—148°W。印度-太平洋：毛里求斯、塞舌尔、肯尼亚、印度尼西亚、日本、夏威夷、法属波利尼西亚和皮特凯恩 |
| 六指多指马鲅 *P. sextarius* | 海水，半咸淡水，水深16～73米 | 32°N—11°S，75°E—149°E。东印度洋和西太平洋：印度、菲律宾、印度尼西亚、巴布亚新几内亚、日本 |
| 暹罗湾多指马鲅 *P. siamensis* | 海水 | 18°N—6°N，92°E—102°E。东印度洋：泰国、马来半岛 |
| 黑腹多指马鲅 *P. vigrinicus* | 海水，半咸淡水 | 西大西洋：美国新泽西、萨尔瓦多、巴西 |
| 长丝马鲅 *Polynemus aquilonaris* | 淡水，半咸淡水 | 湄公河和湄南河水系以及洞里萨湖 |
| 双齿马鲅 *P. bidentatus* | 淡水 | 越南湄公河流域 |
| 霍氏马鲅 *P. hornadayi* | 淡水 | 马来西亚加里曼丹沙捞越西部的恩森吉河、拉江河和成盖河 |
| 卡普阿斯马鲅 *P. kapuasensis* | 淡水 | 印度尼西亚西加里曼丹的卡普阿斯河流域 |
| 黑手马鲅 *P. melanochair dulcis* | 淡水，半咸淡水 | 越南湄公河水系、巴沙河、印度尼西亚 |
| 黑鳍马鲅 *P. melanochair melanochair* | 淡水 | 柬埔寨和越南南部湄公河下游及支流，印度尼西亚加里曼丹 |
| 多线马鲅 *P. multifilis* | 淡水，半咸淡水 | 泰国、印度尼西亚 |
| 长指马鲅 *P. paradiseus* | 海水，淡水，半咸淡水，水深25米以下 | 24°N—11°N，71°E—102°E。东印度洋和西太平洋：印度、泰国、马来西亚、老挝 |

（自Fishbase和Mptomura，2004）

## 四、马鲅稚鱼在南海北部近海区的分布与产卵场、产卵期问题

陆穗芬（1989）报道，根据南海水产研究所1964年的资源调查资料，六指马鲅成鱼在南海北部海域全年均可捕获。但渔获量最高、出现率最多的为秋季（10—11月）。自海南岛东面近海区至粤东近海区均可捕获。捕获稚鱼的时间为6—10月，稚鱼的分布范围也很广。在海南岛东面近海区，分布于铜鼓渔场和雷州湾口一带；在珠江口海区，分布于担杆列岛近海，捕获较多的是在粤东海区的甲子至南澳岛近海。从时间上来说，六指马鲅稚鱼采集数量较多的为7—8月，从稚鱼的体长来看，在6—10月均可采集到体长6.5～7.5毫米的六指马鲅稚鱼。由此可以推测，六指马鲅在南海北部海域的产卵期相当长。再从稚鱼的体长与分布海区的关系来看，在海南岛以东近海区，所采集的稚鱼体长范围为6.5～7.5毫米。在珠江口海区，所采集的稚鱼体长范围为7.6～9.0毫米。在粤东海区所采集的稚鱼体长范围为8.5～13.2毫米。显然，在上述各海区中几乎均可采集到体长相当接近的六指马鲅稚鱼。因而可以推定，从粤西海区向东至珠江口，直达粤东的南澳岛一带均有其产卵场分布，这与其成鱼的分布范围的广泛相吻合。六指马鲅分布的表层水温范围为26.30～28.43℃，表层盐度的范围是29.33～34.48。其主要分布分为如图1-17所示。

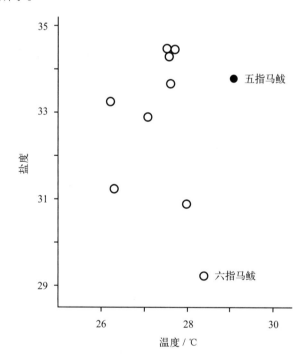

图1-17　马鲅稚鱼分布的温度和盐度范围（陆穗芬，1989）

五指马鲅稚鱼采集数量较少，稚鱼采自9月，于珠江口较深水（80米）的海区。

表层水温为29.11℃，表层盐度为33.75。

该次调查未采集到四指马鲅，但从南海水产研究所有关该鱼的生物学资料分析，该鱼在南海北部的产卵期较短，集中在4月。从幼鱼的采集资料可知，7—8月可捕获体长40～50毫米的幼鱼。产卵场分布与珠江口中部海区，以淇澳岛、唐家、香洲、青州至内伶仃岛一带为四指马鲅的中心渔场。水温为20～23℃，盐度为20～26，渔获量最高。

## 五、马鲅的渔具、渔场和渔期

### （一）广东

在广东，刺网是捕捞马鲅鱼类的主要工具。这类渔具又分为底刺网和浮刺网两种，多为珠海的唐家、香洲、湾仔、龙穴和台山的广海以及惠阳地区沿海一带的渔民所使用。潮汕渔民所使用的午鱼莲，也属刺网类。此外，延绳钓、手钓和标枪等，均为有效的捕捞工具。每逢农历初一至初五、十五至廿一，水流急，水色浑浊，妨碍鱼的视线，此时使用刺网生产效果最好。农历初七和廿三以后，水流慢，水色清，此时使用延绳钓或手钓，捕捞效果较好；若用刺网捕捞，宜用底刺网在夜间作业。刺网的夜间渔获量比白天高，尤其是将近黄昏至天黑时作业效果最好。

刺网渔场：汕头港内水深5～14米，底质泥，渔期为4—6月（底刺网型：午鱼莲）。惠阳大星山至大星针，水深17～27米，底质泥，渔期为12月至翌年2月（流刺网型：马鲅刺）。珠海、台山沿岸，内伶仃至广海一带，水深5～29米，渔期为3—5月。

钓类渔场：饶平至惠来一带沿海，其中长山尾至大金门，水深10～20米，底质泥，渔期为4—10月；南澳山内水深5～14米，底质软泥沙，渔期全年。鸡笼山至下架山，水深14～20米，渔期常年（手钓）。台山、珠海沿海海岛附近岩礁周围，渔期为8—9月（手钓）。珠江口一带水深7～14米，渔期为4—7月（延绳钓）。阳江沿海大角水深14～15米，渔期为3—12月（手钓）。北部湾北部沿海的电白寮、对达门外港，水深12～17米，底质沙泥，渔期为3—11月（手钓）。

产量和经济价值：据1963年珠江口马鲅渔汛产量的统计资料，全汛生产船35只，平均每只机帆船产量为7204千克，加上其他船只的产量，总计270吨，为广东最主要产区。

### （二）浙江

在浙江，四指马鲅每年于5—6月间向港湾作生殖洄游，生殖后返游外海，据调查，过去四指马鲅在三门湾只作为鱿鱼生产时的兼捕对象，产量不高。20世纪90年代以后，渔发较好，形成鱼汛，成为台州地区近海流网主捕对象之一。

渔汛渔场：四指马鲅在三门湾的渔发时间为5—7月（即立夏至大暑），旺发为小满至芒种期间。每年立夏前后，四指马鲅开始生殖洄游至三门湾渔场，分布范围广，无明显渔场，湾内各水域均能捕到。小满至芒种期间，鱼群相对集中，形成繁殖产卵群体，为渔发旺季，主要渔场集中在烂嘴头、涛头北、孝头北海域。产卵结束后，鱼群又分散向外海渔场洄游，生产时间持续到大暑前后。

网具及装配：四指马鲅捕捞网具以流刺网为主。网片由直径为0.45～0.50毫米彩色锦纶6单丝编织而成。上下纲装配：目大12厘米，上下纲均为48×3聚氯乙烯绳各两根，缩结系数约为0.44。沉浮子装配：沉子规格为40克/只腰彭形锡矸。浮子规格为浮力50克/只香蕉形塑料浮子。沉浮子为相对装配，只数比为1：1，每片只装33～34只。

平时作业时，根据气候、潮流的影响，调整网具的作业水深，通常再以增减泥矸（规格为250克/只）和竹浮筒（规格为直径7～8厘米，长35～40厘米）的个数及调节竹浮筒吊绳的长度来控制。一般一艘2～3吨、12马力的小船带网12～13张。

渔法：四指马鲅生产方法与普通流网相同，一般一只小船三人，一人操舵，一人起放上纲，另一人起放下纲。放网方向各地习惯不同，三门渔民以放横流为主，临海渔民则以放直流或斜流为主，全天24小时均可作业。

经济效益：用流刺网捕捞四指马鲅，具有节省成本、网具简单、操作方便、渔获质量好、经济效益高等特点。特别是小型流网船配上这种网具，可大大增加效益。据对三门县赤头村45艘12马力3～5吨的流网船调查，1992年单位产值1万～1.1万元，最高达1.7万元，实际生产时间25～30天，配网6～7张，全村产值达35万～36万元，劳均收入3000～4000元。

## 六、马鲅鱼类的资源及开发利用状况

### （一）马鲅自然资源及其利用状况

马鲅科鱼类是热带和亚热带地区重要的商业鱼类，是澳大利亚和非洲西海岸的游钓鱼类，一些种类如四指马鲅和六指多指马鲅已被开发成养殖鱼类，淡水种类如长丝马鲅和多线马鲅则被开发成观赏鱼类。根据FAO 2001年的数据显示，马鲅科鱼类全球渔获量为93000吨。由于统计困难，渔获量可能被大大低估了。

在我国，马鲅主要分布在我国台湾、福建、广东等地沿海，分布于广东沿海者以珠江口最盛，这里是一个产卵场，由来已久，20世纪60年代，产量最高时曾达到250～300吨/年。自此以后，产量一直下降，近二十几年来市场上已基本看不到有马鲅鱼出售。在长江口水域马鲅见之于长江口北支和南支、崇明东滩沿岸以及杭州湾北部南汇芦潮港、奉贤柘林和金山嘴一带，滚钩作业常有捕获，但数量不多。

（二）马鲅养殖业的前景

马鲅科鱼类，尤其是四指马鲅、六丝多指马鲅已成为国际新的水产养殖对象，其中四指马鲅是东南亚国家如泰国、新加坡、马来西亚等国家和中国台湾地区的重要海水和半咸水网箱养殖、池塘养殖对象，六丝多指马鲅则是夏威夷和法属波利尼西亚重要的海水网箱养殖对象。中国水产科学研究院南海水产研究所联合广东省茂名市、珠海市、中山市的苗种繁育和养殖企业开展了四指马鲅的研发攻关，于2012—2013年国内首次取得规模化人工繁殖技术研究成功，开始了四指马鲅的人工繁殖和养殖生产；2015年率先取得四指马鲅规模化全人工繁殖的成功，使四指马鲅成为我国重要的海水养殖新品种；解决了四指马鲅的亲鱼和苗种培育、性逆转、开口饵料、池塘养殖、工厂化循环水养殖、应激、运输、抗寒、营养等关键技术难题，开拓了我国的马鲅研究领域，积极推动了马鲅养殖业的发展，并在珠海市和茂名市进行了多年的资源增殖放流工作，取得了良好的经济和生态效益。目前，四指马鲅正在成为我国东南沿海重要的海、淡水养殖鱼类，人工养殖的四指马鲅商品鱼已在各个市场上广泛出售，并进入到千家万户的餐桌上。

四指马鲅肉质细嫩鲜美，为高端食用鱼，跻身于高级海鲜之林，在我国广东、福建、台湾和香港等地广受欢迎，也是东南亚名贵养殖鱼类之一。我国台湾地区谚语中有"一午，二鮸，三嘉鱲"的说法，其中"午"指的就是四指马鲅。马鲅鱼类在闽南沿海传统海水鱼中排名第一，广东阳江有名的"一夜埕"就是以四指马鲅作为原材料，在池塘养殖、网箱养殖、工厂化养殖和加工等领域都有巨大的发展空间。FAO也将其作为重点推广的海水养殖鱼类品种，四指马鲅将有望成为一个发展潜力巨大的新的海水鱼养殖品种。

# 第四节　四指马鲅的分类

依据Motomura等（2002），四指马鲅属有三种。

种的检索：

1（1）游离鳍条3根，犁骨两侧终生无齿板（图1-18A），第二背鳍鳍条13（偶有14条）；鳃耙4～10（众数8）

························· 三趾四指马鲅 *Elentheronema tridactylum*（图1-19）

分布：泰国至印度尼西亚

1（2） 游离鳍条4根，犁骨两侧具齿板（图1-18B），体长小于70毫米的稚鱼除外，第二背鳍鳍条14（偶有13或15条）；鳃耙6～18（众数12或13）

2（1） 侧线鳞82～95，侧线上鳞11～14（众数12），侧线下鳞15～17（众数16），新鲜时胸鳍膜黑色

...................... 多鳞四指马鲅*Elentheronema rhadinum*（图1-20）

分布：日本，中国和越南

2（2） 侧线鳞71～80，侧线上鳞9～12（众数10），侧线下鳞13～15（众数14），新鲜时胸鳍膜黄色，体长350毫米以上的个体除外

...................... 四指马鲅*Elentheronema tetradactylum*（图1-21）

分布：波斯湾至澳大利亚

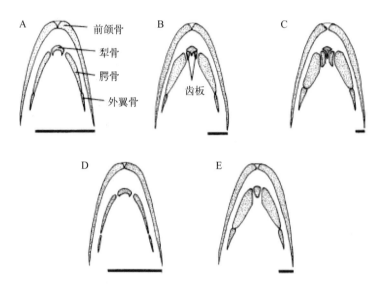

图1-18 四指马鲅（A～C）和三趾四指马鲅（D、E）前颌骨齿式和口腔顶部腹面观

（依Motomura et al, 2002）

A. 体长64毫米；B. 189毫米；C. 375毫米；D. 60毫米；E. 255毫米（标尺=5毫米）

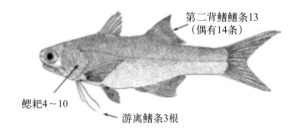

图1-19 三趾四指马鲅

*Elentheronema tridactylum*

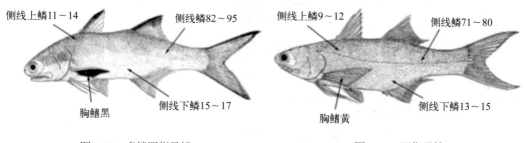

图1-20 多鳞四指马鲅
*Elentheronema rhadinum*
（Motomura et al, 2002）

图1-21 四指马鲅
*Elentheronema tetradactylum*
（Motomura et al, 2002）

依据我国的文献记录，如《黄渤海鱼类调查报告》（张春霖等，1955）、《南海鱼类志》（中国科学院动物研究所等，1962）、《东海鱼类志》（朱元鼎等，1963）、福建鱼类志（上卷）（《福建鱼类志》编写组，1984）、《中国鱼类系统检索》（成庆泰等，1987）、《广东淡水鱼类志》（中国水产科学研究院珠江水产研究所等，1991）、《长江口鱼类志》（庄平等，2006）、《鱼类分类学》（李明德，2011）、《南海鱼类检索》（孙典荣等，2013）等，四指马鲅的学名为*Elentheronema tetradactylum*。

在我国台湾地区鱼类资料库里该鱼的学名为*E. rhadinum*，并指出*E. tetradactylum*为同物异名或误鉴。而依据沈世杰，*E. rhadinum*目前记录从越南北部、海南岛，到我国台湾海峡、东海，但在日本轻津海峡也出现过；而*E. tetradactylum*则是广泛的记录分布在印度太平洋上，从阿拉伯海、孟加拉湾往东到印度尼西亚、澳大利亚北岸，往北亦到吕宋至北部海域，由此看来，我国台湾地区有*E. tetradactylum*的分布不是不可能。

四指马鲅和多鳞四指马鲅两种鱼差异很小，依据Motomura（2002）的文献记录，此两种鱼最大的差异在于胸鳍的颜色和鳞片的大小。*E. rhadinum*的胸鳍黑色，侧线鳞82~90，而*E. tetradactylum*的胸鳍黄色，侧线鳞72~80，且侧线在尾叉上会分叉。目前在我国台湾地区市场上，两种鱼都有，*E. tetradactylum*的身体高一些，沈世杰认为*E. rhadinum*族群分布比较靠北，而*E. tetradactylum*的分布比较靠南，两者只是地域族群的差异。

# 第二章
# 四指马鲅的生物学特性

## 第一节　生态习性

四指马鲅属暖水性中上层鱼类，有时也沉至中下层，由于在产卵时期具有集结于河口行产卵活动的特性，所以也划归于海洋性和咸淡水性群系类型。

鱼群活动多见顺风前进，每当流水缓慢时，常有个体跳跃出水面，尤其是午后风平浪静，光照强烈，水温升高时，这种跳跃现象特别显著。马鲅鱼跃出水面一般有三种情况：第一，跃出水面不高，横身垂直跌下；第二，鱼身跃出水面，在空中划一弧形，头部先入水；第三，跃出水面后体呈"弓"形落水。如出现第三种情况，表明鱼群密集。

四指马鲅在非生殖期间分散栖息于外海，产卵季节即由外海游来河口咸淡水区域，并逆河而上进入河道，产卵场所的盐度可低达6。

珠江口附近海区，每年的3月，产卵鱼群体首先出现于崖门口外的大襟岛、荷包岛、高栏岛的南面，水深10～20米水域处。随着性腺发育，为适应较淡的水质，鱼群沿着珠江口西岸北上，约于3月下旬集结于珠海唐家湾口，清明节期间在淇澳、内伶仃一带水域产卵。约至4月下旬产卵活动基本结束，鱼群陆续回到高栏、荷包岛南面水域，进行分散性短期索饵停留，最后分散到外海。

幼鱼一般栖息于2～5米浅海区，能适应于很低盐度中，甚至进入内河，并能完全蓄养在海边的鱼塭内。饵料以浮游动物为主。生长很快，亲鱼从4月初产卵，到5月下旬就能捕到40～50毫米的幼鱼，8月中旬可捕到120～130毫米的小鱼。随着个体长大，逐渐游向外海。

Leis等（2007）测定了四指马鲅（体长范围7～22毫米）的平均临界游泳速度。7毫米的仔鱼为<5厘米/秒，20毫米的仔鱼阶段最大值为47厘米/秒，提高了6～100倍。体长每增长1毫米，游泳速度增快1.3～1.7厘米/秒。平均临界游泳速度（$y$，厘米/秒）与体长（$x$，毫米）的相关关系式为$y = 1.366x - 1.018$（$R^2=0.61$，$P<0.0001$）；平均临界游泳速度（$y$，厘米/秒）与日龄（$x$，孵化后天数）的相关关系式为$y = 0.353x + 11.924$（$R^2=0.18$，$P=0.001$）。

# 第二节　食性

　　四指马鲅属于肉食性鱼类，性贪食，其饵料种类组成不论在区域性或季节性都比较稳定，除了被消化得模糊不清的碎片占相当比重（62.5%）之外，以摄食鱼类幼鱼（鲻科、鲬科、石首鱼科等，25.0%）为主，其次为等足类、对虾及鱿鱼等较大形的生物（图2-1和图2-2）。但在幼鱼阶段，则以桡足类、端足类、小长臂虾等为主要饵料。

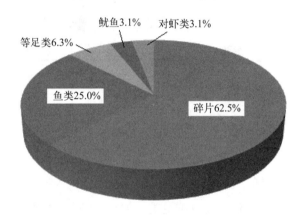

图2-1　四指马鲅的食料组成

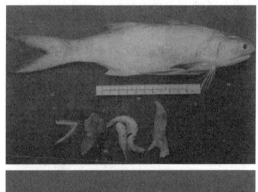

图2-2　马鲅的胃含物（宋熹华，1991）

据卢如君（1962），各月份的摄食种类，并无显著变化，但在数量上以5月摄食鱼类的比率最高（图2-3），这是由于鱼群产卵后迅速恢复摄食的结果。

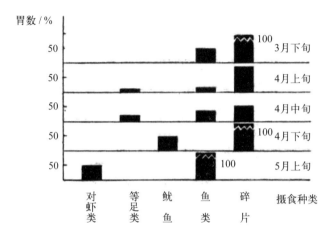

图2-3　四指马鲅食料组成月变化

不同体长与摄食种类的关系，主要关键是食性的转变，如图2-4所示，在体长100毫米以下的小鱼，完全摄食桡足类及端足类，体长在500～700毫米的成鱼中，则以摄食鱼类为主，体长越大其摄食的类型便越大。导致马鲅食性转变的原因，应是由于小鱼的咽喉齿不发达，而鳃耙特别细密，因此这个阶段只适应于摄食幼小的浮游动物。成鱼以后，则咽喉齿特别发达，而鳃耙变粗短，转而摄食大形动物。

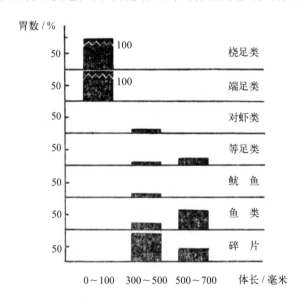

图2-4　四指马鲅体长与食料关系

据Titrawani（2016）报道，从7月至翌年3月，对杜迈（Dumai）水域四指马鲅的胃含物进行观察，根据优势指数分析测得，该鱼摄食的主要食物为甲壳类、鳀科鱼类和动物碎屑（图2-5）。

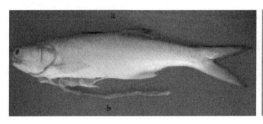

图2-5　四指马鲅全长、肠长及鳃的形态

a.鱼体全长；b.肠长；c.鳃丝；d.鳃弓；e.鳃耙

# 第三节　年龄与生长

## 一、鳞片及年轮

马鲅的鳞片前部平截，中间有一个锯齿状缺刻，后部呈半圆形，密生弱棘。生长线（环片）以中心圆为中心。年轮的特征是以生长线形成的环形封闭圈，这种封闭圈出现在鳞片的前部及侧部极为明显，在后部因密生弱棘而被掩盖，封闭圈由鳞心向鳞缘有规则排列，即是所要鉴定的年轮（图2-6）。此外，脊椎骨及耳石形成的年轮也很清楚。

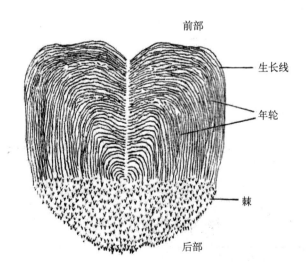

图2-6　四指马鲅的鳞片

在鳞片上，除了所常见的年轮之外，尚有副轮及幼轮，这两种轮型只是出现在个别的个体中。副轮不像年轮那样清楚，成不完整的封闭状态。幼轮出现于接近鳞心的地方。关于幼轮的形成，可能是个别幼鱼进入淡水区，后来回到海中而改变了栖息环境所致。

## 二、年轮查证

采用Petersen的方法作为核对年龄鉴定之用。先求出四指马鲅渔获体长分布，然后根据年龄鉴定的结果，将每个年龄组的体长分布曲线与之对比，渔获体长分布的几个主要高峰与各年龄组的体长分布基本相符，证实上述的轮纹标志能够表示年轮（图2-7）。

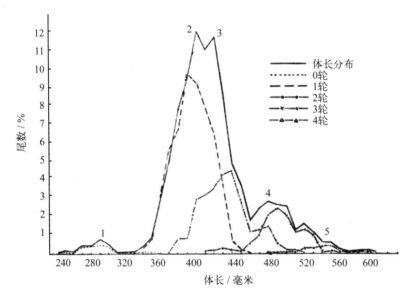

图2-7  四指马鲅年龄与体长的关系

## 三、年龄组成

通过年龄查定后，进行年龄组成的统计，得出10个年龄组，最高寿命为9年，其中以1～3龄的三个年龄组为主，占总数的93.3%，而当年鱼占2.8%，4龄以后共占3.9%（表2-1）。

表2-1  四指马鲅年龄组成表

| 年龄 | 0 | 1 | 2 | 3 | 4 | 5 | 6 | 7 | 8 | 9 | 合计 |
|---|---|---|---|---|---|---|---|---|---|---|---|
| 尾数 | 28 | 574 | 288 | 133 | 20 | 9 | 7 | 3 | 2 | 1 | 1065 |
| % | 2.8 | 53.8 | 27.0 | 12.5 | 1.9 | 0.8 | 0.6 | 0.3 | 0.2 | 0.1 | 100 |

## 四、体长组成

根据捕捞的1657尾马鲅标本的测量结果，体长组成的分布范围为240～870毫米，集中在370～430毫米，占总数60.3%（图2-8）。

从性别的体型大小来看，一般是雄性个体小，雌性大。雄性个体最大的体长为590毫米，其中以390～420毫米的个体为多。而雌性的体长可增长到870毫米（图2-9）。

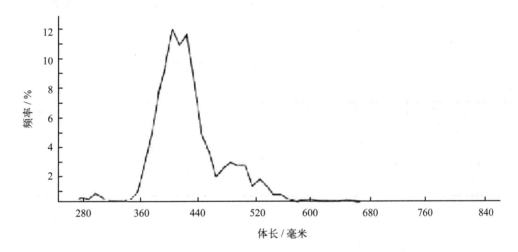

图2-8　四指马鲅体长分布

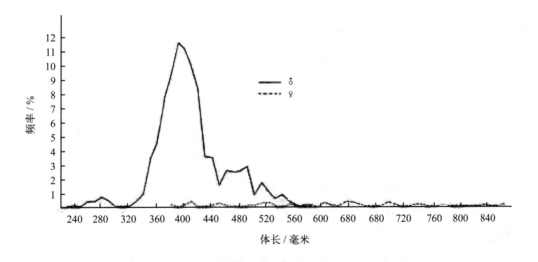

图2-9　四指马鲅性别体长比较

## 五、四指马鲅的生长

### （一）年龄与体长的生长

根据鳞长与体长的正比例关系，用鳞片的轮距逆算出四指马鲅各年的体长生长数值（表2-2），第一年生长最快，体长增长量约为303毫米，第二年次之，约增长121毫米，以后逐年下降。在性别的增长差异中，则是雌性大于雄性，如第一年雌性的增长309毫米，雄性为298毫米，第四年雌性为50毫米，雄性为44毫米。由此可见，体长的增长是随着年龄增长而逐渐减慢。

表2-2　马鲅各龄鱼的逆算体长值

单位：毫米

| 年龄组 | I | II | III | IV |
|---|---|---|---|---|
| 雌鱼 | 309 | 445 | 541 | 591 |
| 雄鱼 | 298 | 405 | 488 | 532 |
| 雌雄平均 | 303 | 424 | 513 | 560 |

### （二）体长与体质量的生长

体长与体质量（纯体质量）的关系（图2-10），由曲线分布来看，随着体长的增大而体质量的增长迅速提高，在同一的体长而不同性别的体质量增长差别很大，一般是雄鱼增重快于雌鱼。体长与体质量的相关性为：

$$W_♀=-5.9619L^{3.3916}$$

$$W_♂=-4.2665L^{2.8041}$$

综合上述各点，表现得最突出的是性别的生长差异。在体长增长方面，雌性较雄性快；在体质量方面，则是雄性较雌性快。此外，在发育阶段过程中，小鱼时期的体长增长快于体质量，随着年龄的增长而体长增长慢于体质量。

据 Ridho 等（2010）测定，印度尼西亚苏门达腊海域四指马鲅群体的体长与体质量的相关性为：$W=3.563 \times 10^{-4} L^{3.9651}$（$R=0.9327$），表明该鱼属异速生长类型。

据Moravec等（2013）报道，Pantai Amal Tarakan附近海域四指马鲅群体的体长与体质量的相关性为：$Y=0.0011 + 2.4914X$（$R=0.9713$，$n=62$），相对肥满度指数为1.0232。

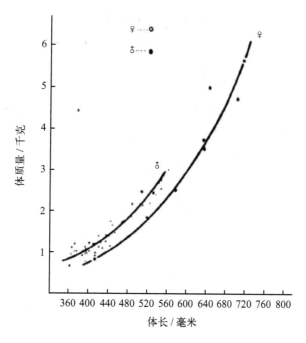

图2-10 马鲅体长与体质量的相关关系

Ballagh等（2012）以耳石作为年轮鉴定的材料，对澳大利亚北部10个四指马鲅种群的生长特性进行年龄推算，采用Bertalanffy 方程式拟合，得出各相关参数如表2-3所示。

表2-3 四指马鲅不同地理种群的 Bertalanffy 方程参数

| 地点 | 生长曲线的曲率 $K$ | 渐进体长 $L_\infty$（毫米） | 理论上体长和体质量为零时的年龄$t_0$ | 年龄 | 样本体长范围（毫米） |
|---|---|---|---|---|---|
| 沃克河 | 0.689 | 412 | 0.08 | 1～6 | 85～469 |
| 卡普利坎 | 0.166 | 1161 | 0.02 | 1～6 | 71～769 |
| 阿切尔河 | 0.411 | 604 | -0.03 | 1～5 | 147～505 |
| 罗巴克湾 | 0.217 | 871 | -0.2 | 1～5 | 91～583 |
| 蓝泥湾 | 0.851 | 373 | -0.09 | 1～4 | 123～379 |
| 罗珀河 | 0.573 | 515 | 0.04 | 1～4 | 133～508 |
| 汤斯维尔 | 0.536 | 561 | 0.09 | 1～5 | 140～542 |
| 爱河 | 0.591 | 491 | -0.06 | 1～4 | 138～496 |
| 伯克敦 | 0.474 | 587 | 0.01 | 1～5 | 134～556 |
| 八十哩滩 | 0.369 | 616 | 0.02 | 1～4 | 114～515 |

# 第四节　生殖

## 一、自然条件下的生殖习性

四指马鲅亲鱼生殖对海水温度和盐度的选择性甚为明显（图2-11）。每年春季来临，江河淡水大量入海时期，沿岸海水盐度下降，水温开始回升。此时亲鱼性腺发育，洄游到河口作产卵活动。适宜的水温范围为21～23℃，盐度范围为6～21.54。一般产卵群体多为分散小群，由1～2尾雌鱼在前，数尾雄鱼在后追逐或互相碰撞，这是产卵前的征兆，俗称"发情期"。在产卵前，鱼体肥胖，脂眼睑发达，视觉迟钝，行动迟缓；产卵后，鱼体消瘦，脂眼睑随之消失，分散觅食，行动灵活、迅速，个体跃出水面可高达2～3米。

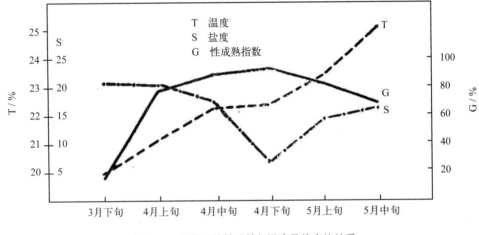

图2-11　四指马鲅性成熟与温度及盐度的关系

在自然海区，四指马鲅的产卵期较短，从开始到结束前后约50天左右。产于珠江口的产卵鱼群，产卵期为3月下旬至5月上旬，盛产期为4月。产于海南岛西海岸的产卵鱼群，产卵期较早，为1—3月。

在我国珠江口和台湾地区，人工养殖培育的亲鱼，产卵期从每年农历3月中旬至11月中旬。

在新加坡，四指马鲅常年可以产卵，而且每月都能产卵。产卵的高峰期与水温变化关系甚微，但与潮汐有很大关系。四指马鲅在每月的农历初一及农历十五，也就是潮汐由大潮转小潮时都会产卵，而且是一次性产卵，一般2～3天产完。

根据4月上旬从自然海区采集到的四指马鲅卵巢进行卵径测定，卵径的分布范围为0.37～1.95毫米，小于0.7毫米为未成熟卵，呈多角形，不透明，油球不明显。大于0.7毫米的为成熟卵粒，呈圆形而透明，油球清楚。

卵径分布中，图2-12表示两个高峰，第一个高峰主要由小于0.7毫米的未成熟卵粒组成，第二个高峰主要由大于0.7毫米的成熟卵粒组成，后者数量远多于前者，即以成熟卵粒占多数（约占87%）。在产过卵的鱼的萎缩卵巢中找到类似第一峰内的卵粒，这是残存卵（约占13%），当年不排出体外，残留在体内自行吸收或下年度再生殖。能排出体外者属于第二峰内的成熟卵。由于两峰的卵粒组成有着明显区别，而且产卵期很短，因此初步认为在自然海区四指马鲅每一个产卵期中的产卵数为一次。

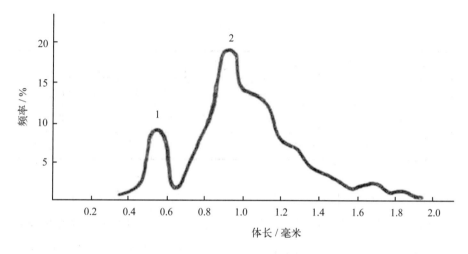

图2-12　四指马鲅的卵径分布

据测定，4个接近成熟卵巢的怀卵量分布范围为1267300～3442600粒，平均数为2651200粒（表2-4），体长越大，怀卵量越多。

表2-4　四指马鲅怀卵量与体长的关系

| 体长（毫米） | 性腺发育期 | 怀卵量（粒） |
| --- | --- | --- |
| 512 | IV | 2685900 |
| 525 | IV | 1267300 |
| 550 | IV | 3209600 |
| 650 | IV | 3442600 |
| 平均值 | | 2651200 |

依据Fishbase资料记载，马来西亚塞巴图（Sebatu，02°06.002N，102°28.004E）两尾全长分别为380毫米和555毫米的四指马鲅的绝对怀卵量分别为341358和1114757粒，相对怀卵量分别为393粒和1202粒，平均值为657粒（2012）。

卢如君（1962）对在渔汛期间采集的850尾标本进行性别鉴定，结果显示：其中雄性为804尾，占94.5%，雌性46尾，占5.5%。各个不同期间的性比组成，都是以雄性占多数（表2-5）。产生这种现象的原因：①由于两性的体型大小不同受到网具的选择性关系，致使体型大的雌鱼上网率少。②雌雄性成熟年龄不同，雄鱼满一年开始性成熟，而雌性要两年才开始性成熟，当时采样使用的网具只宜捕捞1~2年鱼，而1~2年的雄鱼因为性未成熟，未进入产卵群体，故雌鱼捕获量少。

表2-5　四指马鲅性别比较

| | 3月下旬 | | 4月上旬 | | 4月中旬 | | 4月下旬 | | 5月上旬 | | 5月中旬 | | 总数 | |
|---|---|---|---|---|---|---|---|---|---|---|---|---|---|---|
| | 尾数 | % | 尾数 | % | 尾数 | % | 尾数 | % | 尾数 | % | 尾数 | % | 尾数 | % |
| ♀ | 3 | 19 | 9 | 3 | 14 | 4 | 5 | 16 | 13 | 19 | 2 | 18 | 46 | 5.5 |
| ♂ | 13 | 81 | 392 | 97 | 307 | 96 | 97 | 84 | 56 | 81 | 9 | 82 | 804 | 94.5 |

Nesarul等（2014）报道，在孟加拉湾吉大港鱼品上市中心连续三个季节（季风后，季风前，季风）采集四指马鲅怀卵雌鱼24尾，研究观察其繁殖生物学特性，结果显示，该鱼一年有两个产卵高峰，2—3月和7—8月。性腺指数变幅1.04~18.33，卵径变幅0.40~0.79毫米，两者高度相关（$R=0.846$，$P<0.05$）；怀卵量变幅1005219~2091927粒，与体质量和体长的相关性不显著（表2-6至表2-8）。

表2-6　孟加拉湾四指马鲅生殖群体状况

| 采样季节 | 全长（厘米） | 体长（厘米） | 体质量（克） | 性腺重（克） | 性腺指数GSI | 怀卵量（粒） | 卵径（毫米） |
|---|---|---|---|---|---|---|---|
| 后季风 | 43~52.5 | 32~40.5 | 1100~1600 | 38~228 | 3.46~13.75 | 1711226~2051786 | 0.40~0.58 |
| 季风前 | 50~53 | 39~41 | 1400~1650 | 10~245 | 0.71~16.33 | 1101378~1819219 | 0.40~0.79 |
| 季风 | 41~47 | 29~34 | 800~1200 | 12~220 | 1.29~17.80 | 1005219~2091927 | 0.40~0.69 |

表2-7　四指马鲅卵巢不同发育阶段的颜色、性腺指数和卵径

| 性成熟阶段 | 颜色 | 性腺指数GSI | 卵径（毫米） |
| --- | --- | --- | --- |
| 未成熟 | 粉红色 | 0.71～4.62 | 0.40～0.51 |
| 成熟中 | 黄粉红 | 4.64～13.75 | 0.52～0.60 |
| 成熟 | 淡黄 | 13.81～18.33 | 0.61～0.79 |
| 产后 | 略带红色 | 1.20～2.67 | 0.40～0.43 |

表2-8　不同季节四指马鲅的性腺指数和卵径

| 采样季节 | 标本数量（尾） | 性腺指数GSI | 卵径（毫米） |
| --- | --- | --- | --- |
| 后季风 | 9 | 5.47～13.91 | 0.42～0.66 |
| 季风前 | 7 | 1.04～15.67 | 0.41～0.77 |
| 季风 | 8 | 1.97～18.33 | 0.42～0.69 |

Malollahi等（2008）报道，研究了在波斯湾沿海四指马鲅的生物学和繁殖行为，2005年7月至2006年9月伊朗布什尔省沿海水域共采集93尾。生物学测定结果表明，冬、春季鱼的性腺指数（GSI）最高，为0.5%～1.0%；夏、秋最低，为0.045%～0.067%。将卵巢发育分为未成熟、成熟早期、成熟后期、成熟和产后五个阶段。精巢组织发育分为精原细胞、精母细胞、精细胞三个发育阶段。观察到胃含物为小鱼、虾和蟹，表明该种类是肉食性鱼类，繁殖季节在冬季。

据文献（Patnaik，1969；Gopalakrishnan，1972），澳大利亚水域四指马鲅是雌雄同体雄性先熟，而在新加坡和印度水域四指马鲅是雌雄异体。Shihab等（2017）在印度沿海8个站位共采集了480尾四指马鲅标本，对性腺发育做了解剖观察及组织学研究，确认在印度水域，该鱼属雌雄同体雄性先熟类型。

根据性腺解剖观察（图2-13和图2-14），在采集的标本中，64尾性腺尚未分化（ID），239尾是雄性，95尾处于逆转阶段，83尾是雌性。雄鱼平均全长240毫米，体质量300克。雌鱼平均全长380毫米，体质量806克。可挤出精液的雄鱼最小个体全长为210毫米，卵巢中可见到卵母细胞的最小雌鱼全长为360毫米。逆转期个体平均全长为320毫米，体质量400克，最小逆转期个体全长为280毫米。

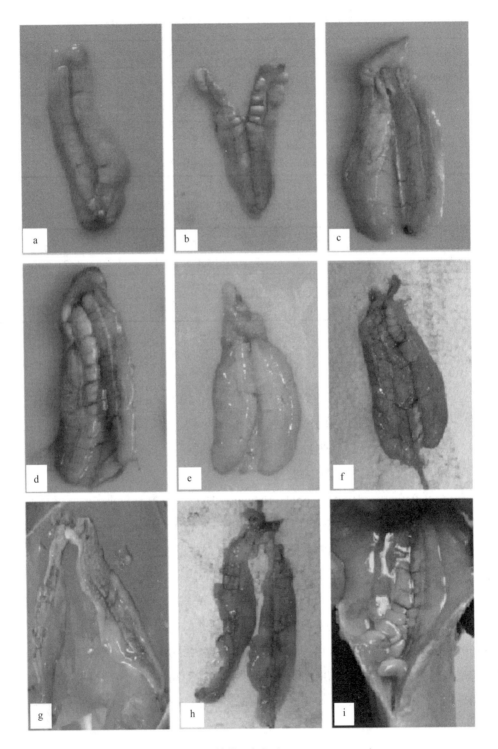

图2-13 四指马鲅精巢的发育（Shihab et al，2017）

a.未成熟期；b.休止期；c.发育中期；d.成熟中期；e.成熟期；f.生殖期；

g.产后期；h.恢复期；i.性腺在鱼体原位

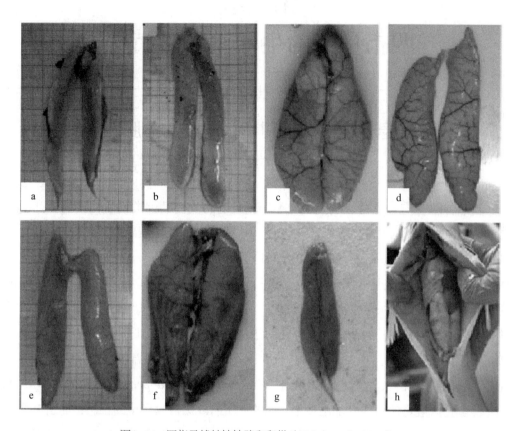

图2-14　四指马鲅转性性腺和卵巢（Shihab et al，2017）

a. 未成熟卵巢-早期转性性腺；b. 发育中卵巢-后期转性性腺；c. 成熟中卵巢；d. 成熟中卵巢；

e. 产卵中；f. 产后卵巢；g. 恢复中卵巢；h. 成熟中卵巢

# 第三章
# 四指马鲅的生理生态学特性

## 第一节　急性低温胁迫对四指马鲅幼鱼肝脏、肌肉以及鳃组织结构的影响

　　自然界存在季节更替、气候变化等环境温度的改变，鱼类生活的环境温度也经常出现节律性或突发性的变动。由于鱼类为变温动物，身体温度很大程度会受到水环境的影响，研究表明：长时间的低温胁迫会影响大黄鱼（*Pseudosciaena crocea*）的血液生化指标。鱼类通常会对自身代谢进行调整，以适应环境温度的变化，然而短时间急剧的温度变化则会对其造成伤害。因此，研究短时间急剧的温度变化对鱼类的影响具有重要意义。有研究表明：在一定范围内，较高的温度可以促进鱼类生长，较低的温度则会抑制其生长。通常，低温胁迫包括冷驯化和温度骤变两方面。冷驯化指水温的缓慢降低，而温度骤降指剧烈的降温，对鲤（*Cyprinus carpio*）的研究表明：冷驯化一般可使鱼体内部出现相应的补偿机制以保持内环境的稳态；而温度骤变则会打破这种稳定态势，继而使鱼体出现胁迫反应，而急性低温胁迫会影响南方鲇（*Silurus meridionalis*）幼鱼的耗氧率和呼吸频率，也同样证明了这一点。研究表明，低温可以造成埃及尼罗罗非鱼（*Oreochromis niloticus*）肝脏、脾脏和鳃组织结构的损伤，而且温度越低损伤越严重。一般鱼类适宜生活的水温范围，一般是12～30℃，超过这个温度范围，其生存就会受到影响，但少数鱼类如大西洋鳕鱼（*Gadus morhua*）因为细胞能合成抗冻蛋白而可以在较低温度下生存。目前，国内外学者在鲫（*Carassius auratus*）、褐牙鲆（*Paralichthys olivaceus*）以及金头鲷（*Sparus aurata*）（Kypriannou，2010）等鱼的低温胁迫方面进行了深入的研究，但在四指马鲅的低温胁迫方面研究较少。该研究以四指马鲅幼鱼为材料，分析了四指马鲅幼鱼肝脏、肌肉以及鳃组织对不同程度低温的应答规律，旨在探究其幼鱼对低温胁迫的反应，为其人工养殖中的温度调控和越冬管理提供参考依据。

## 一、急性低温胁迫对四指马鲅幼鱼肝脏组织结构的影响

如图3-1中a、d、g所示：对照组的肝细胞体积较大，呈多面体，细胞核呈圆球形且位于中央，部分肝细胞具有2～3个核；肝板结构清晰；肝血窦形态正常分布于肝细胞之间。与对照组相比，2小时20℃组的肝细胞纹路比较清晰，其他未见明显变化。2小时15℃组的肝细胞部分区域出现空泡，细胞核位于细胞一侧；肝板结构不清晰，肝血窦间隙收缩；中央静脉形状不规则，其周围细胞出现弥散现象，肝细胞整体染色加深。6小时20℃组肝细胞出现大量的空泡，细胞核位于肝细胞一侧；肝板结构不清晰，肝血窦增宽，且其中红细胞数量增多；肝细胞整体染色较浅。6小时15℃组肝细胞空泡化严重，细胞核增大，部分细胞核甚至溶解；肝血窦与干板结构均消失不见；血管收缩且其中充满红细胞。12小时20℃组肝细胞空泡化严重，细胞核位于细胞一侧，血管收缩且其中充满红细胞，细胞核呈不规则形状，肝板结构消失，整体染色较浅。12小时15℃组肝细胞整体失去固有形态，细胞核溶解，肝脏基本结构均不清晰。

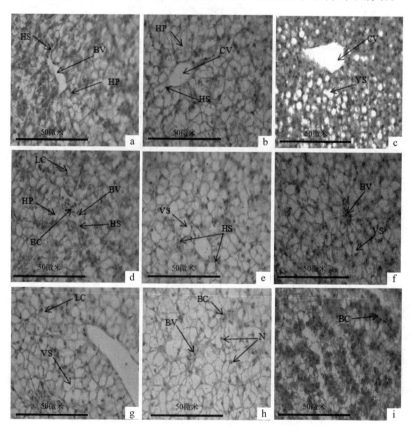

图3-1　急性低温胁迫对四指马鲅肝脏组织形态的影响（400×）

a.肝脏，2小时对照组；b.肝脏，2小时20℃组；c.肝脏，2小时15℃组；d.肝脏，6小时对照组；e.肝脏，6小时20℃组；f.肝脏，6小时15℃组；g.肝脏，12小时对照组；h.肝脏，12小时20℃组；i.肝脏，12小时15℃组
HS.血窦；BV.血管；HP.肝板；CV.中央静脉；VS.空泡；BC.红细胞；LC.肝细胞；N.细胞核

## 二、急性低温胁迫对四指马鲅幼鱼肌肉组织结构的影响

如图3-2中a、d、g所示，对照组的肌纤维呈长柱形，细胞核一个或多个；肌原纤维由两种性质不同的物质组成，其折射率不同，在显微镜下呈现明显的明带和暗带交替现象，由于相邻的各条肌原纤维的明暗横纹都相应的排列在同一平面上，因此肌纤维出现规则的明暗交替的横纹。与对照组相比，2小时20℃组的肌纤维基本结构未见明显变化，但肌纤维间隙增大，少量肌原纤维脱离纤维束。2小时15℃组的肌纤维间隙增大，部分出现断裂现象。6小时20℃组肌纤维出现轻微的弯曲现象，其间隙增宽。6小时15℃组大部分肌纤维断裂，并出现纵向开裂，肌原纤维散乱现象。12小时20℃组大部分肌纤维弯曲，肌纤维之间与内部均出现间隙，且其间隙较大。12小时15℃组肌纤维之间与内部均严重开裂，部分肌纤维溶解并暴露出细胞核。

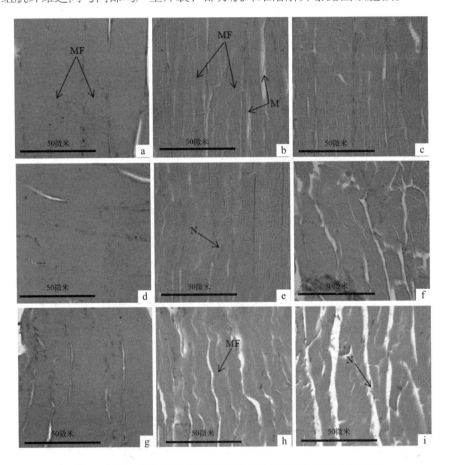

图3-2  急性低温胁迫对四指马鲅肌肉组织形态的影响（400×）

a.肌肉，2小时对照组；b.肌肉，2小时20℃组；c.肌肉，2小时15℃组；d.肌肉，6小时对照组；e.肌肉，6小时20℃组；f.肌肉，6小时15℃组；g.肌肉，12小时对照组；h.肌肉，12小时20℃组；i.肌肉，12小时15℃组

MF.肌纤维；M.肌原纤维；N.细胞核

### 三、急性低温胁迫对四指马鲅幼鱼鳃组织结构的影响

如图3-3中a、d、g所示：对照组的鳃丝中间有一条延鳃丝方向分布的血管，鳃丝两侧对称分布着鳃小片，其是鱼类进行气体交换的场所，鳃小片中间分布着微血管即为鳃血窦；鳃小片基部分布着一定数目的线粒体丰富细胞，是鱼类调节渗透压的主要场所。与对照组相比，2小时20℃组线粒体丰富细胞数目增多，血窦间隙增大鳃小片末端出现轻微的膨大现象。2小时15℃组线粒体丰富细胞增多，血窦间隙增大，鳃小片表皮出现轻微的脱落，少部分鳃血窦因充血而使鳃小片胀大。6小时20℃组鳃丝血管收缩，鳃小片末端出现弯曲现象，线粒体丰富细胞数目减少，部分表皮脱落。6小时15℃组线粒体丰富细胞减少，血管收缩，鳃小片整体水肿且弯曲严重，导致两侧不对称。12小时20℃组鳃小片整体水肿且严重弯曲，鳃小片中间血窦开裂，血管以及血窦内出现大量的红细胞，部分鳃小片因红细胞过多而涨破，且表皮脱落。12小时15℃组鳃小片部分吸水涨破，大量的红细胞流出，鳃小片基本形态难以辨别。

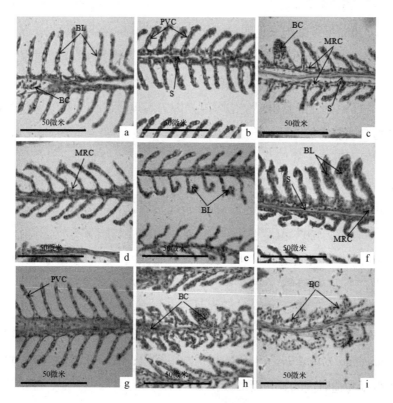

图3-3　急性低温胁迫对四指马鲅鳃组织形态的影响（400×）

a.鳃，2小时对照组；b.鳃，2小时20℃组；c.鳃，2小时15℃组；d.鳃，6小时对照组；e.鳃，6小时20℃组；f.鳃，6小时15℃组；g.鳃，12小时对照组；h.鳃，12小时20℃组；i.鳃，12小时15℃组

VS.空泡结构；BV.血管；BL.鳃小片；S.血窦；BC.血细胞；MRC.线粒体丰富细胞；PVC.扁平上皮细胞

## 四、研究结果分析

鱼类生活在水中极易受到水体环境因子如盐度、温度、pH等影响，其中温度作为重要的环境因素之一时刻影响着鱼类的生命活动。研究表明：水温会影响鱼类的呼吸与循环系统。而洪磊等研究表明：水温与鱼类生理指标之间具有较好的相关性，故被广泛用于评估鱼类新陈代谢能力和生理健康程度。

### （一）急性低温胁迫对四指马鲅幼鱼肝脏组织结构的影响

肝脏是鱼类最大的消化腺，可分泌胆汁促进脂肪的分解与吸收，又参与多种物质的合成、储存、代谢、转化和分解。因此肝脏是一个及其重要的物质代谢器官，其生理作用远远超过了消化腺的范畴。肝脏细胞内有很多内含物，其中主要包括：糖原、脂滴以及色素等，其含量与机体的生理状态有密切关系。对奥尼罗非鱼（*Oreochromisniloticus×O.aureus*）的研究也表明，在低温胁迫初期，胆固醇、甘油三酯和葡萄糖作为能源物质而被大量消耗，后期由于蛋白质和脂肪等的代谢利用，故本研究中，2小时20℃组肝细胞未见明显变化，说明20℃条件下短暂的暴露，机体主要靠分解葡萄糖等小分子物质功能，不会对肝脏组织形成明显的影响。对银鲳（*Pampus argenteus*）幼鱼的研究表明：应激胁迫下，银鲳机体的能量供给主要来自肝脏糖元的分解，2小时15℃组肝细胞出现空泡可能是因为温度骤降使四指马鲅幼鱼耗氧量增加，导致肝糖原或脂肪被分解，造成肝细胞出现空泡化。鱼类为变温动物，身体温度很大程度上取决于环境，故温度过低的环境导致鱼体体温降低，导致肝脏以及血窦收缩，肝脏的收缩导致中央静脉受到压迫而形态改变；另外肝细胞染色加深可能原因是，四指马鲅幼鱼为了抵御温度骤降，需要合成抗氧化酶等物质，以减轻低温对肝脏的损伤。长时间暴露于20℃温度下，导致肝细胞中糖原与脂滴逐渐被氧化分解，故随着低温时间的延长其空泡化逐渐严重；20℃虽然是低温，但对于四指马鲅而言尚处于可适应范围内，为了满足耗氧量的增加，血液流量也随之增加，故表现为血窦加宽，且其中充满红细胞。长时间暴露于15℃低温下，肝脏的自我调节能力逐渐失去作用，故肝细胞严重损伤变性，部分肝细胞中细胞核萎缩或消失，此结果与高糖饲料对草鱼（*Ctenopharyngodon idellus*）肝脏的损伤结果相似；表明低温胁迫使的肝脏受到损伤，并随着低温胁迫时间的延长而加深。

### （二）急性低温胁迫对四指马鲅幼鱼肌肉组织结构的影响

肌肉是鱼类运动的主要参与者，而温度骤降胁迫使四指马鲅幼鱼运动迅速，不可避免的会对肌肉组织造成一定损伤。研究表明，应激可能导致鲫肌肉退化以及细胞代谢的恶化，最终导致细胞死亡。在20℃低温条件下随着处理时间的延长，肌纤维间隙逐渐增大，直到后来肌纤维出现弯曲现象，表明低温对肌肉有着显著影响，而且随着低温暴露时间的延长损伤程度加深。而常温到15℃时四指马鲅幼鱼迅速游动，导致部分肌纤维断裂；对深黄被孢霉（*Mortierella isabellina*）的研究表明，低温条件下细胞膜流动性明显降低，加上其剧烈的运动导致细胞膜的破坏，故本研究中肌纤维断裂甚至路出细胞核；对金头鲷（*Sparus aurata*）的研究也表明细胞膜脂过氧化损伤，将导致生物膜结构的破坏，同时本研究结果也说明了低温胁迫使肌肉脂质过氧化程度加深。

（三）急性低温胁迫对四指马鲅幼鱼鳃组织结构的影响

鳃是鱼类的主要的呼吸器官，同时也具有排泄氨氮等代谢废物以及渗透压调解的功能。对赤鲷（*Pagrus pagrus*）的研究表明，在众多的环境因素中，除了盐度以外，环境温度也可以影响鱼类的渗透压平衡及细胞膜的通透性。20℃条件下，随着低温时间的延长，四指马鲅幼鱼渗透压平衡逐渐被打破，为重新建立新的平衡，其需要消耗大量的能量以维持渗透压平衡，故线粒体丰富细胞数目逐渐增多；渗透压的维持以及剧烈的运动都会导致其细胞呼吸量加大，继而增加耗氧量，需要更多的红细胞输送氧气，故鳃小片内含有较多的红细胞，但因为水温较低导致鳃丝中血管收缩，这导致了红细胞的分布不均匀现象，血细胞局部大量堆积，这与对泥蚶（*Tegillarca granosa*）的研究结果相似。研究发现低温显著影响膜的水渗透性，如低温驯化使虹鳟（*Oncorhynchus mykiss*）和尼罗罗非鱼（*Oreoehromis niloticus*）的鳃弓吸水量增加1.5～3倍，本研究发现随着低温处理时间的延长，鳃小片水肿程度加深，同样说明了这点。鳃小片在较低温度下有收缩趋势，而其同时又有肿胀趋势，鳃小片呈弯曲状，可能是在两种趋势的共同作用下导致。研究表明，ATP酶活性的下降将引起细胞膜结构的破坏，低温可能导致鳃中ATP活性下降，进而使鳃表皮出现细胞坏死脱落现象。15℃条件下，由于渗透压平衡被打破以及细胞呼吸加强，导致线粒体丰富细胞数目增加，但随着时间的延长其数量又逐渐减少，可能原因是较低的温度导致鳃的渗透压调解功能以及呼吸功能紊乱。研究表明，在低温胁迫条件下鱼体的代谢下降，红细胞减少，血液输送氧的能力降低，故本研究中低温处理6小时鳃血管出现收缩现象。与20℃相比，15℃温度下鳃小片收缩与水肿的趋势更加强烈，故其弯曲的更加严重，对埃及尼罗罗非鱼的研究也表明，鳃细胞的损伤程度均随水温降低而增强。较低的温度导致渗透压平衡被打破，且超出了机体的自我调节能力，故该研究中鳃小片逐渐吸水膨胀，并出现严重的充血现象，直到大部分鳃小片都涨破流出红细胞，这与重金属离子对泥蚶鳃的影响结果相同。

## 第二节　急性操作胁迫对四指马鲅幼鱼组织结构和氧化应激的影响

应激是机体对外界或内部的各种异常刺激所产生的非特异性全身反应，是生物体在长期进化中形成的一种适应性和防御性功能。由于生活在水中的鱼类极易受到水环境以及其他外界环境的影响从而产生应激反应，对鱼类健康造成不利影响，尤其是近年来水污染严重，生态环境不断恶化，人工捕捞加剧等更是造成渔业资源锐减。鱼类的人工养殖管理过程中一些不可避免的操作同样会对养殖对象造成一定的胁迫，从而使养殖对象产生一系列相应的生理生化反应。研究表明，长期的应激胁迫会降低云纹石斑鱼（*Epinephelus moara*）的生长速率以及免疫力等。目前国内外，有关环境因子对鱼类胁迫的报道相对较多，其主要涉及盐度胁迫、温度胁迫、重金属有毒物质胁迫、酸碱度胁迫以及有害微生物浸染等，有关人为操作对鱼类的影响也主要集中在虹鳟（*Oncorhynchus mykiss*）、刀鲚（*Coilia ectenes*）等，对四指马鲅的研究相对较少，但是其抗应激能力极差，意味着其对养殖管理的操作要求较高。为解决这一问题，该研究对比离水操作胁迫前后以及不同时间段四指马鲅幼鱼肝脏显微结构的不同和抗氧化酶活性的变化，以探究四指马鲅应对离水胁迫时的应答规律，为其规模化养殖，提供理论依据。

### 一、急性操作胁迫对肝脏组织形态的影响

在光镜下，对照组肝脏，肝板结构清晰，排列规则，肝细胞形态近圆形，细胞核位于中央，其中肝细胞之间分布少量的空泡（图3-4-a）；在胁迫2小时时，肝脏基本结构并无明显的异常，肝小叶内空泡相对增多使肝板结构不清晰（图3-4-b）。胁迫6小时时肝小叶整体结构比较完整，而中央静脉区域可见放射状的肝板结构轻微的混乱；肝板之间的血窦间隙增宽、增多，肝脏空泡相对减少，细胞核位于肝细胞的一侧（图3-4-c）。胁迫12小时肝脏组织以血窦扩张，空泡持续减少为特点，至胁迫24小时时，肝脏组织结构和常态相似，有恢复的趋势。

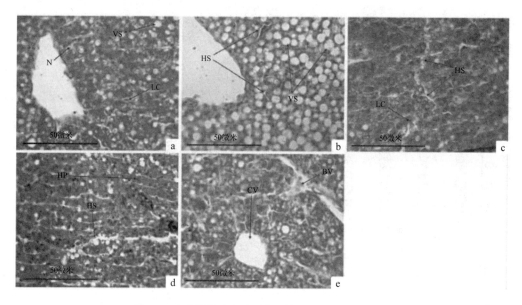

图3-4 离水操作胁迫对四指马鲅肝脏组织结构的影响

a.肝脏（对照组）；b.肝脏（胁迫2小时）；c.肝脏（胁迫6小时）；d.肝脏（胁迫12小时）；

e.肝脏（胁迫24小时）

VS.空泡；BV.血管；CV.中央静脉；LC.肝细胞；HP.肝板；HS.肝血窦；N.细胞核

## 二、急性操作胁迫对肝脏多种抗氧化酶的影响

### （一）急性操作胁迫对肝脏超氧化物歧化酶（SOD）活性的影响

四指马鲅肝脏中SOD含量变化趋势，与对照组相比，离水胁迫2小时SOD活性显著升高（$P<0.05$），而且达到峰值，之后显著下降（图3-5-a）。直到12小时以后达到一个平衡状态，且SOD活力显著（$P<0.05$）低于处理前水平。

### （二）急性操作胁迫对肝脏过氧化氢酶（CAT）活性的影响

与对照组相比，离水胁迫2小时CAT活性显著升高（$P<0.05$），而且达到峰值（图3-5-b）。胁迫6小时CAT活性与对照组无显著差异（$P>0.05$），随着处理时间的延长CAT活力处于显著（$P<0.05$）下降趋势，直到24小时实验结束CAT活力下降到最低值。

### （三）急性操作胁迫对肝脏丙二醛（MDA）含量的影响

四指马鲅幼鱼肝细胞中MDA在离水胁迫2～24小时的变化趋势如图3-5-c所示。离水胁迫2小时其肝脏中MDA含量显著升高（$P<0.05$）并达到峰值，之后渐渐降低到胁迫12小时降至较低值，但仍显著高于（$P<0.05$）对照组，随着时间的延长其含量又

有所增加，但增加的速度相对较慢，直到胁迫24小时，MDA含量达到一个显著高于（$P<0.05$）对照组的相对较高值。

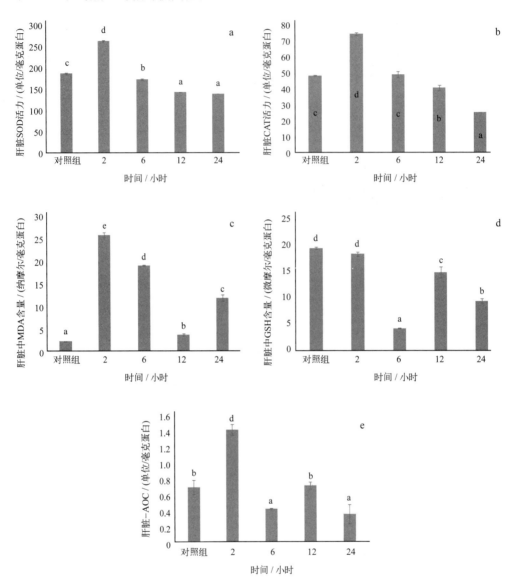

图3-5 急性操作胁迫对四指马鲅幼鱼肝脏氧化应激的影响

注：不同字母表示组间存在明显差异

（四）急性操作胁迫对肝脏中微量还原型谷胱甘肽（GSH）含量的影响

与对照组相比，离水胁迫2小时GSH含量无显著变化（$P>0.05$），直到胁迫6小时GSH含量显著（$P<0.05$）下降，且达到最低值（图3-5-d）。6小时以后GSH含量逐渐上升，直到12小时上升到较高值，但仍显著（$P<0.05$）低于对照组，之后其含量又逐

渐下降但仍显著（$P<0.05$）高于6小时时的含量。

（五）急性操作胁迫对肝脏总抗氧化能力（T-AOC）的影响

胁迫2小时四指马鲅幼鱼T-AOC达到最高值，其值显著（$P<0.05$）高于其他各组（图3-5-e）。随着时间延长T-AOC逐渐下降，直到6小时下降到最低水平，其值显著（$P<0.05$）低于对照组。之后T-AOC逐渐上升，直到12小时其值与对照组无显著（$P>0.05$）差异，24小时时T-AOC值与6小时无显著（$P>0.05$）差异处在一个较低水平。

## 三、研究结果分析

### （一）操作胁迫对四指马鲅幼鱼肝脏组织结构的影响

鱼类肝脏是其体内最大的消化器官，也是储存糖元的主要部位。对照组的四指马鲅幼鱼肝脏肝板结构清晰，排列规则，其中肝细胞之间有少量的空泡，可能原因是肝糖元和脂肪被溶解所致，肝细胞内的物质的合成速率与释放速率的不平衡，导致了组织学观察空泡。由于离水之后很长时间四指马鲅幼鱼都处在惊吓而快速游动躲避的运动状态中，故随着时间的延长肝糖元和脂肪被溶解加剧以提供大量消耗的能量，故表现为空泡增多。这一点与奥尼罗非鱼（*Oreochromis niloticw* × *O. areus*）幼鱼患脂肪肝后的症状相似，考虑到本实验胁迫24小时后空泡化有减少的趋势，故初步排除脂肪肝的可能。胁迫后细胞核位于肝细胞的一侧，这与草鱼（*Ctenopharyngodon idellus*）肝组织病变症状相似，表明离水胁迫对肝脏造成了一定的破坏，但未超出其身体的适应范围，故胁迫之后24小时由于机体的自我调节，肝脏组织结构有向常态恢复的趋势。

### （二）操作胁迫对四指马鲅幼鱼肝脏氧化应激的影响

氧气是有氧呼吸生物必不可少的代谢原料，但氧化的效果本质上是有害的，鱼类在正常有氧呼吸过程中会产生自由基（ROS）。机体正常代谢过程中也会产生自由基，一般情况下自由基的产生与分解处在动态平衡中。但当受到外界胁迫刺激时，这种动态平衡将被打破自由基迅速积累，当其积累超过鱼体处理范围时会导致机体氧化损伤，包括脂质过氧化、蛋白质和DNA氧化以及酶的失活等影响。机体抗氧化防御系统包括酶系统和低分子量抗氧化剂。有研究表明，鱼体受到氧化应激的影响时，其率先利用第一道防线如维生素E、维生素C、谷胱甘肽等小分子非酶物质来清除过多的自由基；当这些小分子物质不足以清除过多的自由基时，鱼体则会启动第二道防线即合成相应的抗氧化酶，以减少氧化压力，使其重新达到动态平衡。鱼体可以合成多种抗氧化酶以应对复杂变化的环境，主要包括SOD、CAT 等，其中，SOD是最先被机体合成并发挥作用的酶之一；该研究发现操作胁迫之后2小时内SOD和CAT活力都显著升高（$P<0.05$），表明鱼体内诸多小分子非酶物质形成的第一道防线已经不足以清除过多的自由基，机体需要激活第二道防线即合成相应的抗氧化酶。之后2～24小时SOD和CAT活力开始逐渐下降，直到胁迫24小时其活力都显著低于对照组（$P<0.05$），表明离水胁迫对机体产生了不利影响使SOD和CAT活力处在一个较低水平。不同的是SOD处在一个较低的平衡状态，而CAT在试验结束以后仍可能继续下降。

细胞中MDA的含量水平是机体脂质过氧化程度的体现，其侧面反映了细胞损伤程度。该实验结果表明，在胁迫最初的2小时MDA的含量显著剧烈增加（$P<0.05$），而且达到整个实验过程的最大值，表明四指马鲅肝脏细胞在离水操作胁迫过程中遭到了破坏。然而，胁迫2小时SOD、CAT以及T-AOC都增加到最大值，肝细胞受到损伤产生的自由基被迅速清理，因此我们看到胁迫2～12小时MDA含量逐渐下降，但依然显著高于（$P<0.05$）处理前水平，说明虽然其肝脏合成的抗氧化酶及抗氧化物质起到了一定的作用，但并没有完全消除离水胁迫造成的影响。而胁迫24小时无论是SOD、CAT还是GSH、T-AOC都显著低于对照组，自由基又逐渐开始积累，膜脂过氧化的程度开始加重，因此我们看到MDA含量开始增加，但增加量显著低于（$P<0.05$）处理后2小时的增加量。这表明操作胁迫对四指马鲅肝脏细胞造成了损害，虽然其自身含有小分子物质以及合成相应的抗氧化酶在很大程度上减少了这种损伤，但是其肝脏细胞还是不可避免地受到离水胁迫的不利影响。

GSH是机体内重要的非酶性抗氧化物，具有清除自由基、脂类过氧化产物如MDA、解毒等的功能。其与SOD有部分相似的功能，该研究在胁迫2小时测得其含量与实验前无显著差异（$P>0.05$），6小时之后其含量显著下降到最低点（$P<0.05$），可能原因是虽然鱼体已经处于应激状态，但是SOD和CAT最先起作用而GSH尚未发挥作用，之后GSH的合成机制受到离水胁迫的损害，导致其含量不仅没有上升反而显著减少。因此胁迫12～24小时其含量虽然在离水胁迫的刺激下有所上升，但一直显著低于对照组（$P<0.05$）。

机体总抗氧化能力T-AOC与机体健康程度存在密切关系，其包括酶促与非酶促两个体系，酶促体系主要包括SOD、CAT等抗氧化酶；非酶促体系包括GSH、VC以及各种还原型氨基酸等。胁迫2小时测得T-AOC显著高于对照组（$P<0.05$）且达到最大值，可能原因是胁迫2小时MDA含量迅速升高刺激SOD、CAT等抗氧化酶以及VC等小分子抗氧化物质的上升，故表现为T-AOC的显著上升（$P<0.05$）。同样胁迫6小时SOD、CAT活性以及GSH含量都显著下降（$P<0.05$），表现为T-AOC的下降，并最终显著低于（$P<0.05$）对照组。

（三）应激对鱼类的影响和预防措施

有研究表明，轻微的应激可以增强鱼体对环境的适应能力、提高鱼类的生理状态，而长期过度的应激通常会扰乱机体正常的生理生化反应、降低鱼类的免疫能力、引起疾病或亚健康状况的出现，甚至导致鱼体的死亡。对其他胁迫因子的研究结果表明，抗氧化酶活性随着时间的延长呈现增加趋势，而在鱼体建立新的平衡机制时，抗氧化酶活性也恢复到正常水平。

该研究表明，抗氧化酶活性先上升后逐渐下降到显著低于对照组值，暗示和其他种类的鱼相比，当遭受同等程度的胁迫时，四指马鲅更易受到损害。目前，生产中已经被证明有效的一些措施：①应激反应具有积累或协同效应，应避免多重应激；②应尽量缩短操作持续的时间；③应尽量避免在高温期对养殖对象进行操作；④运输时在水中加入适量的氯化钠可提高运输过程中的存活率；⑤在对其进行操作之前可禁食2~3天，以减少应激时的耗氧量；⑥可在饲料中适当的添加维生素C、谷氨酰胺等抗应激剂。另外有研究表明，鱼类的应激经历尤其是早期阶段，可增强其后期对应激的适应能力。这表明也可以通过适当的驯化，提高四指马鲅的应激性。饲料中添加乳酸菌、不饱和脂肪酸以及鱼油等也可以改善鱼类的体质，提高鱼类的抗应激性。因此，在饲料中适当添加益生菌或不饱和脂肪酸等，也可能提高四指马鲅的抗应激能力。

# 第三节 急性离水操作胁迫对四指马鲅幼鱼组织结构和氧化应激的影响

应激是机体对外界或内部的各种异常刺激所产生的非特异性全身反应，是生物体在长期进化中形成的一种适应性和防御性功能。研究表明：在水产养殖的生产管理中，一些不可避免的操作，例如运输、拉网捕捉、吸残饵排污等，会对大黄鱼（*Pseudosciaena crocea*）造成一定的胁迫，从而导致鱼类产生应激反应。这些应激反应会对鱼类的生理生化等方面产生不利影响。长期的应激胁迫会降低云纹石斑鱼（*Eleutheronema moara*）鱼体的抵抗力以及生长速率。目前有关鱼类环境胁迫的研究相对较多，其主要包括盐度龙虎斑（*Epinephelus ianceolatus* ♂ × *E. fuscoguttatus* ♀）；鲻（*Mugil cephalus*）、温度［舌齿鲈（*Dicentrarchus labrax*）］、pH值［草鱼（*Ctenopharyngodon idellus*）］、鱼毒性赤潮藻［青鳉（*oryzias latipes*）］、养殖密度［北极红点鲑（*Salvelinus alpinus*）］等因子，而有关养殖过程中操作胁迫的研究也主要集中在虹鳟（*Oncorhynchus mykiss*）、刀鲚（*Coilia nasus*），对四指马鲅的研究相对较少。鱼类机体抗氧化系统在抵御由环境变化导致的氧化压力中有重要作用，包括小分子非酶物质如谷胱甘肽、维生素C、维生素E及抗氧化酶系统如超氧化物歧化酶、过氧化氢酶、谷胱肽还原酶等抗氧化物酶。四指马鲅受到急性应激时口裂完全张开、肌肉抽搐，最终死亡。该研究通过模拟拉网对四指马鲅进行操作胁迫，以探究四指马鲅应激反应特点，为其健康养殖技术的建立提供科学依据。

## 一、急性离水操作胁迫对四指马鲅鳃、肌肉组织形态的影响

### （一）鳃

对照组未经历胁迫，鳃组织表现为正常的生理形态，鳃丝整齐密集，两侧的鳃小片对称完整，上皮细胞排列规则，线粒体丰富细胞呈椭圆形（图3-6-a）。离水胁迫后2小时，鳃组织轻微损伤，部分鳃丝两侧的鳃小片出现轻微弯曲，其中鳃丝血管、基底层的细胞未见异常（图3-6-b）；而6小时时，鳃组织损伤明显，鳃小片血管收缩，血细胞减少且红细胞染色不明显，着色力减弱，鳃丝不少区域的鳃小片出现弯曲，有些在中上部出现断裂。高倍镜下观察鳃小片基底部的黏液细胞和线粒体丰富细胞数量增多，部分细胞出现水肿，体积增大（图3-6-c）。胁迫后12小时，鳃损伤更为明显，主要表现为鳃小片严重弯曲其末端出现肿胀，鳃小片出现多处断裂，大部分上皮细胞水肿变性（图3-6-d）。胁迫后24小时，鳃组织表现为不可逆的损伤，鳃丝整体偏离正常形态，鳃小片扭曲紊乱，细胞变性严重，有些细胞核发生溶解（图3-6-e、f）。

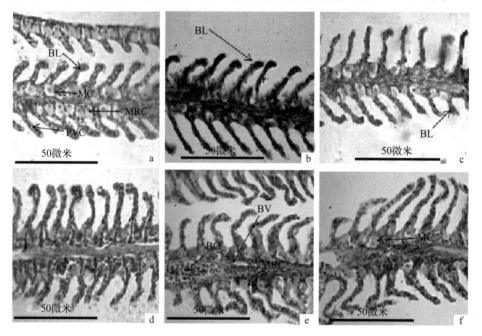

图3-6　急性离水操作胁迫对四指马鲅鳃组织结构的影响

a. 鳃，对照组；b. 鳃，胁迫后2小时；c. 鳃，胁迫后6小时；d. 鳃，胁迫后12小时；e、f. 鳃，胁迫后24小时
MC. 黏液细胞；PVC. 扁平上皮细胞；MRC. 线粒体丰富细胞；BL. 鳃小片；BV. 血管；BC. 血细胞

（二）肌肉

未经胁迫的对照组肌细胞呈现其正常形态，其外形呈纺锤状，肌纤维之间排列紧密，无弯曲现象，肌细胞核位于肌纤维的中央一侧（图3-7-a）；在胁迫后2小时时，肌肉组织部分区域出现肌纤维轻微变性扭曲，纤维束之间间隙增宽，肌细胞未见异常（图3-7-b）。胁迫后6小时时，肌组织损伤明显，肌纤维变性加剧，部分区域可见纤维束弯曲紊乱，有些部位发现肌纤维断裂，肌纤维间隙明显增宽，形成空泡（图3-7-c）。胁迫后12小时时，肌组织损伤更为明显，肌纤维排列紊乱，扭曲变形呈锯齿状，多处出现肌纤维断裂，肌细胞轻微变性，有些部位出现肌细胞核聚集现象，有些细胞核发生变形，肌纤维束之间的间隙增宽，空泡化严重（图3-7-d、e）。胁迫后24小时时，肌肉组织损伤程度进一步加强，而肌纤维和肌细胞变性程度均加深，肌肉组织整体失去固有形态呈逐渐分解的趋势（图3-7-f）。

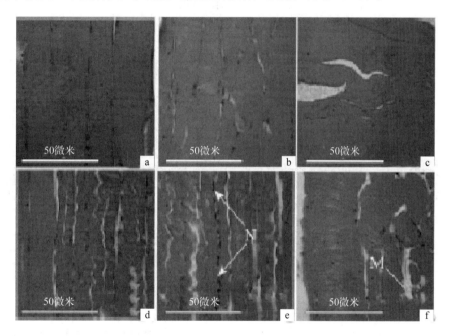

图3-7　急性离水操作胁迫对四指马鲅肌肉组织结构的影响

a.肌肉，对照组；b.肌肉，胁迫后2小时；c.肌肉，胁迫后6小时；d、e.肌肉，
胁迫后12小时；f.肌肉，胁迫后24小时
N.细胞核；M.肌细胞

## 二、急性离水操作胁迫对四指马鲅相关酶活性的影响

（一）急性离水操作胁迫对四指马鲅肌肉超氧化物歧化酶（SOD）活性的影响

与对照组相比离水胁迫后的2小时SOD活性显著下降（$P<0.05$）。随着时间的延

长SOD活性渐渐升高，直到处理后12小时SOD活性达到最高值，其活性明显高于对照组以及其他处理组（$P<0.05$）。处理后24小时，SOD活性降到较低水平，其活性值明显低于对照组（$P<0.05$）（图3-8）。

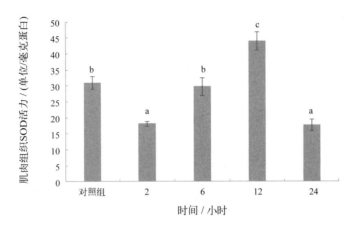

图3-8 急性离水操作胁迫对四指马鲅肌肉超氧化物歧化酶（SOD）活性的影响

不同字母表示组间存在显著差异（$P<0.05$）

（二）急性离水操作胁迫对四指马鲅肌肉过氧化氢酶（CAT）活性的影响

胁迫后2小时CAT活性无明显变化（$P>0.05$）。随后CAT活性明显升高，直到12小时达到最高值，其活性显著高于对照组以及其他处理组（$P<0.05$）（图3-9）。处理后24小时CAT活性降到最低值，其活性值显著低于对照组以及其他处理组（$P<0.05$）。

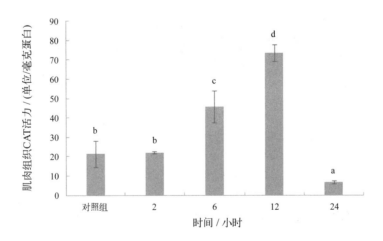

图3-9 急性离水操作胁迫对四指马鲅肌肉过氧化氢酶（CAT）活性的影响

不同字母表示组间存在显著差异（$P<0.05$）

（三）急性离水操作胁迫对四指马鲅肌肉中丙二醛（MDA）含量的影响

离水胁迫2小时肌肉中MDA含量无明显变化（$P>0.05$）。处理6小时后MDA含量达到最大值，其含量水平明显高于对照组以及其他处理组（$P<0.05$）。随着时间的延长MDA含量逐渐降低，直到24小时MDA含量降到处理前水平（图3-10）。

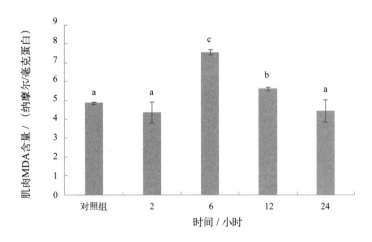

图3-10　急性离水操作胁迫对四指马鲅肌肉中丙二醛（MDA）含量的影响

不同字母表示组间存在显著差异（$P<0.05$）

（四）急性离水操作胁迫对四指马鲅肌肉中微量还原型谷胱甘肽（GSH）含量的影响

胁迫后2小时，GSH含量显著降低（$P<0.05$）。随后其含量一直升高，直到胁迫后的12小时GSH含量达到最高值，其含量显著高于对照组以及其他实验组（$P<0.05$）。到胁迫后的24小时，GSH含量恢复到正常水平与对照组无显著差异（$P>0.05$）（图3-11）。

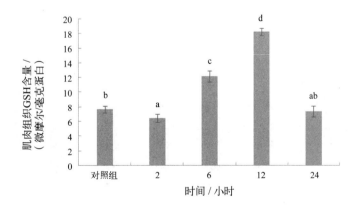

图3-11　急性离水操作胁迫对四指马鲅肌肉中微量还原型谷胱甘肽（GSH）含量的影响

不同字母表示组间存在显著差异（$P<0.05$）

（五）急性离水操作胁迫对四指马鲅肌肉总抗氧化能力（T-AOC）的影响

肌肉T-AOC在处理开始的2小时无显著变化（$P>0.05$）。处理后2~12小时肌肉T-AOC逐渐升高，直到处理后12小时达到最大值。处理后24小时肌肉T-AOC与对照组无显著差异（图3-12）。

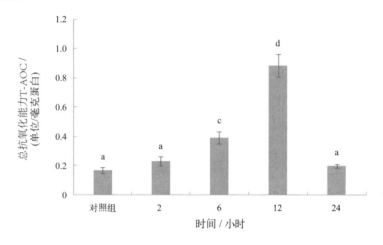

图3-12　急性离水操作胁迫对四指马鲅肌肉总抗氧化能力（T-AOC）的影响

不同字母表示组间存在显著差异（$P<0.05$）

（六）急性离水操作胁迫对四指马鲅鳃钠钾ATP（$Na^+$-$K^+$-ATPase）酶活性的影响

离水胁迫2小时其鳃$Na^+$-$K^+$-ATP酶活性明显升高（$P<0.05$）；处理6小时后$Na^+$-$K^+$-ATP酶活性与处理2小时间无显著差异（$P>0.05$）；胁迫后12小时后（$P<0.05$），鳃$Na^+$-$K^+$-ATP酶活性达到较高水平，24小时后酶活水平下降与对照组无显著差异（$P>0.05$）（图3-13）。

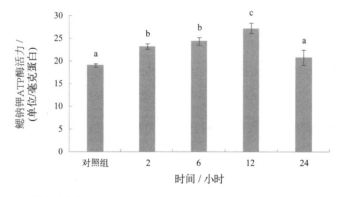

图3-13　急性离水操作胁迫对四指马鲅鳃钠钾ATP酶（$Na^+$-$K^+$-ATPase）活性的影响

不同字母表示组间存在显著差异（$P<0.05$）

## 三、研究结果分析

### （一）操作胁迫对四指马鲅鳃和肌肉组织结构的影响

鱼类在进化过程中对内外界刺激形成了一定的适应能力，轻度刺激可促进鱼类的生长，改善鱼类体质，但是剧烈或长期的刺激对鱼体就会产生危害，导致机体各种生理功能紊乱、甚至死亡。鱼类的应激包括一系列复杂的生理变化，可分为初级、次级和第三级应激反应，其中次级反应是由初级反应引起的组织和器官水平上的一系列功能和结构的变化。该研究表明经过急性离水操作胁迫2小时后鳃小片、扁平上皮细胞以及线粒体丰富细胞开始出现不同程度地损伤；肌肉从肌纤维变性、肌纤维束之间的间隙增宽，空泡化以至于肌肉组织整体失去固有形态呈逐渐分解的趋势，表明急性胁迫对四指马鲅确实能够引起显著的应激反应。急性离水操作胁迫后鳃小片基底部的线粒体丰富细胞数量增多，这个结果与盐度胁迫遮目鱼（*Chanos chanos*）幼鱼实验的结果相类似，类比对大黄鱼的研究结果推测，这可能与四指马鲅为克服操作胁迫造成的应激反应，调动相关生理反应，增加额外的能量代谢有关；鱼类鳃部的黏液细胞可分泌大量黏液性物质，在鳃的表面形成一层对鳃组织具有保护作用的屏障，该研究发现操作胁迫6小时黏液细胞数量增多，体积增大，也是机体抵御应激的保护机制。在操作胁迫6小时后鳃和肌肉的组织结构开始出现损伤，表明胁迫后6小时四指马鲅的应激反应已经进入次级反应阶段，随时间持续操作胁迫对机体鳃和肌肉组织造成的损伤逐渐加剧，表明所施加的胁迫强度已经超出机体能够适应、调控范围，对鳃和肌肉产生不可逆的损伤。该研究结果提示：在四指马鲅的养殖管理过程中要科学操作，适当地添加抗应激，严格控制各种胁迫因子避免造成不良影响。

### （二）操作胁迫对四指马鲅肌肉抗氧化系统的影响

研究表明：通常情况下，鱼体代谢产生的自由基处在动态平衡中，当受到外界环境干扰之后，平衡被打破自由基就会大量积累，过量的自由基会对鱼体产生不利影响。一般情况下，鱼体率先利用第一道防线如，维生素C、维生素E等小分子非酶物质清除过多的自由基；当第一道防线不足以清除过多的自由基时，鱼体则会启动第二道防线即合成相应的抗氧化酶以减少氧化压力。该研究中操作胁迫2小时后肌肉SOD、GSH活性出现显著性下降，表明SOD、GSH可以作为四指马鲅受到氧化应激的灵敏指示物，这也与其功能相一致。CAT、GSH活性也在操作胁迫2小时后下降，但是变化不显著，总抗氧化能力 T-AOC稍微增加，说明此时肌肉组织主要依靠第一道防线抵御胁迫造成的氧化应激，尚未启动抗氧化酶系统来应对操作胁迫。在整个处理过程中SOD、GSH与CAT活性有相同的变化趋势，也证明了四指马鲅肌肉组织SOD、CAT和GSH之间在抗氧化应激方面具有协同作用。胁迫6小时后实验所测抗氧化酶都出现显著增加，说明机体已经启动抗氧化系统清除逐渐增多的自由基，对云纹石斑鱼进行惊扰胁迫的研究结果类似；操作胁迫12小时后四指马鲅肌肉组织内积累的自由基达到最高峰，随后就逐渐下降，这也是操作胁迫后机体内氧化压力与抗氧化防御响应之间动态互作过程，表明抗氧化酶系统在应对氧化压力过程中发挥主要作用。

研究表明：鱼类氧化应激响应在鱼的不同种类中呈现特定的时间变化趋势。在其他胁迫因子的研究中发现随处理时间延长，抗氧化酶呈现增高的变化趋势，之后体内新的平衡机制建立，抗氧化酶活性也恢复到正常水平［银鲳（*Pampus argenteus*）；银鲳；广东鲂（*Megalobrama terminalis*）；条石鲷（*Oplegnathus fasciatus*）；黄姑鱼（*Nibea albiflora*）］；该研究中相应的抗氧化酶活性先下降，可能原因是机体尚未形成有效的抵抗机制，之后才逐渐升高，并在处理24小时后又下降，这与以上研究成果相似。在温度骤升对中华绒螯蟹（*Eriocheir sinensis*）肝胰腺中抗氧化酶活性研究结果显示温度升高后CAT和SOD的马上出现显著降低，MDA含量一直增加，认为抗氧化系统受到一定程度的影响，造成机体细胞结构和功能的丧失。该研究中虽然抗氧化酶活性在处理2小时后出现下降，但是从6小时又出现上升，说明其细胞结构和功能仍然正常，其下降的原因可能是四指马鲅迅速启动第一道防线大量释放还原性物质维生素C、维生素E消除自由基，导致机体氧化水平迅速降低有关，但是具体作用机制还需要进一步的深入研究。在处理24小时后SOD、CAT、MDA和GSH抗氧化指标均低于处理前，而T-AOC和处理前保持一致，表明此时肌肉组织的抗氧化应激主要是非酶促反应。该研究中只观察到胁迫后24小时的变化过程，尚不能判定四指马鲅肌肉抗氧化酶系统是否受到损伤，也就不能确定其抗氧化酶系统和氧化压力之间平衡机制是否仍然有效运行。基于该研究结果，我们初步认为四指马鲅肌肉组织应对氧化应激的策略是先依靠第一道防线，然后启动抗氧化酶系统，新平衡建立阶段仍然是非酶促反应。

（三）操作胁迫对四指马鲅肌肉MDA含量的影响

对湖蛙（*Rana ridibunda*）的研究表明：细胞中过氧化脂降解产物MDA的含量反应了机体脂质过氧化程度，其间接反映了细胞损伤程度。该研究中胁迫处理2小时以后MDA含量逐渐升高直到6小时达到最高值，之后MDA降低（图3-10），这表明操作胁迫后6小时MDA含量逐渐积累到大值，机体细胞已经受到损伤，这也与组织切片观察的结果相一致；然而其他抗氧化酶在胁迫处理12小时后活性最高，MDA高峰出现早于其他抗氧化酶，表示如果抗氧化酶的活性不能及时清除多余的自由基，膜脂过氧化的程度就会加重，也就是说鱼体通过调节体内抗氧化酶活性，可以使体内脂质过氧化程度降低。该部分研究结果认为MDA可以作为四指马鲅氧化损伤的快速响应生物标记物。

### （四）操作胁迫对四指马鲅$Na^+$-$K^+$-ATP酶活性的影响

$Na^+$-$K^+$-ATP酶是组成$Na^+$-$K^+$泵活性的主要部分，NKA酶可水解ATP产生ADP和能量，同时也是一项评价环境胁迫影响的生物学指标。经过离水胁迫后四指马鲅幼鱼鳃中$Na^+$-$K^+$-ATP酶活性显著升高（$P<0.05$），直到胁迫后12小时$Na^+$-$K^+$-ATP酶活性达到峰值，组织学观察结果也发现鳃小片基底部的线粒体丰富细胞数量增多，这两方面的结果相互支持，表明四指马鲅鳃在应对氧化应激过程耗能较大，需要$Na^+$-$K^+$-ATP酶活性增强提供抗氧化应激所需能量。胁迫处理24小时后$Na^+$-$K^+$-ATP酶活性和处理前无显著差异，表明鳃结构和功能尚未受到严重破坏，由于氧化压力降低，鳃中$Na^+$-$K^+$-ATP酶活性耗能也恢复到处理前水平。

## 第四节　运输胁迫对四指马鲅幼鱼肝脏、鳃和脾脏组织结构的影响

随着四指马鲅人工繁育技术的攻克，目前该鱼在我国台湾、广东、海南、浙江等地的养殖规模和市场占有率逐年扩大，但四指马鲅抗应激能力较弱，尤其是种苗极易受运输等人为活动的影响，成为制约四指马鲅规模化养殖的重要因素之一。因此，加强四指马鲅种苗抗应激能力研究，解决长途运输种苗存活率的问题，对促进四指马鲅养殖业的健康快速发展具有重要意义。该研究对比运输胁迫前后四指马鲅幼鱼肝脏、鳃及脾脏的显微结构变化，探究四指马鲅应对运输胁迫的应答规律，旨在提高种苗运输存活率，为其规模化养殖提供技术支持。

### 一、运输胁迫前后四指马鲅幼鱼的生活状态及死亡率

对照组四指马鲅幼鱼表现正常，沿暂养池壁集体朝同一方向不停游动，未出现死亡现象；混合组幼鱼在运输期间向不同方向快速、混乱游动，并撞击桶壁，有少数幼鱼死亡，死亡率为12.5%；空白组幼鱼在运输初期与混合组无明显区别，但随着运输时间的延长，幼鱼游动速度明显减慢，且动作不协调，有的甚至表现为侧游或翻身游动，运输结束后的累计死亡达27.5%。

## 二、运输胁迫对四指马鲅幼鱼肝脏组织的影响

对照组四指马鲅幼鱼的肝细胞呈多面体排列紧密，细胞核大而圆，多为单核，居细胞中央，且细胞核着色较深，部分细胞出现因糖原溶解形成的空泡；肝小板和肝血窦沿中央静脉呈放射状相间排列，且结构清晰；中央静脉位于肝小叶中部，周围有许多肝血窦开口，其横切面呈圆形，均表现为正常形态（图3-14-a、图3-14-b和图3-14-c）。混合组幼鱼的肝脏受到较轻微影响，主要表现为肝细胞空泡消失，形状不规则，部分区域细胞排列散乱，部分细胞核着色较深；肝小叶及肝小板结构不清晰，肝血窦间隙增大；中央静脉横切面呈不规则形状（图3-14-d、图3-14-e和图3-14-f）。空白组幼鱼的肝组织受到较严重损伤，主要表现为整体肝脏细胞核失去固有形态，细胞排列松散且不规则，大部分细胞核变性呈椭圆形或纺锤形，且着色较浅，空泡消失；肝小板及肝小叶结构消失不见；中央静脉周围肝血窦开口较大，其横切面呈不规则形状且内部充满血细胞（图3-14-g、图3-14-h和图3-14-i）。

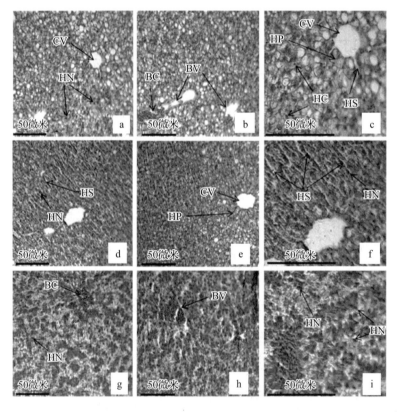

图3-14　运输胁迫对四指马鲅幼鱼肝脏组织形态特征的影响

a、b. 对照组（200×）；c. 对照组（400×）；d、e. 混合组（200×）；f. 混合组（400×）；

g、h. 空白组（200×）；i. 空白组（400×）

CV. 中央静脉；BV. 血管；BC. 血细胞；HC. 肝细胞；HP. 肝板；HN. 肝细胞核；HS. 肝血窦

### 三、运输胁迫对四指马鲅幼鱼鳃组织的影响

对照组四指马鲅幼鱼鳃组织中线粒体丰富细胞呈椭圆形，分布在鳃小片基部，上皮细胞呈扁平状规则排列；血窦内平均分布有红细胞，两侧的鳃小片对称且完整，鳃丝密集且排列整齐，其结构表现为正常的生理形态（图3-15-a、图3-15-b和图3-15-c）。与对照组相比，混合组幼鱼鳃组织中线粒体丰富细胞体积变大；血窦收缩，其中的红细胞分布不均匀，出现部分堆积现象；鳃小片呈"S"形扭曲且排列不规则，大部分鳃小片弯曲，少数鳃小片末端或整体出现肿胀现象；鳃丝排列不整齐，部分鳃丝中间开裂，且着色力减弱（图3-15-d、图3-15-e和图3-15-f），表明运输胁迫对鳃组织已造成一定影响，但并不严重。空白组幼鱼鳃组织中线粒体丰富细胞体积变大且数量增多，大部分上皮细胞水肿变性，部分表皮出现脱落现象；鳃小片整体肿胀，血窦增宽，红细胞分布不均匀，部分鳃小片因红细胞过多而涨破；鳃丝整体水肿，部分鳃丝中间开裂，整体偏离正常形态（图3-15-g、图3-15-h和图3-15-i），表明运输胁迫对鳃组织造成较严重损伤。

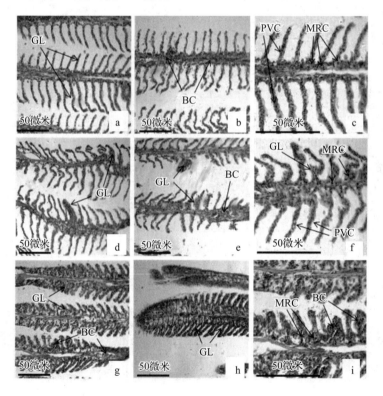

图3-15　运输胁迫对四指马鲅幼鱼鳃组织形态特征的影响

a、b.对照组（200×）；c.对照组（400×）；d、e.混合组（200×）；f.混合组（400×）；

g、h.空白组（200×）；i.空白组（400×）

GL.鳃小片；BC.血细胞；PVC.扁平上皮细胞；MRC.线粒体丰富细胞

## 四、运输胁迫对四指马鲅幼鱼脾脏组织的影响

对照组四指马鲅幼鱼脾脏组织网状支架上分布极密集的淋巴细胞，最外层可观察到被膜，局部可见由被膜结缔组织形成的小梁结构；被膜以下由红髓和白髓交替分布形成密集网状结构的脾脏实质，分布大量的淋巴细胞和巨噬细胞；在红髓周围稀散分布的为白髓结构，区域面积相对红髓区域要小很多，内部分布有密集的淋巴细胞（图3-16-a、图3-16-b和图3-16-c）。与对照组相比，混合组幼鱼的脾脏组织受到一定影响，但并不严重，表现为白髓区域增加，黑色素-巨噬细胞中心数量及大小均有所增加；边缘区面积增加（图3-16-d，图3-16-e，图3-16-f），空白组幼鱼脾脏严重损伤，表现为组织中充满红细胞，红髓与白髓相对较少，呈零散分布，巨噬细胞中心数量和边缘区域面积均减小（图3-16-g、图3-16-h和图3-16-i）。

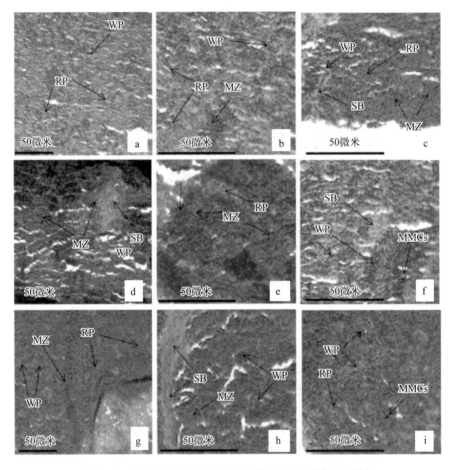

图3-16 运输胁迫对四指马鲅幼鱼脾脏组织形态特征的影响

a. 对照组（200×）；b、c. 对照组（400×）；d. 混合组（200×）；e、f. 混合组（400×）；

g. 空白组（200×）；h、i. 空白组（400×）

WP. 白髓；RP. 红髓；MZ. 边缘区；SB. 脾小梁；MMCs. 黑色素-巨噬细胞中心

## 五、研究结果分析

与自然条件下相比，鱼类在集约化养殖过程中会经受更多人为因素的干扰，但在长期的进化过程中鱼类已形成了相应的调节机制。轻度刺激可促进鱼类生长，改善鱼类体质，但剧烈或长期刺激会干扰鱼类的正常生理功能，导致机体功能紊乱，甚至死亡。肝脏是鱼类最大的消化腺，可分泌胆汁促进脂肪的分解与吸收，又参与多种物质的合成、储存、代谢和转化。肝细胞内含有多种内含物，主要有糖原、脂滴及色素等，且其含量与机体的生理状态密切相关。研究表明，运输胁迫下银鲳（*Pampus argenteus*）的机体能量供给主要来自肝脏糖元的分解。该研究中，由于分组过程中幼鱼受到惊吓，导致其肝糖元的代谢与合成平衡被打破，可能是对照组四指马鲅幼鱼肝脏组织出现空泡的原因。对虹鳟（*Oncorhynchus mykiss*）的研究表明，维生素C可通过神经调节因子调节脑部激素水平，调控鱼类的行为以增强其抗应激能力。研究表明，抗应激复合物可有效提高团头鲂（*Megalobrama amblycephala*）的抗应激能力，降低应激对肝脏等组织的损伤。此外，研究证实谷氨酰胺可促进肠道黏膜修复、淋巴细胞增殖、巨噬细胞分裂和分化，在免疫调节方面具有重要意义。该研究中，混合组四指马鲅幼鱼肝细胞空泡消失可能是抗应激剂对鱼类能量代谢起调解作用。运输过程中幼鱼因受到惊吓而剧烈挣扎游动，其能量代谢及耗氧量随之增加，为满足机体对氧的需求，故肝血窦间隙增加血流加快；而部分肝细胞排列散乱及不规则的中央静脉横切面，其原因可能是运输过程中幼鱼不断撞击桶壁导致肝脏组织发生机械性损伤。四指马鲅幼鱼的肝脏组织在运输胁迫后失去固有形态，其生理状态趋于崩溃，死亡率最高（27.5%）。总之，运输胁迫会对四指马鲅幼鱼的肝脏造成损伤，添加抗应激剂混合物可起到一定的缓解作用，但无法从根本上消除。

鳃是鱼类的主要呼吸器官，同时具有排泄氨氮等代谢废物及调解渗透压的功能。该研究中，混合组四指马鲅幼鱼鳃线粒体丰富细胞体积变大的现象与高盐度下卵形鲳鲹（*Trachinotus ovatus*）线粒体丰富细胞的变化相同，表明运输应激破坏了四指马鲅幼鱼的渗透压平衡，少数鳃小片末端或整体出现肿胀现象。与肝组织相同，在抗应激剂混合物作用下四指马鲅幼鱼的鳃基础代谢增加、血流加快，但由于运输胁迫作用血窦收缩，而导致红细胞分布不均匀，出现部分堆积现象，与对泥蚶（*Tegillarca granosa*）的研究结果相似。该研究中，四指马鲅鳃小片呈"S"形扭曲且排列不规则，可能是运输过程中幼鱼剧烈挣扎，加上渗透压遭到破坏，鳃小片局部吸水所造成。空白组幼鱼线粒体丰富细胞体积变大且数量增多，与盐度胁迫遮目鱼（*Chanos chanos*）幼鱼的试验结果相似，表明四指马鲅幼鱼为克服运输胁迫，调动相关生理反应而消耗大量能量。四指马鲅幼鱼鳃组织上皮细胞水肿变性，部分表皮脱落，表明运输胁迫导致鳃$Na^+/K^+$-ATP酶活性下降，即在无抗应激条件下幼鱼鳃功能遭到破坏。可见，运输胁迫致使四指马鲅幼鱼鳃组织出现不同程度的损伤，而添加抗应激剂起到明显的缓解作用。

脾脏主要由淋巴组成，在鱼类的造血、免疫及储血方面发挥着重要作用。低盐胁迫下，许氏平鲉（*Sebastes schlegeli*）脾脏组织中淋巴细胞数量增多，且有聚集现象。该研究中，混合组四指马鲅幼鱼脾脏组织的变化与低盐胁迫下许氏平鲉脾脏组织的变化相似，表明抗应激剂能在一定程度上提高受到运输胁迫幼鱼的免疫反应能力，促使免疫细胞的数量合成增加。对草鱼的研究表明，拥挤胁迫会对鱼类脾脏器官造成极大损伤。运输胁迫下四指马鲅幼鱼脾脏组织的白髓及巨噬细胞中心数量均相对减少，表明该种幼鱼免疫系统已无法抵御运输胁迫的干扰，免疫细胞的合成受阻，表明长期处于应激胁迫下鱼类免疫力将受到明显影响，因此在养殖生产过程中应避免长期的逆境胁迫。

实际生产中，采取以下措施能有效提高鱼类的抗应激能力：①运输过程中应避免多重应激；②尽量缩短运输时间；③避免在高温期运输；④长途运输前宜禁食2～3天，以减少应激时的耗氧量；⑤可在饲料中适当添加维生素C、谷氨酰胺等抗应激剂。此外，研究证实，鱼类的早期应激经历可增强其后期抗应激的适应能力，即通过适当驯化可有效提高四指马鲅的抗应激能力；在饲料中添加乳酸菌、不饱和脂肪酸或鱼油等也可改善鱼类体质，提高其抗应激能力。因此，在饲料中适量添加益生菌或不饱和脂肪酸等，可能是提高四指马鲅运输成活率的有效途径之一。

# 第五节　塑料袋包装充氧运输胁迫对四指马鲅幼鱼抗氧化系统的影响及抗应激剂的作用

为探究塑料袋包装充氧运输胁迫对四指马鲅幼鱼肝、肌肉抗氧化系统的影响以及抗应激剂的生理作用，该研究设置了未经运输的幼鱼30尾作为对照组、不添加任何抗应激剂运输的幼鱼90尾作为空白组、添加维生素C运输的幼鱼90尾作为维生素C组以及添加谷氨酰胺（Gln）运输的幼鱼90尾作为谷氨酰胺组，在运输实验进行的2小时、6小时以及9小时采样，不同时间点每组各取30尾幼鱼分别采集肝、肌肉样品进行相关指标的测定。

## 一、不同处理组四指马鲅幼鱼超氧化物歧化酶（SOD）活性的变化情况

运输胁迫不同时间以及不同处理组，肝组织中超氧化物歧化酶（SOD）活性

远远大于肌肉组织中（图3-17）。在实验开始的2小时，空白组肝中SOD活性与对照组相比显著下降（$P<0.05$），而维生素C组和谷氨酰胺组虽略有下降但不显著（$P>0.05$）。随着实验的进行，空白组肝SOD活性显著升高（$P<0.05$），升高到一定值，一直保持到实验结束；维生素C组超氧化物歧化酶（SOD）活性出现先升高后下降的趋势，实验结束时其活性显著（$P<0.05$）低于对照组；而谷氨酰胺组其活性稍微有所下降但不显著（$P>0.05$），之后显著（$P<0.05$）下降，实验结束时其值显著（$P<0.05$）低于对照组，但与维生素C组无显著差异（$P>0.05$）（图3-17-a）。随着实验的进行，空白组肌肉中SOD活性与对照组相比，出现先升高后下降的趋势，最终其值仍显著高于对照组（$P<0.05$）；而维生素C组和谷氨酰胺组其活性与对照组相比有相同的变化趋势，即先下降后上升，之后又下降的趋势，最终维生素C组显著（$P<0.05$）低于对照组，而谷氨酰胺组则与对照组无显著差异（$P>0.05$），且此两个实验组之间无显著差异（$P>0.05$）（图3-17-b）。

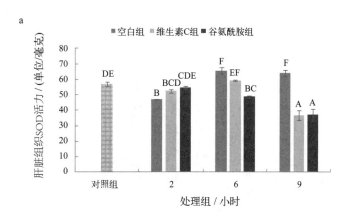

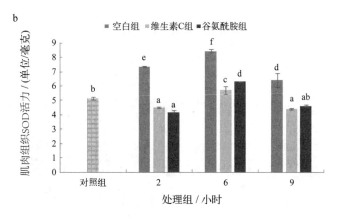

图3-17　不同处理组四指马鲅幼鱼肝（a）、肌肉（b）中超氧化物歧化酶活性的变化情况

不同字母表示组间存在显著差异（$P<0.05$）

## 二、不同处理组四指马鲅幼鱼过氧化氢酶（CAT）活性的变化情况

与对照组相比，空白组肝过氧化氢酶（CAT）活性在实验之初显著（$P<0.05$）升高，之后下降至一定值后保持到实验结束，最终其值仍显著（$P<0.05$）高于对照组（图3-18）；维生素C组CAT活性，在实验之初显著（$P<0.05$）升高，维持一段时间后显著（$P<0.05$）下降，实验结束时其值仍显著（$P<0.05$）高于对照组；谷氨酰胺组CAT活性则出现先升高后下降的趋势，实验结束时其活性与对照组无显著差异（$P>0.05$）。由图3-18-b可见，与对照组相比，空白组肌肉CAT活性在实验之初显著（$P<0.05$）升高，维持在较高值一段时间后显著（$P<0.05$）下降，最终其值仍显著（$P<0.05$）高于对照组；维生素C组CAT活性，则出现先升高后下降的趋势，实验结束时其值仍显著（$P<0.05$）高于对照组；谷氨酰胺组CAT活性先显著（$P<0.05$）升高后下降到对照组无显著差异（$P>0.05$），直到实验结束。

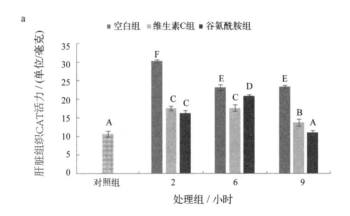

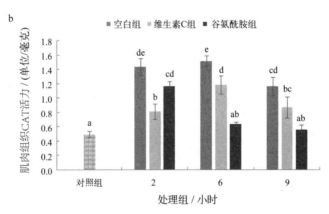

图3-18　不同处理组四指马鲅幼鱼肝（a）、肌肉（b）中过氧化氢酶活性的变化情况

不同字母表示组间存在显著差异（$P<0.05$）

### 三、不同处理组四指马鲅幼鱼丙二醛（MDA）含量的变化情况

空白组肝丙二醛（MDA）含量，在实验之初迅速升高，且达到最大值，之后显著（$P<0.05$）下降，下降到一定值后维持到实验结束，其值不再显著变化（$P>0.05$），但仍显著（$P<0.05$）高于对照组；维生素C组其含量值在实验之初显著升高（$P<0.05$）之后呈下降趋势，直到实验结束其含量值仍显著高于（$P<0.05$）对照组；谷氨酰胺组其含量值在实验开始之初时显著（$P<0.05$）升高，之后略有波动但均不显著（$P>0.05$），最终其活性显著（$P<0.05$）高于对照组，但与维生素C组无显著差异（$P>0.05$）（图3-19-a）。由图3-19-b可见，空白组肌肉中MDA含量在实验之初显著（$P<0.05$）上升，之后维持一段时间又继续上升，实验结束时显著（$P<0.05$）高于对照组，且达到最大值；而维生素C组与谷氨酰胺组有相同的变化趋势，即实验之初显著（$P<0.05$）升高，之后都略有波动但均不显著（$P>0.05$），实验结束时二者显著（$P<0.05$）高于对照组，且显著低于空白组（$P<0.05$），实验过程中二者之间均无显著差异（$P>0.05$）。

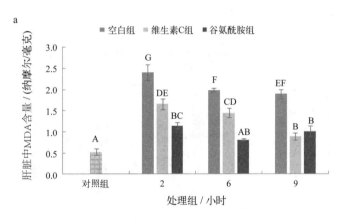

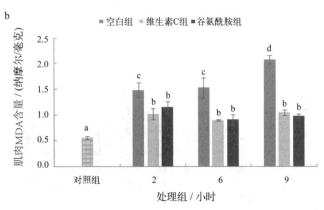

图3-19　不同处理组四指马鲅幼鱼肝（a）、肌肉（b）中丙二醛含量变化情况

不同字母表示组间存在显著差异（$P<0.05$）

## 四、不同处理组四指马鲅幼鱼还原型谷胱甘肽（GSH）含量的变化情况

空白组肝还原型谷胱甘肽（GSH）含量，在实验之初迅速升高，且达到最大值，之后迅速下降到显著（$P<0.05$）低于对照组，之后则上升，实验结束时其值与对照组无显著差异（$P>0.05$）；维生素C组GSH含量在6小时以前呈显著（$P<0.05$）下降趋势，之后略有所下降但不显著（$P>0.05$），实验结束时其值显著（$P<0.05$）低于对照组与空白组；谷氨酰胺组GSH含量在实验开始的2小时时显著（$P<0.05$）下降，之后出现先升高后下降的趋势，最终其含量显著（$P<0.05$）低于对照组，且与维生素C组无显著差异（$P>0.05$）（图3-20-a）。由图3-20-b可见，空白组肌肉GSH含量，在整个实验过程中一直处于显著（$P<0.05$）上升趋势，实验结束时其值显著（$P<0.05$）高于对照组，且达到最大值；维生素C组GSH含量在实验之初略有升高但不显著（$P>0.05$），之后则先升高后下降，最终其含量显著（$P<0.05$）高于对照组；谷氨酰胺组GSH含量在实验之初显著（$P<0.05$）升高，之后略有波动但均不显著（$P>0.05$），直到实验结束其含量显著高于（$P<0.05$）对照组，且与维生素C组无显著差异（$P>0.05$）。

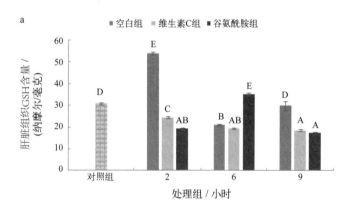

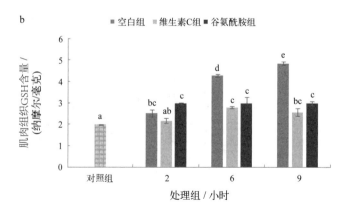

图3-20  不同处理组四指马鲅幼鱼肝（a）、肌肉（b）中还原型谷胱甘肽含量变化情况

不同字母表示组间存在显著差异（$P<0.05$）

## 五、不同处理组四指马鲅幼鱼总抗氧化能力（T-AOC）的变化情况

空白组肝总抗氧化能力（T-AOC）在实验过程中呈先显著升高（$P<0.05$），直到6小时后显著（$P<0.05$）下降的趋势，实验结束时其值显著（$P<0.05$）高于对照组；维生素C组T-AOC在实验之初无显著（$P>0.05$）变化，之后出现先升高后降低的趋势，最后其值显著（$P<0.05$）高于对照组；谷氨酰胺组T-AOC出现较大波动，即实验之初显著（$P<0.05$）升高，之后降低至于对照组无显著差异（$P>0.05$），之后又显著（$P<0.05$）上升，实验结束其值显著（$P<0.05$）高于对照组与维生素C组，但显著（$P<0.05$）低于空白组（图3-21-a）。由图3-21-b可见，空白组肌肉T-AOC在实验的前6小时均出现显著（$P<0.05$）升高趋势，6小时达到最高值，直到实验结束，其值显著高于（$P<0.05$）对照组；维生素C组T-AOC在实验之初时显著（$P<0.05$）上升，6小时时略有下降但不显著（$P>0.05$），9小时时显著（$P<0.05$）上升，实验结束时其值显著（$P<0.05$）高于对照组，且显著（$P<0.05$）低于空白组；谷氨酰胺组T-AOC在6小时以前均呈显著升高（$P<0.05$）趋势，实验结束时其值与对照组无显著差异（$P>0.05$），但显著（$P<0.05$）低于空白组与维生素C组。

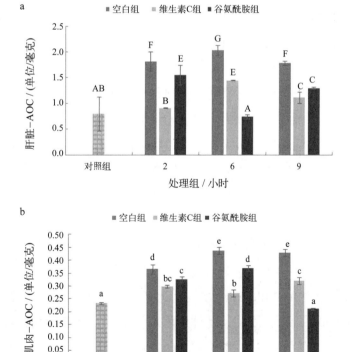

图3-21　不同处理组四指马鲅幼鱼肝（a）、肌肉（b）总抗氧化能力变化情况

不同字母表示组间存在显著差异（$P<0.05$）

## 六、研究结果分析

在实际生产过程中鱼苗的过塘、购入与出售、增殖放流等都需要运输，运输是鱼苗扩大生产的重要过程之一，因此研究运输对其影响具有重要意义。对鳊（*Megalobrama amblycephala*）的研究表明，长途运输会对鳊造成较强的应激，常导致应激性充血、脱黏等严重后果。为了解决鱼类运输应激问题，对抗应激剂的研究也越来越受到重视，诸多抗应激剂应运而生，如维生素C、维生素E、不饱和脂肪酸以及氨基酸等。对虹鳟（*Salmo gairdnerii*）的研究表明，维生素C可通过神经调节因子来调节脑部激素水平，调控鱼类的行为，增强鱼类抗应激能力。谷氨酰胺是免疫细胞和肠道黏膜细胞的重要燃料和代谢前体，具有促进肠道黏膜修复、淋巴细胞增殖、巨噬细胞分裂和分化的作用，在调节免疫功能方面具有重要意义。

### （一）不同处理组四指马鲅幼鱼超氧化物歧化酶（SOD）和过氧化氢酶（CAT）活性变化情况

鱼类正常的生命活动中其体内会产生少量的自由基，通常情况下自由基不断地产生，同时也不断被清除。当鱼类受到胁迫刺激时，机体内会产生过多的活性氧自由基，而这些自由基对机体有破坏作用，导致正常细胞和组织的损坏，引发膜脂质过氧化反应。其原因是，细胞基本结构的主要成分，如细胞膜上存在大量多不饱和脂肪酸，是氧化应激潜在的靶向攻击目标，其对氧化应激较敏感，可以迅速被氧化攻击。研究表明，脂质过氧化，特别是多不饱和脂肪酸的氧化，会引发体内膜脂的氧化损伤，并最终破坏细胞生物膜的结构。然而，好氧生物已经进化出了相应的防御系统，即激活相应的抗氧化系统，包括超氧化物歧化酶（SOD）、过氧化氢酶（CAT）、还原型谷胱甘肽（GSH）以及一些小分子抗氧化剂，以保护自己不受活性氧产生毒性效应的影响，而超氧化物歧化酶（SOD）和过氧化氢酶（CAT）组成了防御氧化应激的第一道防线。对丰产鲫鱼［（*Carassius auratus* of Penze（♀）× *Cyprinus acutidorsalis*（♂）］的研究表明，不同组织所承担的生理功能不同，其抗氧化酶活性也不同。该研究中，对照组以及空白组和维生素C组、谷氨酰胺组各时间点肝中SOD和CAT活性均远远高于肌肉中，同样表明了这点。对鲤（*Cyprinus carpio*）的研究表明，水体中添加维生素C能缓解鲤的运输应激反应，该实验中也得到了相似的结果，即维生素C组及谷氨酰胺组肝中SOD活性虽有所降低但与对照组相比不显著（$P > 0.05$）。SOD活性在肌肉中，与对照组相比显著（$P < 0.05$）下降。其原因可能是，突然的运输刺激阻碍了肌肉中SOD的合成途径，而肝中其合成途径不受影响或者影响较弱。因为机体的自我调节能力，随着实验的进

行，空白组SOD活性一直保持较高值，以减轻运输应激对机体的损伤。随着自由基的逐渐清除，SOD活性则会出现恢复正常水平的趋势，因此该实验空白组肌肉中SOD活性出现先升高后降的趋势。对团头鲂的研究结果表明，维生素C与谷氨酰胺的存在一定程度上缓解了运输应激对团头鲂幼鱼的影响，故实验结束时维生素C组及谷氨酰胺组其活性最终均低于对照组。研究表明，运输刺激使日本黄姑鱼（*Nibea japonica*）产生氧化应激反应，该研究得出了相似的结果，即CAT活性被提高以缓解氧化压力。然而维生素C组及谷氨酰胺组肝和肌肉中氧化压力同样存在，但由于两者的缓解作用，机体内产生的氧化压力远低于空白组。由于机体的自我调节，组织中的氧化压力得到逐渐缓解，CAT活性也有恢复正常水平的趋势，因此该实验结束时，各组CAT活性均出现下降趋势。

（二）不同处理组四指马鲅幼鱼丙二醛（MDA）和还原型谷胱甘肽（GSH）含量变化情况

研究表明，丙二醛（MDA）作为细胞中过氧化脂降解产物，反应了机体脂质过氧化程度，其间接反映了细胞损伤程度。还原型谷胱甘肽（GSH）是与MDA生理功能相反的小分子三肽，能将体内有害物质转变为无害物质，并排出体外起到解毒作用，是体内重要的抗氧化剂和自由基清除剂。实验开始之初各组中MDA含量均高于对照组，而维生素C组和谷氨酰胺组其含量值均低于空白组，表明运输胁迫使四指马鲅幼鱼肝和肌肉细胞遭到损伤，而维生素C组和谷氨酰胺组的损伤程度较空白组低。随着实验的进行维生素C组和谷氨酰胺组含量无显著（$P>0.05$）差异且显著低于空白组，表明维生素C和谷氨酰胺在一定程度上缓解了肝细胞中脂质的过氧化程度，然而并不能完全消除，且对长时间运输的作用效果维生素C和谷氨酰胺之间无太大差别。而空白组肌肉中其含量值则呈逐渐升高趋势，维生素C组和谷氨酰胺组其值无显著变化同样表明了维生素C和谷氨酰胺有相似的作用效果。运输刺激使空白组自由基含量迅速增加，从而破坏了内环境稳态，为了消除这一不利影响，机体提高GSH的合成量，故实验开始的2小时，空白组两组织中GSH含量升高。研究表明，在同一强度刺激下，不同组织受影响程度有一定的差异，随着本实验的进行，四指马鲅幼鱼GSH含量在肝与肌肉中出现相反的变化升趋势也同样证实了这点。

（三）不同处理组四指马鲅幼鱼总抗氧化能力（T-AOC）变化情况

总抗氧化能力（T-AOC）反映了鱼类机体酶系统和非酶系统抗氧化能力的总和，即其包括了超氧化物歧化酶（SOD）与过氧化氢酶（CAT）等抗氧化酶，也包括还原型谷胱甘肽（GSH）、氨基酸、维生素等小分子抗氧化物质。研究表明，适当的刺激可提高鱼类对环境的适应能力，改善其体质，本实验开始的2小时各组肝和肌肉中T-AOC都有升高趋势也表明了这个观点。随着实验的进行，最终维生素C组与谷氨酰胺组肝T-AOC均高于对照组，且低于空白组，表明维生素C与Gln的存在减轻了运输刺激对肝的影响程度，机体做出的反应也较空白组温和。由于机体的自我调节能力无法消除运输刺激对空白组的影响，这可能也是空白组肌肉T-AOC升高并保持较高值直到实验结束的原因。最终，维生素C组T-AOC显著低于空白组但有上升趋势，表明维生素C能够缓解其肌肉的氧化应激，但作用效果有限。谷氨酰胺组肌肉T-AOC最终与对照组无显著差异，表明Gln相对于维生素C可以更好地缓解肌肉中的氧化应激，即Gln作为抗应激剂有更好的作用效果。

# 第六节　盐度对四指马鲅幼鱼生长及其鳃丝 $Na^+/K^+$-ATP 酶的影响

罗海忠等（2015）采用盐度渐变的方法，研究了盐度 2、10、18、26、34 共 5 个梯度对四指马鲅幼鱼（7.82±0.43克）生长及其鳃丝 $Na^+/K^+$-ATP 酶的影响。

## 一、盐度对四指马鲅幼鱼行为状态的影响

由表3-1 可以看出，不同盐度下四指马鲅幼鱼表现出的行为状态较为相似。盐度为2、10、18、26 组幼鱼活力强、游动频繁、摄食状态也较好，幼鱼抢食明显；而 34 盐度组幼鱼活力和摄食均一般。不同盐度组的幼鱼在水体中的分布也有差异，盐度越高，幼鱼的分布越趋近于水体的上层。各试验组幼鱼成活率均较高，其中盐度为 2、10、18、26 组全部在 90%以上，且差异性不显著，而盐度 34 组成活率为 72.2%，与其他盐度组差异显著。

表 3-1　不同盐度下四指马鲅的行为状态

| 盐度 | 活动状况 | 摄食情况 | 成活率（%） |
|---|---|---|---|
| 2 | 活力强，多分布于水体中下层 | 抢食 | 91.1±1.9[a] |
| 10 | 活力强，中下层水体分布多于中上层水体 | 抢食 | 90.0±3.3[a] |
| 18 | 活力强，水体各层分布较均匀 | 抢食 | 92.2±1.9[a] |
| 26 | 活力强，水体各层分布较均匀 | 抢食 | 93.3±3.4[a] |
| 34 | 活力一般，中上层水体分布多于中下层水体 | 摄食一般 | 72.2±5.1[b] |

注：同一列数据中上标字母不同表示显著差异（$P<0.05$）。

## 二、盐度对四指马鲅幼鱼生长的影响

由表3-2可见，在实验盐度范围内，随着盐度的升高，四指马鲅幼鱼的最终体质量、特定增长率（SGR）、日增重（DWG）、增重率（GBW）和增长率（GBL）均出现逐渐降低的趋势，且部分盐度组间差异显著（$P<0.05$），其中上述各项指标中，盐度 2 组均最高，与盐度 10 组差异不显著（$P>0.05$），而与盐度 18、26、34 组存在显著性差异（$P<0.05$），盐度 34 组显著低于其他盐度组（$P<0.05$）；幼鱼的饲料系数随盐度升高逐渐增大，且部分盐度组间差异显著（$P<0.05$）。在成活率方面，除盐度34组的成活率为 72.2%，显著低于其他盐度组外（$P<0.05$），其他各盐度组成活率均达到90%以上。

表3-2 四指马鲅幼鱼在不同盐度下的生长指标

| 生长指标 | 盐度 | | | | |
|---|---|---|---|---|---|
| | 2 | 10 | 18 | 26 | 34 |
| 初始体质量（克） | $7.83 \pm 0.35^a$ | $7.75 \pm 0.46^a$ | $7.95 \pm 0.43^a$ | $7.68 \pm 0.46^a$ | $7.89 \pm 0.48^a$ |
| 最终体质量（克） | $21.09 \pm 3.14^a$ | $20.64 \pm 3.23^{ab}$ | $17.94 \pm 4.27^b$ | $17.65 \pm 3.60^b$ | $11.85 \pm 1.36^c$ |
| 初始体长（厘米） | $8.28 \pm 0.12^a$ | $8.24 \pm 0.17^a$ | $8.3 \pm 0.15^a$ | $8.18 \pm 0.18^{ab}$ | $8.26 \pm 0.19^b$ |
| 最终体长（厘米） | $10，89 \pm 1.12^a$ | $10.85 \pm 1.11^a$ | $10.05 \pm 1.75^{ab}$ | $9.98 \pm 1.40^{ab}$ | $8.98 \pm 0.56^b$ |
| 特定增长率（%） | $3.303 \pm 0，031^a$ | $3.265 \pm 0.034^a$ | $2.713 \pm 0.042^b$ | $2.773 \pm 0.038^b$ | $1.356 \pm 0.023^c$ |
| 日增重率（%） | $0.442 \pm 0.021^a$ | $0.430 \pm 0.023^b$ | $0.320 \pm 0.020^b$ | $0.332 \pm 0.024^b$ | $0.132 \pm 0.10^c$ |
| 增重率（%） | $169.28 \pm 4.08^a$ | $166.24 \pm 4.83^a$ | $120.57 \pm 5.43^b$ | $129.67 \pm 5.81^b$ | $50.17 \pm 3.10^d$ |
| 增长率（%） | $31.52 \pm 1.14^a$ | $31.67 \pm 1.22^a$ | $21.08 \pm 1.59^b$ | $22.00 \pm 1.51^b$ | $8.72 \pm 0.95^c$ |
| 饲料系数 | $1.527 \pm 0.042^a$ | $1.603 \pm 0.038^{ab}$ | $1.680 \pm 0.036^{bc}$ | $1.750 \pm 0.040^c$ | $1.980 \pm 0.056^d$ |

注：同一列数据中上标字母不同表示显著差异（$P<0.05$）。

## 三、不同盐度对四指马鲅幼鱼鳃丝 Na⁺/K⁺-ATP 酶活力比较

盐度对四指马鲅幼鱼鳃丝Na⁺/K⁺-ATP酶也存在一定影响，经过 3天的盐度驯化

后，实验第0天部分盐度组幼鱼鳃丝Na⁺/K⁺-ATP酶的活力有显著差异，其中盐度 34 组显著高于其他组（$P<0.05$），盐度 18、26 组显著低于其他组（$P<0.05$）。实验开始后到第 10 天，盐度 2、10、34 组幼鱼鳃丝 Na⁺/K⁺-ATP 酶的活力有所降低，此后，各盐度组幼鱼鳃丝 Na⁺/K⁺-ATP 酶的活力趋于稳定。经过 30天的养殖发现，盐度 34 组幼鱼鳃丝Na⁺/K⁺-ATP 酶的活力最高，显著高于其他组（$P<0.05$），而盐度 2、10 组幼鱼鳃丝 Na⁺/K⁺-ATP 酶的活力略低于盐度 18、26 组，但差异并不显著（$P>0.05$）。从以上结果可见，盐度对四指马鲅幼鱼的生长和鳃丝 Na⁺/K⁺-ATP 酶活力有一定影响（图3-22）。

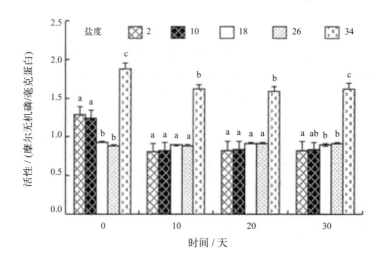

图3-22　盐度对四指马鲅幼鱼鳃丝 Na⁺/K⁺-ATP 酶的活力影响

# 第七节　不同光照周期对四指马鲅视网膜组织结构的影响

感觉系统是神经系统的组成部分，它通过控制有机体的行为和生理反应来提高有机体的能效，增强有机体对周围环境的适应能力，即生物体的某些行为和生理反应是感觉系统在一定条件下引发的。视网膜位于眼球的背侧，承担着将光信号转化为神经信号的任务。该节通过组织学方法和透射扫描电镜对不同光照周期条件下饲养的四指马鲅的视网膜进行研究，以期了解四指马鲅视网膜在不同光照周期下组织结构及细胞超微结构的变化。

## 一、不同光照周期下四指马鲅视网膜

由图3-23可以看出，在不同光照周期条件下饲养的四指马鲅的视网膜十层结构完整，从外相内依次为：色素上皮层、视锥视杆层、外界膜、外核层、外网层、内核层、内网层、神经节细胞层、神经纤维层和内界膜。不同光照周期下，视网膜并无明显结构异常。

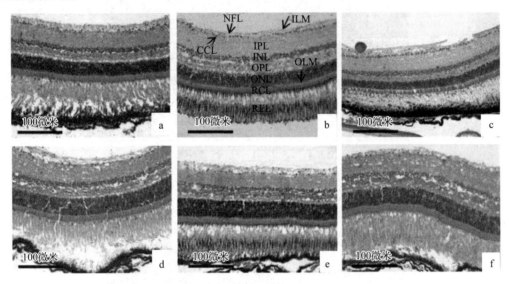

图3-23　不同光照周期下四指马鲅视网膜

a. 0小时：24小时条件下第30天视网膜（20×10）；b. 12小时：12小时条件下第30天视网膜（20×10）；
c. 24小时：0小时条件下第30天视网膜（20×10）；d. 0小时：24小时条件下第60天视网膜（20×10）；
e. 12小时：12小时条件下第60天视网膜（20×10）；f. 24小时：0小时条件下第60天视网膜（20×10）
PEL. 色素上皮层；RCL. 视锥视杆层；OLM. 外界膜；ONL. 外核层；OPL. 外网层；INL. 内核层；IPL. 内网层；GCL. 神经节细胞层；NFL. 神经纤维层；ILM. 内界膜

## 二、不同光照周期下四指马鲅视网膜视杆细胞和视锥细胞的外节和内节的透射电镜结构

图3-24为四指马鲅在不同光照周期条件下视网膜视杆细胞和视锥细胞的外节和内节的透射电镜图。由图3-24-b可以看出，在第30天时，昼夜比0小时：24小时和12小时：12小时条件下，视锥细胞和视杆细胞的外节结构排列整齐，膜盘结构完整，内节排列整齐，结构完整。而在24小时：0小时条件下，视锥细胞和视杆细胞外节膜盘弯曲，间隙增大，排列混乱，内节肿胀，排列较为混乱。在第60天时，在12小时：12小时光照条件下，视锥细胞和视杆细胞的外节和内节结构与第30天时并无明显差异。在0小时：24小时光照条件下，视锥细胞和视杆细胞外节膜盘结构较为完整，但排列较为混乱，内节排列未见明显异常。在24小时：0小时光照条件下，虽然视锥细胞和视杆细胞外节排列较为整齐，结构较为整齐，但膜盘可见断裂，内节线粒体脊断裂消失呈空泡状，细胞间出现大量的空泡样结构。

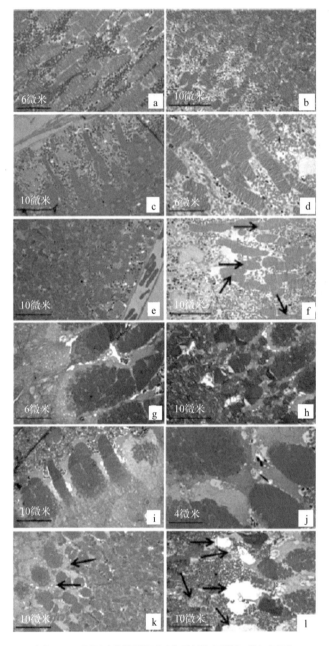

图3-24 不同光照周期下四指马鲅视网膜视锥视杆层

a. 0小时：24小时条件下第30天视锥细胞和视杆细胞外节；b. 0小时：24小时条件下第60天视锥
细胞外节；c. 12小时：12小时条件下第30天视锥和视杆细胞外节；d. 12小时：12小时条件下第60天视
锥细胞和视杆细胞外节；e. 24小时：0小时条件下第30天视锥细胞和视杆细胞外节；f. 24小时：0小时条
件下第60天视锥细胞和视杆细胞外节；g. 0小时：24小时条件下第30天视锥细胞和视杆细胞内节；h. 0
小时：24小时条件下第60天视锥细胞和视杆细胞内节；i. 12小时：12小时条件下第30天视锥和视杆细
胞内节；j. 12小时：12小时条件下第60天视锥细胞和视杆细胞内节；k. 24小时：0小时条件下第30天视锥
细胞和视杆细胞内节；l. 24小时：0小时条件下第60天视锥细胞和视杆细胞内节

### 三、研究结果分析

视网膜承担着将光信号转化为电信号并传递电信号的作用，当光照的强度和光照的持续时间超过了其自身所能承受的阈值时，视网膜就会损伤。由该实验结果可以看出，在一定的光照强度下，四指马鲅在昼夜比0小时：24小时、12小时：12小时和24小时：0小时的光照周期条件饲养60天，组织学切片显示其视网膜的结构完整并无明显差异。而在透射电子显微镜下观察发现，其视网膜的超微结构有一定差异。12小时：12小时的间歇光照下，第30天和第60天的视网膜结构无明显差异，视锥细胞和视杆细胞的外节和内节均排列整齐，结构完整。有研究表明，光子被视蛋白吸收时产生自由基，而自由基极易攻击构成膜盘的不饱和脂肪酸的亚甲基结构，进而使膜盘结构以及线粒体等发生过氧化，从而造成视网膜组织的光性损伤。在正常情况下，视网膜组织能够使其内自由基的含量维持在一定水平，但是当外界条件发生变化时，视网膜无法维持其内自由基的动态平衡，进而使视网膜受到损伤。在24小时：0小时的持续光照条件下，视网膜的视锥视杆层在第30天和第60天有着不同程度的变化。目前还无法明确造成这种结果的具体机制，可能的原因是，在持续的光照条件下，视网膜内产生了大量的自由基，自由基产生的速率高于其被清除的速率，从而破坏了自由基动态平衡，进而造成了视网膜膜盘的断裂和损伤。

## 第八节　不同光照周期对四指马鲅视蛋白表达的影响及其生物学信息学分析

视蛋白（opsin）是一种跨膜蛋白，约含有350个左右的氨基酸残基，属于G蛋白偶联受体家族（Gprotein-coupledreceptors，GPCR）。根据其对视觉成像是否有直接作用而分视觉系统视蛋白和非视觉系统视蛋白两大类。视觉视蛋白在视觉图像形成方面起着至关重要的作用，是动物形成视觉的生理基础。该节运用生物信息学和分子生物学的方法研究了四指马鲅视紫红质（Rhodopsin，RH1）、长波长敏感视蛋白［Long wave sensitive opsin，LWS，又称为红色敏感视蛋白（red opsin）］、中波长敏感视蛋白［Rhodopsin-like，RH2，又称为绿色敏感视蛋（green opsin）］以及SWS2［Short wave sensitive opsin 2，又称为蓝色敏感视蛋白（blue opsin）］的核酸序列和氨基酸序列及其在不同光照周期条件下表达量的变化，以期了解视蛋白对不同光照周期的适应性变化。

## 一、四指马鲅RH1、RH2、SWS2和LWS基因的生物信息学分析

四指马鲅RH1、RH2、SWS2和LWS的核酸序列均已上传至NCBI数据库，登录号分别为KY949237、KY949238、KY949239、KY949236。RH1的cDNA开放阅读框为1059 bp，编码352个氨基酸（图3-25），RH2的cDNA开放阅读框为1059 bp，编码352个氨基酸（图3-25），SWS2的cDNA开放阅读框为1056 bp，编码351个氨基酸（图3-26），LWS的cDNA开放阅读框为1074 bp，编码357个氨基酸（图3-27）。

```
   1  AATCTCACCGCCGAGGGTAGCAAGGTCCCTCTCCATCACTCACCTGAACAGCCAGAAGAAACACCACTGAAGGGCTGATCGCAACCGCAGGCTGCAACCa  100
   1                                                                                                    M   1
 101  tgaacggcacagagaggaccattttttctatgtccctatggttaacacctccggcattgtccggagtccatatgaatatccgcagtactaccttgtcaaccc  200
   2     N  G  T  E  G  P  F  F  Y  V  P  M  V  N  T  S  G  I  V  R  S  P  Y  E  Y  P  Q  Y  Y  L  V  N  P   34
 201  agcagcctatgctgccctgggtgcctacatgttcctgctcatccttcttggcttccccatcaacttcttgactctctacgttaccatcgaacacaagaag  300
  35     A  A  Y  A  A  L  G  A  Y  M  F  L  L  I  L  L  G  F  P  I  N  F  L  T  L  Y  V  T  I  E  H  K  K   67
 301  ctgcggaccccctctaaactacatcctgctgaacctagcggtggccaacctcttcatggtgtttggaggattcaccacaacgatgtacacctctatgcacg  400
  68     L  R  T  P  L  N  Y  I  L  L  N  L  A  V  A  N  L  F  M  V  F  G  G  F  T  T  T  M  Y  T  S  M  H  G  101
 401  gctacttcgtcctcggtcgtcttggctgcaatattgaaggattcttcgctaccctcggcggtggagattgccctctggtcactggttgtttttggctgttga  500
 102     Y  F  V  L  G  R  L  G  C  N  I  E  G  F  F  A  T  L  G  G  E  I  A  L  W  S  L  V  V  L  A  V  E  134
 501  aaggtggatggtgttgtctgcaagcctatcagcaacttccgctttggggagaatcatgccatcatgggtttggcctgtacctggatcatggcctcagcttgc  600
 135     R  W  M  V  V  C  K  P  I  S  N  F  R  F  G  E  N  H  A  I  M  G  L  A  C  T  W  I  M  A  S  A  C  167
 601  gccgtctccccccccttgtcggctggtctcgttacatccctgagggcatgcagtgttcatgtggagttgactactacacacgtcagagggtttcaacaatg  700
 168     A  V  P  P  L  V  G  W  S  R  Y  I  P  E  G  M  Q  C  S  C  G  V  D  Y  Y  T  R  A  E  G  F  N  N  E  201
 701  agtcttttgtcatctacatgttcattgtccacttcatcattccaatgaccatcgtgttcttctgctacggccgtctgctctgcgctgtcaaggaggctgc  800
 202     S  F  V  I  Y  M  F  I  V  H  F  I  I  P  M  T  I  V  F  F  C  Y  G  R  L  L  C  A  V  K  E  A  A  234
 801  tgctgcccagcaggagtctgagaccacccagagggctgagaggggaagtcacccgcatggtcgtaatcatggtcatcgccttcctgatatgttgggtgccc  900
 235     A  A  Q  Q  E  S  E  T  T  Q  R  A  E  R  E  V  T  R  M  V  V  I  M  V  I  A  F  L  I  C  W  V  P  267
 901  tacgcaagtgtggcctggtggatcttcacacatcagggatctgagtttggaccagtcttcatgacccttccggcattctttgccaaagagttcctccatct  1000
 268     Y  A  S  V  A  W  W  I  F  T  H  Q  G  S  E  F  G  P  V  F  M  T  L  P  A  F  F  A  K  S  S  S  I  Y  301
1001  acaacccattgatctacatctgcatgaacaagcagttccggccactgcatgatcaccaccttgtgctgcgggaagaatcccttcgaggaggagaggggtgc  1100
 302     N  P  L  I  Y  I  C  M  N  K  Q  F  R  H  C  M  I  T  T  L  C  C  G  K  N  P  F  E  E  E  G  A  334
1101  atcctctaccaagaccgaggcctcctctgcctcctccagctctgtttctcctgcataaACAGGCCATCAACTGGAGCTCCATGATCCACTATCCAAGAAG  1200
 335     S  S  T  K  T  E  A  S  S  A  S  S  S  V  S  P  A  *  352
1201  AAGACTTCTGCTCCCCGGGAAACGACTGAAGGCTAACGTCTACAGAAATAACTTCCTTTTTGTACTTTTACAAACAAGTTGATTCAACCTAAAGACAGTT  1300
1301  GCAGGAAAGGTCAGCCCATTACAGAGTTGTTCCTGTATGTACAGAATATCCAACTTAATCAATGAGATTTTTTTTTTCCTGAGAGGAAAGGGGAAAATGTT  1400
1401  ACCTTTTACAGTTGGACTTATATGGCTTATTTTTGAATGTAGAGGCATGTAATCAAGGCAACGTAAAATAAATCCGACTTTGCAAATGACATCCTGTTTT  1500
1501  ATGTTTTACTTATACTTTGGGTGGCAAAGTTCCTATGACTGTAGTTTATTTAATCAAATGAATAAATGTGAATGACCTATTCAGAATGCAAAAAAAAAA  1600
1601  AAAAAAAA  1608
```

图3-25　四指马鲅RH1的cDNA序列及由此预测的蛋白质序列

上面为核酸序列，下面为氨基酸序列；小写字母表示编码序列；Rhodopsin_N结构域用下划线表示；

7tm结构域用灰色部分表示

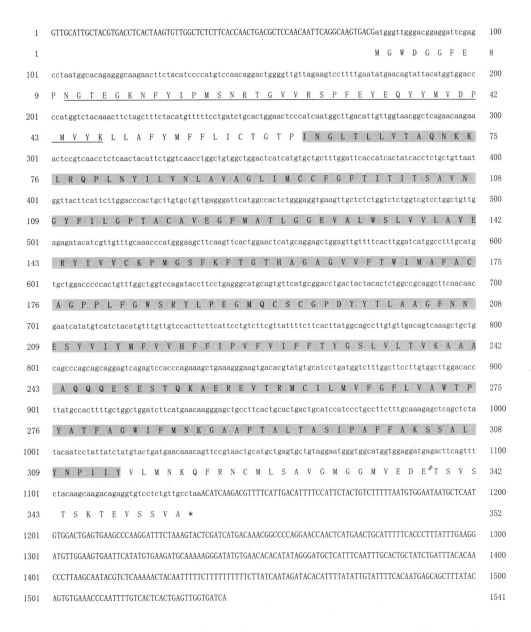

```
1    GTTGCATTGCTACGTGACCTCACTAAGTGTTGGCTCTCTTCACCAACTGACGCTCCAACAATTCAGGCAAGTGACGatggggttgggacggaggattcgag    100
1                                                                              M  G  W  D  G  G  F  E       8

101  cctaatggcacagagggcaagaacttctacatccccatgtccaacaggactggggttgttagaagtccttttgaatatgaacagtattacatggtggacc   200
9     P  N  G  T  E  G  K  N  F  Y  I  P  M  S  N  R  T  G  V  V  R  S  P  F  E  Y  E  Q  Y  Y  M  V  D  P   42

201  ccatggtctacaaacttctagctttctacatgtttttcctgatctgcactggaactcccatcaatggcttgacattgttggtaacggctcagaacaagaa   300
43    M  V  Y  K  L  L  A  F  Y  M  F  F  L  I  C  T  G  T  P  I  N  G  L  T  L  L  V  T  A  Q  N  K  K   75

301  actccgtcaacctctcaactacattctggtcaacctggctgtggctggactcatcatgtgctgctttggattcaccatcactatcacctctgctgttaat   400
76    L  R  Q  P  L  N  Y  I  L  V  N  L  A  V  A  G  L  I  M  C  C  F  G  F  T  I  T  I  T  S  A  V  N   108

401  ggttacttcattcttggacccactgcttgtgctgttgagggattcatggccactctgggaggtgaagttgctctctggtctctggtcgtcctggctgttg   500
109   G  Y  F  I  L  G  P  T  A  C  A  V  E  G  F  M  A  T  L  G  G  E  V  A  L  W  S  L  V  V  L  A  V   142

501  agagatacatcgttgtttgcaaacccatgggaagcttcaagttcactggaactcatgcaggagctggagttgtttcacttggatcatggcctttgcatg    600
143   R  Y  I  V  V  C  K  P  M  G  S  F  K  F  T  G  T  H  A  G  A  G  V  V  F  T  W  I  M  A  F  A  C   175

601  tgctggaccccactgtttggctggtccagataccttcctgagggcatgcagtgttcatgcggacctgactactacactctggccgcaggcttcaacaac   700
176   A  G  P  P  L  F  G  W  S  R  Y  L  P  E  G  M  Q  C  S  C  G  P  D  Y  Y  T  L  A  A  G  F  N  N   208

701  gaatcatatgtcatctacatgtttgttgtgtccacttcttcattcctgtcttcgttattttcttcacttatggcagccttgtgttgacagtcaaagctgctg    800
209   E  S  Y  V  I  Y  M  F  V  V  H  F  F  I  P  V  F  V  I  F  F  T  Y  G  S  L  V  L  T  V  K  A  A  A   242

801  cagcccagcagcaggagtcagagtccacccagaaagctgaaagggaagtgacacgtatgtgcatcctgatggtctttggcttccttgtggcttggacacc   900
243   A  Q  Q  Q  E  S  E  S  T  Q  K  A  E  R  E  V  T  R  M  C  I  L  M  V  F  G  F  L  V  A  W  T  P   275

901  ttatgccactttttgctggctggatcttcatgaacaaggagctgccttcactgcactgactgcatccatccctgccttcttcgcaaagagctcagctcta   1000
276   Y  A  T  F  A  G  W  I  F  M  N  K  G  A  A  F  T  A  L  T  A  S  I  P  A  F  F  A  K  S  S  A  L   308

1001 tacaatcctattatctatgtactgatgaacaaacagttccgtaactgcatgctgagtgctgagtgctgtaggaatgggtggcatggtggaggatgagacttcagttt   1100
309   Y  N  P  I  I  Y  V  L  M  N  K  Q  F  R  N  C  M  L  S  A  V  G  M  G  G  M  V  E  D  E  *  T  S  V  S   342

1101 ctacaagcaagacagaggtgtcctctgttgcctaaACATCAAGACGTTTTCATTGACATTTTCCATTCTACTGTCTTTTTAATGTGGAATAATGCTCAAT   1200
343     T  S  K  T  E  V  S  S  V  A  *                                                                   352

1201 GTGGACTGAGTGAAGCCCAAGGATTTCTAAAGTACTCGATCATGACAAACGGCCCCAGGAACCAACTCATGAACTGCATTTTTCACCCTTTATTTGAAGG   1300
1301 ATGTTGGAAGTGAATTCATATGTGAAGATGCAAAAAGGGATATGTGAACACACATATAGGGATGCTCATTTCAATTTGCACTGCTATCTGATTTACACAA   1400
1401 CCCTTAAGCAATACGTCTCAAAAACTACAATTTTTCTTTTTTTTTTTCTTATCAATAGATACACATTTTATATTGTATTTTCACAATGAGCAGCTTTATAC   1500
1501 AGTGTGAAACCCAATTTTGTCACTCACTGAGTTGGTGATCA                                                            1541
```

图3-25 四指马鲅RH2的cDNA序列及由此预测的蛋白质序列（续图）

上面为核酸序列，下面为氨基酸序列；小写字母表示编码序列；Rhodopsin_N结构域用下划线表示；

7tm结构域用灰色部分表示

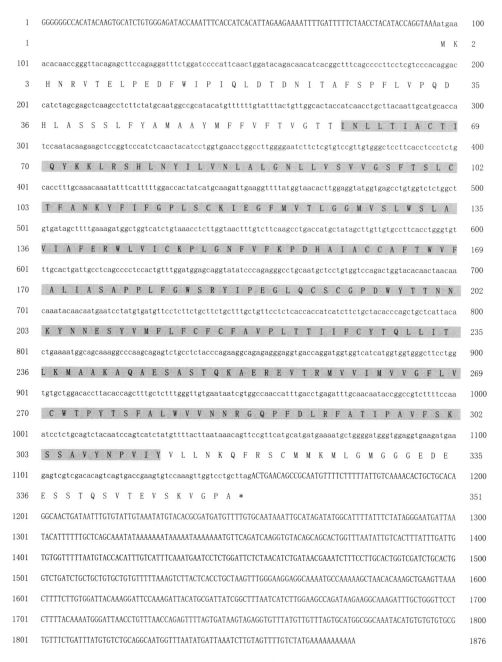

图3-26 四指马鲅SWS2的cDNA序列及由此预测的蛋白质序列

上面为核酸序列，下面为氨基酸序列；小写字母表示编码序列；7tm结构域用灰色部分表示

```
   1  ATTTGACTGAGAGCTAATCCTATCAGAGGTCTCTGAAGCACAGGTATAAAAGCTAAAGTCAAGTGTACAGGGAGGTTGCAAGTGGCAAGAAAGACCGACT   100

 101  GCTGCTGACGACCTCCTCCTAACATCACAatggcagaagagtggggaaaacaatctttgctgccaggcgacacaatgacgatacaacaagaggatctgc   200

   1                                                  M  A  E  E  W  G  K  Q  S  F  A  A  R  R  H  N  D  D  T  T  R  G  S  A    24

 201  ctttgcttacacaaacagcaacaataccaaagatccctcgaaggtcccaattaccacattgctccacgatatatttacaacattgcaacagtctggatg   300

  25   F  A  Y  T  N  S  N  N  T  K  D  P  F  E  G  P  N  Y  H  I  A  P  R  Y  I  Y  N  I  A  T  V  W  M    57

 301  ttcgttgtggtcgtcttatcagtctttaccaatggtcttgtcttggtggccactgcaaaattcaagaagctccgtcacccactgaactggatcttggtca   400

  58   F  V  V  V  V  L  S  V  F  T  N  G  L  V  L  V  A  T  A  K  F  K  K  L  R  H  P  L  N  W  I  L  V  N    91

 401  atctcgcaattgctgatcttggagagacagttttttgccagcaccattagtgtatgcaaccagtttttttggttacttcattctgggacatccaatgtgcgt   500

  92   L  A  I  A  D  L  G  E  T  V  F  A  S  T  I  S  V  C  N  Q  F  F  G  Y  F  I  L  G  H  P  M  C  V    124

 501  ctttgagggctatgttgtctcagtttgtggaattgctgctctgtggtccctgaccatcatctcctgggagagatggatagttgtgtgcaaacctttttgga   600

 125   F  E  G  Y  V  V  S  V  C  G  I  A  A  L  W  S  L  T  I  I  S  W  E  R  W  I  V  V  C  K  P  F  G    157

 601  aatgtcaagtttgatgccaaatgggcttcaggtggaatcatctctctcctggtctggtcagcagtgtggtgtgctccccaatctttggctggagcaggt   700

 158   N  V  K  F  D  A  K  W  A  S  G  G  I  I  F  S  W  V  V  W  S  A  V  W  C  A  P  P  I  F  G  W  S  R  Y    191

 701  actggcctcatggactgaagacttcttgtggacctgatgtattcagtggaagtgaagaccctggagtccagtcctacatgattgttcttatgctcacatg   800

 192   W  P  H  G  L  K  T  S  C  G  P  D  V  F  S  G  S  E  D  P  G  V  Q  S  Y  M  I  V  L  M  L  T  C    224

 801  ttgcatccttcctctggctattatcatcttgtgctaccttgccgtgttgggtgggccatccatagtgttgccatgcagcagaaggagtcagagtcgacccag   900

 225   C  I  L  P  L  A  I  I  I  L  C  Y  L  A  V  W  W  A  I  H  S  V  A  M  Q  Q  K  E  S  E  S  T  Q    257

 901  aaagccgagagagatgtatccagaatggtcgttgtcatgatcgtggcatattgtttctgctggggaccttacactttctttgcctgctttgctgcggcca   1000

 258   K  A  E  R  D  V  S  R  M  V  V  V  M  I  V  A  Y  C  F  C  W  G  P  Y  T  F  F  A  C  F  A  A  A  N    291

1001  accctggatatgcctttccaccctctggctgcggccatgcctgcatactttgccaagagcgccaccatctacaaccccatcatctatgtcttcatgaaccg   1100

 292   P  G  Y  A  F  H  P  L  A  A  A  M  P  A  Y  F  A  K  S  A  T  I  Y  N  P  I  I  Y  V  F  M  N  R    324

1101  acagttccgttcatgcatcatgcagctctttggcaaagaagcagatgatggttctgaagtatccacatcaaagacagaggtctcctctgtggctcctgca   1200

 325   Q  F  R  S  C  I  M  Q  L  F  G  K  E  A  D  D  G  S  E  V  S  T  S  K  T  E  V  S  S  V  A  P  A    357

1201  taaACCTCCATGTTGTCTGTTTTGGAAGAACCATTGCGATTTGTACAGTCAATATTTATTGTTTGATTTCTTTCTTCTTCTTTGTTTTTTTTTAGTAAATA   1300
         *

1301  TAGCTTTCTGGCAAATGGAAAAAAGAGATAAAAAATATACATAAAGCAGATAAATCATTACTCACTGTATTTTTTTTCAGATGAACATAAAAATTTGAAG   1400

1401  CATATTGAGAGTTTATGACTATCAATGCAGAGATTGTCACTATCATGAACATTTTATCAATTACTGGTATTGATATTACTTTTCAGTACACATTCTTACA   1500

1501  CTTTTTACTGTCTTAAAATTTGTGTTACAGAGCAGCACCATCTCTATAGAAGTTCTCTGGCAAATTGAAGAAAACGATACCAACGACCAATTTCAAATGC   1600

1601  ATACAGTAGCAAGAGTTTTTGATTGAATTAGAGATTAATTCCTCTTTAAGCTTCTTAATCTTCCATCTTGGACTGAAGTCTGCAAAGACAGACAGAAATG   1700

1701  TGATAGATTTACTTACTTACTGTTCAAAGCAGTGTGTGTGTGTGAACTTGACAAAAATCATTGGCTGGAGACAAACACAGCAATATTTCATTGTCGCTTG   1800

1801  TTTGGGAGTTTGGGTTCATGCTACAGAACATTAGCAATACCTAAACAAATTATTAAAAATTACACTCAACTAGTGTTACAAGTAGTAACAGCTTGAAGCA   1900

1901  GGTCTAGAACTAAACCACAAGTAATCTTGTGGCTTAAAGTTCTTTATCATCTTGTTTGATATGTTCTTTTTTGTACACTAATCTTTAATGTTTAATGTGC   2000

2001  GACAGGCAGGAGAATGTGCTACAGCATGAAGTTGTGGAGTAAAGCTGTAGGTAGAGATGATGCCAGTCATCTGATCTTCTGCAGAACAGTACACTTCTTG   2100

2101  ACAGATTGGTTGTCGATCCTGCACAGATCCTTGTAGTTGCTGCTGTTTACAATGCAAAAAGAAAAATCCATCTGTGCCCATATAACCTAATCTGATATGTT   2200

2201  AACTATTCAAATCACATGTTTTGATGGTTTCAAAGTGTGAAACAATGATCCTAAGAAAAGGGAAACCAACACAAAACTTTTGATACAGGAAGAAACGACA   2300

2301  ATTAAGATTCAGACTCTACTGTTTCATGGTAAATGAGTGTGCAGTTCAACACACAAATATACACATATTTTTGCATACAGTTCAGGAAAGAATAACTTTA   2400

2401  TAAGTAGGTTGCCCCTCCAGAAAGTTTTGCCATCAGGGGTTATCTGTGTTGCAGGGAAAAGCAGAGAGAGAAAAAAAGAAGATTTTCACCCCTGTTCAAC   2500

2501  ATATGCTCAGAAGAAAATGATTATCTGATGTGAAGTGAACACAAAGCCATGTAGAATATTCGGAAAAAGAAAAAAAAAATTAGTAAATGGAAAAATAAATG   2600

2601  CTCACTTCCCTCATTCAAAAAAAAAAAAA   2629
```

图3-27　四指马鲅LWS的cDNA序列及由此预测的蛋白质序列

上面为核酸序列，下面为氨基酸序列；小写字母表示编码序列；7tm结构域用灰色部分表示

　　利用ProParam、SOPMA和欧洲生物信息研究所（EMBL-EBI）的InterProScan 5等在线分析程序对四指马鲅RH1、RH2、SWS2、LWS进行蛋白质序列分析、预测蛋白二级结构和功能结构域，结果见表3-3。

表3-3 四指马鲅RH1、RH2、SWS2、LWS的蛋白质序列分析

| | RH1 | RH2 | SWS2 | LWS |
|---|---|---|---|---|
| 分子式 | $C_{1818}H_{2735}N_{437}O_{484}S_{30}$ | $C_{1790}H_{2697}N_{421}O_{480}S_{28}$ | $C_{1817}H_{2767}N_{435}O_{484}S_{26}$ | $C_{1850}H_{2753}N_{455}O_{486}S_{24}$ |
| 分子量 | 39.42 kDa | 38.69 kDa | 39.28 kDa | 39.91 kDa |
| 理论等电点 | 6.31 | 6.71 | 8.17 | 7.90 |
| 不稳定系数 | 50.22 | 35.55 | 47.61 | 34.25 |
| 脂溶指数 | 89.49 | 86.70 | 94.70 | 87.42 |
| 总平均疏水指数 | 0.471 | 0.528 | 0.481 | 0.377 |
| α-螺旋 | 33.81% | 29.83% | 35.33% | 30.25% |
| β-折叠 | 23.58% | 30.4% | 25.93% | 27.17% |
| β-转角 | 8.81% | 11.65% | 6.84% | 9.52% |
| 无规则卷曲 | 33.81% | 28.12% | 31.91% | 33.05% |
| 功能结构域 | 一个Rhodopsin_N结构域（aa2～37）、一个7tm结构域（aa55～306）和视网膜视觉色素的结合位点（aa290～306） | 一个Rhodopsin_N结构域（aa10～47）、一个7tm结构域（aa62～314）和视网膜视觉色素的结合位点（aa298～314） | 一个7tm结构域（aa60～312）和视网膜视觉色素的结合位点（aa296～312） | 一个7tm结构域（aa67～319）和视网膜视觉色素的结合位点（aa303～319） |

## 二、 四指马鲅视蛋白在不同光照周期下的表达

由图3-28可以看出，经过不同的光照周期饲养30天后，RH1、RH2、SWS2和LWS这四个基因在昼夜比0小时：24小时和12小时：12小时这两组的表达差异均不显著，而在24小时：0小时光照条件下则显著增高。这说明在24小时光照周期中，当光照时长大于暗黑时长时，光照时间的增加能促进RH1、RH2、SWS2和LWS这四个基因的表达。

由图3-29所示，随着饲养时间的延长，RH1、RH2、SWS2和LWS这四个基因的表达量出现不同的变化。RH1基因在0小时：24小时和12小时：12小时这两组的表达量有所增加，在第60天时，RH1在0小时：24小时、12小时：12小时、24小时：0小时这三组的表达量差异不显著。同样，SWS2基因在12：12这组表达量显著增加，使得其在60天的表达量差异不显著。LWS基因在0小时：24小时这组显著降低，而在12小时：12小时这组显著增加，在第60天时，LWS基因在12小时：12小时和24小时：0小时这两组的表达量显著高于0小时：24小时的表达量。而RH2基因在0小时：24小时这组显著增加，而在12小时：12小时和24小时：0小时这两组变化不显著，使得其在第60天时在0小时：24小时这组的表达量是最高的。但RH1、SWS2和LWS这基因在0小时：24小时、12小时：

12小时、24小时：0小时这三组表达量的总体趋势是12小时：12小时组最高。

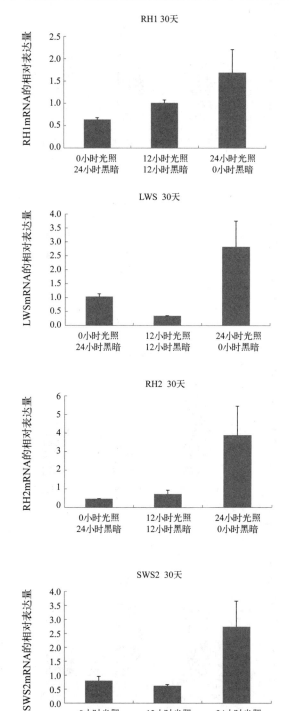

图3-28　四指马鲅视蛋白在不同光照周期条件下的相对表达量（第30天）

不同的小写字母表示显著性差异（$P<0.05$）

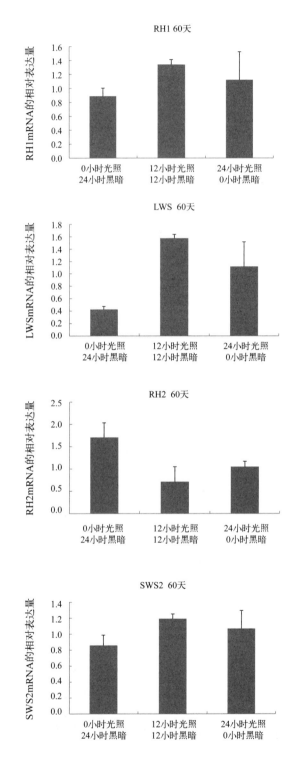

图3-29　四指马鲅视蛋白在不同光照周期条件下的相对表达量（第60天）

不同的小写字母表示显著性差异（$P<0.05$）

在0小时：24小时条件下，RH1、RH2、SWS2和LWS基因在第30天的表达量分别为0.64、1.04、0.47、0.80，而在第60天的表达量分别为0.89、0.43、1.71、0.86。12小时：12小时条件下，RH1、RH2、SWS2和LWS基因在第30天的表达量分别为1.01、0.35、0.73、0.62，而在第60天的表达量分别为1.34、1.58、0.71、1.19。24小时：0小时条件下，RH1、RH2、SWS2和LWS基因在第30天的表达量分别为1.69、2.83、3.90、2.74，而在第60天的表达量分别为1.12、1.12、1.05、1.07。由实验结果可以看出，在24小时：0小时条件下RH1、RH2、SWS2和LWS基因的表达量都是降低的。在12小时：12小时条件下，RH1、SWS2和LWS基因的表达量是增加的。在0小时：24小时条件下，RH1、RH2和SWS2基因的表达量也是增加的。

## 三、研究结果分析

SWS1能吸收的入射光的最大光谱范围在紫外线的光谱范围内，而紫外线在生物的觅食、交流以及配偶选择等方面起到重要作用。但是，在四指马鲅眼球组织的转录组中，并没有发现与SWS1基因有关的序列。有研究发现，SWS1基因是否存在与该生物生活环境中是否有紫外光有一定关系，且一个氨基酸的替换就可以使SWS1蛋白的敏感光谱从紫外光谱向蓝紫色光谱偏移。四指马鲅喜栖息于近海、河口及泥沙质海底，紫外光等短波长的光在这种水质中高度发散，不能使其形成较好的视觉，因此，四指马鲅对紫外光的敏感性下降，这有可能是四指马鲅眼球组织转录组中没有检测到SWS1基因相关序列的原因。

由于水体环境复杂多样，且随着深度的变化而有着明显的环境梯度，其中的入射光光谱会有明显差别，因此不同梯度水环境内鱼类可通过视蛋白的差异表达和视蛋白的复制和分歧来增加视蛋白的多样性，从而使鱼类视觉系统和自适应发生变化。研究发现，丽鱼科（Cichlaidae）不同种属间视蛋白的差异表达导致了其视觉系统明显的种间差异。而群体间的生殖隔离和体色的多样性有可能是视觉系统对不同区域光环境的适应性造成的。如珊瑚礁鱼类警戒体色的进化，可能是由于其视蛋白对不同色彩的响应偏差导致的。不同的光照时长，会引起视网膜神经元的生理活动发生变化，这种变化传递到神经中枢，经中枢神经的分析和整合，使动物的体温、心率和激素水平发生改变，同时引起机体生物节律发生变化。鱼类在海洋和淡水之间迁徙和产卵的行为和生理特性，可能与感觉系统随个体发育而变化有关。本应顺流而下的花鳗鲡（Anguilla marmorata）却在特定时期向上游迁移的行为可能是由于其根据月亮周期促使其视蛋白差异表达而导致的。不仅仅是繁殖行为，生物的其他行为活动同样受到光照周期的影响，但这并不是一种短暂的现象，而是生物体在漫长的进化过程中对光照时长的适应性变化。本研究选取0小时：24小时、12小时：12小时、24小时：0小时这三种差别较大的光照周期作为实验组，研究视网膜感光视蛋白表达量的变化，初步探讨视蛋白对光照周期的适应性变化。由实验结果可以看出，经过不同的光照周期饲养30天后，RH1、RH2、SWS2和LWS这四个基因在0小时：24小时和12小时：12小时这两组的表达差异均不显著，而在24小时：0小时光照条件下则显著增高。这说明在24小时光照周期中，当光照时长大于暗黑时长时，光照时间的增加能促进RH1、RH2、SWS2和LWS这四个基因的表达。当生物体所处的光环境发生变化时，其视觉系统中视锥细胞和视杆细胞所接受的光谱信号就会不同，光敏感性视蛋白的表达量就会随之变化。而光敏感性视蛋白含量的增高，能够为生物体提供较好的视觉，从而满足生物体觅食、躲避敌害等行为活动。养殖60天后，RH1、SWS2和LWS基因的表达量在12小时：12小时条件下是最高的，而RH2的则是在0小时：24小时条件下表达量最高。RH2可能在黑暗或者弱光条件下发挥了某些重要作用。与第30天相比，这四种视蛋白的基因在不同的光照周期下的表达量有所不同。从总体趋势看，RH1、SWS2和LWS基因的表达量在0小时：24小时和12小时：12小时条件下是增加的，而在不间断的连续光照条件下，其表达量反而是降低的。导致这种变化的具体机制目前还并不清楚，但是这变化与对小鼠的研究结果相似。其作者认为视蛋白的表达量在持续的光照条件下的下降可能是机体为了维持正常的昼夜节律而做出的一种代偿性的减少。虽然该研究结果的总体趋势是视蛋白的表达量在持续的黑暗条件下增加而在持续的光照条件下降低，但是LWS基因的表达量在持续的黑暗条件下是降低的，而导致这种与其他视蛋白表达量变化不一致的原因目前并不清楚，可能的原因是LWS对光照强度的敏感性与其他视蛋白不一致。因为本实验所研究的三个光照周期中0小时：24小时这一组的光照强度为0，是完全无光的，而另外两组都有光照刺激。但以上推断还需要进一步的实验来证实。

# 第四章
# 四指马鲅的人工繁殖和育苗

## 第一节　亲鱼的来源、选择和培育

### 一、亲鱼的来源

亲鱼挑选通常是在已达到性腺成熟年龄的鱼中，挑选健康、无伤，体表完整、色泽鲜艳，生物学特征明显、活力好的鱼作为亲鱼。在一批亲鱼中，雄鱼和雌鱼最好从不同地方来源的鱼中挑选，防止近亲繁殖，使种质不退化，从而保证种苗的质量。亲本数量不能过少，一般应达到1000～2000尾，所选择的最好是远缘亲本，并应定期检测和补充亲本，使亲本群体一直处于最为强壮的生理阶段。

用于人工繁殖的马鲅亲鱼来源主要有以下几种：

（1）从本地自然海区（珠江三角洲地区）、养殖池塘等水体中挑选性成熟或接近性成熟的优良个体（图4-1）。

图4-1　收购和装运后备亲鱼

左：拉网捕鱼；右：运输

（2）由自然海区捕获的苗种或由持有国家或省级种苗生产许可证的国家级或省级原（良）种场生产的苗种经人工养殖培育的亲鱼。

（3）将人工孵化的鱼苗留在种苗生产基地专池培育，逐年选留。当鱼苗长至全长20～30毫米时，移到室外土池中专池培育或与鲻梭鱼类、鲷鱼等混养，每年均留养充足数量的后备亲鱼，形成一个年龄梯队（图4-2）。

图4-2　选留后备亲鱼

## 二、亲鱼的选择标准

（1）种质标准。从种质角度应选择亲鱼生长速度快、肉质好、抗逆性强。

（2）亲鱼规格、数量与配比。选择亲鱼的鱼龄为2～4龄，雌鱼750克/尾以上，雄鱼450克/尾以上。培育的雌雄亲鱼总数不少于1000尾，雌、雄亲鱼的配比为1：2为佳。

（3）体质标准。选择体质健壮、鳞片完整、形态端正、行动活泼、游姿平稳，且体表无损伤、无畸形或病变、无充血、腹胀、烂鳍、突眼等病症的个体作为亲鱼。

## 三、亲鱼的培育

亲鱼是鱼类人工繁殖决定性的物质基础。整个亲鱼的培育过程都应围绕创造一切有利条件，使亲鱼性腺向成熟方面发育。

（1）种苗培育场应设在无工业"三废"、生活污水、医疗废弃物等污染源，海水水质好，排灌方便，水质清新的地方（图4-3）。水环境因子应符合《无公害食品　淡水养殖用水水质》NY5051、《无公害食品　海水养殖用水水质》NY5052养殖用水的规定。

图4-3　种苗培育基地

（2）亲鱼培育池的要求。马鲅性情急躁，为有利于亲鱼的生长发育和饲养管理，在条件允许的情况下，亲鱼培育池应尽量设置在靠近水源及催产孵化室，海、淡水排灌方便，可以根据亲鱼性腺发育的需要随时调节养殖用水的盐度和水质，而且周围环境比较安静，便于运输和饲养管理的地方。亲鱼培育池大小要适中，池塘面积过大，蓄养鱼的数量较多，催产时多次拉网，容易损伤亲鱼和导致其性腺退化。但若池塘太小，也不利于亲鱼的活动及其性腺发育。条件相近的成鱼养殖池也可以进行亲鱼培育，但要求方便起捕。

（3）亲鱼培育设施。用于培育亲鱼的池塘一般用室外土池，形状为长方形，沙泥底，池底平坦，排向最好为东西向，阳光充裕，大池面积一般为0.5～1.0亩[①]，水深为1.5米，池底平坦，锅形倾斜，开闸门于靠海一边，联接闸口是一主沟，主沟末端分叉成"Y"形，主沟比塘底深50厘米，沟宽约5米，塘底为沙泥质，并有适量（5～10厘米）肥泥层以利于繁殖基础饵料和捕捞操作。塘基坚固，供电、道路便利（图4-4）。

图4-4　亲鱼培育池

土质的池塘在养鱼前要清理淤泥，结合整修塘堤。通常用生石灰清塘，清除野杂鱼等敌害生物，再施放有机肥繁殖饵料生物（图4-5）。

———————
① 亩为非法定计量单位，1亩≈666.67平方米。

图4-5　池塘清整

左：整修池塘；右：池塘消毒

（4）亲鱼的培育。亲鱼培育在室外土池（面积25米×13米，水深1.5米）进行。合理的放养密度是保证亲鱼培育成功的一项重要措施，要求既能充分利用水体，又能使亲鱼性腺发育良好。若放养量过大亲鱼生活空间拥挤，容易发病，不利于其性腺发育；过小则浪费水体，不能充分利用水体负载力。本课题组培育亲鱼的放养密度为6.15尾/米³，盐度为10。投喂正规厂家生产的海水鱼专用配合饲料，粗蛋白质量分数≥45%，其安全限量符合《无公害食品　渔用配合饲料安全限量》NY5072-2002，卫生指标符合《饲料卫生标准》（GB 13078-2017）的规定。饲料的投饵量根据亲鱼放养密度，每天上、下午各投喂一次，早上投喂日饵量的30%，下午投喂70%，分多次投喂。投喂量为体质量的3%，以1小时吃完为度（图4-6）。日换水量80%。还应视水温、天气和潮汐情况增加或减少投饵量。冬季在土池上方铺设塑料薄膜，使水温维持在18～23℃（图4-7）。

图4-6　亲鱼投喂

左：饲料；右：投饲

图4-7　越冬棚

## 四、亲鱼培育池的日常管理

（1）调节水质。马鲅亲鱼培育水质的调节，是促使亲鱼成熟的重要措施。在强化培育中，必须定时向池塘中加入新鲜的水，调节水质，改善池水氧气状况，加速物质循环，促使浮游生物的繁殖，促进亲鱼的性腺发育。反之会抑制亲鱼的性腺发育。所以，要定期增氧或加换新水，保持水质清新，溶解氧充足。水色为油绿色或浅褐带绿色为好，透明度为25厘米左右为宜。盐度控制在3以上。利用池底涵洞或闸门排污，用潜水泵或轴流泵抽进新鲜海水，一般每天更换20%～30%，夏季水温高，容易缺氧，换水率应加大至50%以上。另外，还可利用每月两次大潮水开闸换排池水（图4-8）。

图4-8　池塘排灌
左：闸门；右：进水管道

（2）水质的调控主要是调好养殖期的水色及控制好水体中理化因子（氨氮、亚硝酸盐等）的含量。养殖期的水色以油绿色为好，养殖水体保持适量的浮游植物（单细胞藻类），对水体中产生的氨氮、亚硝酸盐等有害物质起到净化作用。为了控制水中的氨氮等有害物质，养殖水体除了要培养适量的藻类，还应培养有益的生物细菌，如光合细菌、芽孢杆菌等。使鱼池水保持自身微生态平衡，维持池水稳定的浮游植物群落，吸收、转化鱼类排泄物及池底有机残渣，产生的代谢物直接供浮游生物利用。培养的亲鱼产品质量达到安全、无公害标准。

（3）产后培育。繁殖季节过后，将亲鱼移至室外土池，注意受伤亲鱼的防病护理，每天投喂新鲜的饵料，投喂量为体质量的5%～6%，经过15～20天的精养使其恢复体质。

（4）日常管理。在日常工作中，要注意观察亲鱼的摄食及活动情况，发现异常，及时检查分析原因，采取措施。若水质不好，当天少投喂或停喂。若水质好而亲鱼摄食量少或不摄食，可取几尾样品，进行镜检，若有病鱼，尽快进行隔离治疗，防止交叉感染。记录日期、池号、水温、盐度、投饵的种类和数量、注排水情况、鱼类的摄食及活动情况、鱼病防治情况等内容。做好管理记录对亲鱼培育技术的总结十分重要。

# 第二节　催熟产卵

自然海区的亲鱼产卵期较短，从开始到结束仅50天左右。产于珠江口水域的产卵鱼群，产卵期为3月下旬至5月上旬，盛产期为4月。产于海南岛西海岸的产卵鱼群，产卵期较早，为1—3月。经过池塘人工养殖成熟的四指马鲅亲鱼，繁殖季节可从3月中旬开始，一直持续到11月中旬。

## 一、亲鱼强化培育

本课题组培育的亲鱼于2015年3月进入亲鱼强化培育期。每天投喂新鲜的配合饲料和对虾，同时在饲料中混入维生素、鱼油等强化剂，添加量约为亲鱼体质量的0.33%。研究人员定期检查亲鱼的性腺发育情况（图4-9），待6月初性腺发育成熟时及时捕起转移到面积为40平方米、池深为1.5～2.0米的室内圆形水池（图4-10），雌雄比例为1:2，放养密度为2.5千克/米$^3$。

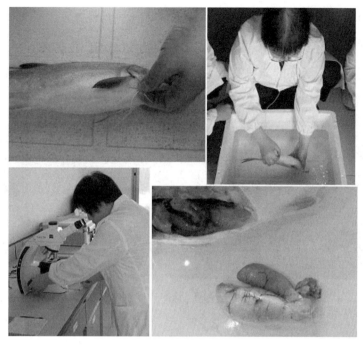

图4-9 检查四指马鲅亲鱼的性腺发育情况

上左：雌性亲鱼；上右：活体取卵；下左：镜检；下右：卵巢

　　培育用水从外海运输，采水的海区应无污染，且保证运输过程中不受污染。放入水泥池的海水需经过沙虑沉淀、曝气、紫外线消毒。马鲅在淡水或咸淡水中栖息，影响脑垂体释放促性腺激素，使得亲鱼性腺难以达到最终成熟与排卵，故需要在培育后期逐渐增加盐度；在产卵前需加盐或高盐度海水将池水盐度逐渐提高到26左右，或将亲鱼从低盐度水池移到高盐度的水池中。流水刺激，按照12小时光照、12小时黑暗的规律进行光照控制，营养强化，以促进成熟、产卵。

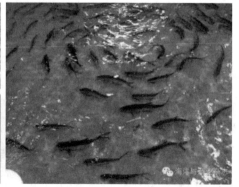

图4-10 产卵池和亲鱼

左：产卵池；右：亲鱼

## 二、性成熟亲鱼群体特征

四指马鲅亲鱼性腺分左右两叶，位于腹腔消化道背侧，上与鳔管相连，下由性腺导管与泄殖腔相连。成熟的雌鱼性腺（Ⅳ期）呈卵黄色，实质厚而结实，表面可见丰富的毛细血管，雄鱼性腺扁平光滑呈白色（图4-11）。

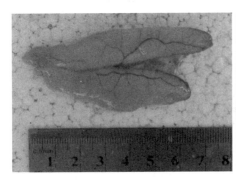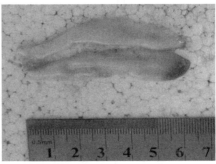

图4-11　四指马鲅亲鱼性腺（Ⅳ期）

左：卵巢；右：精巢

试验期间共培育亲鱼约2000尾，成熟率在93%以上。依据对养殖四指马鲅亲鱼的跟踪观察，雄鱼养殖1年性腺开始发育成熟，雌鱼要养殖2年才开始性成熟。亲鱼繁殖群体生物学特征见表4-1，性成熟的亲鱼体质量雌雄之间差异比较大，雌鱼体长范围为29.5～42.3厘米，体质量最大达到1150克，最小为548克，性腺指数（GSI）最大为6.85%，最小为1.13%；雄鱼体长范围在26.8～37.5厘米，体质量最大为800克，最小为366克，GSI最大为1.87%，最小为0.27%。

表4-1　四指马鲅亲鱼繁殖群体生物学特征

| 性别 | 数量 | 体质量/克 | 全长/厘米 | 体长/厘米 | 体高/厘米 | 空壳质量/克 | 性腺质量/克 | 性腺指数/% |
|---|---|---|---|---|---|---|---|---|
| 雌 | 145 | 548～1150 | 37.9～51.7 | 29.5～42.3 | 7.3～11.3 | 496～1050 | 8～34 | 1.13～6.85 |
| 雄 | 256 | 366～800 | 33.7～47.0 | 26.8～37.5 | 6.6～10.2 | 345～750 | 1～9 | 0.27～1.87 |

## 三、亲鱼室内产卵

据观察，四指马鲅属于夏季产卵类型，一年产卵一次，为分批成熟、分批产卵类型。在繁殖季节开始前经过营养强化后的亲鱼，产卵时无须注射催产激素，可自然产卵、受精。马鲅的成熟卵为浮性卵，每千克约有200万粒，每次产卵数10克。

初次性成熟的亲鱼于2015年6月13日傍晚开始产卵，至9月30日，超过3个月。共计产卵$75.0 \times 10^6$粒，受精率72%～95%。根据其每天的产卵数量可明显区分产卵的高峰期、一般产卵期以及产卵停滞期，其中6月13日至20日为产卵高峰期，持续7天（产卵总量达$4.29 \times 10^6$粒），6月21日至22日为少量产卵（产卵总量$0.16 \times 10^6$粒），6月23日至26日为产卵停滞期，经过6月27至7月11日的一般产卵期（产卵总量$1.99 \times 10^6$粒）后，进入产卵高峰期至8月26日，持续45天，占整体产卵期的37.5%，产卵总量$49.80 \times 10^6$粒；9月13日至20日亦为产卵高峰期，共产卵$10.43 \times 10^6$粒（图4-12）。

由于在室内培育管理，整个产卵期水温变化不大，维持在（$30 \pm 0.5$）℃内，盐度调控在整个产卵期间整体呈下降趋势（图4-13）。产卵初期（6月13日至7月11日）盐度平均为$25.78 \pm 1.4$，至第二个产卵高峰期间（7月12日至8月26日），盐度平均为18.96，最大值为25，随后每天降低$1 \sim 2$至最小值7。

总体看来，水体的盐度、温度与四指马鲅的产卵数量关系不大，只要在适宜范围内亲鱼都能正常产卵。

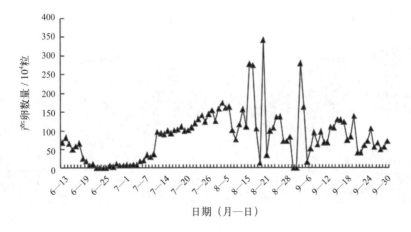

图4-12　四指马鲅亲鱼产卵量

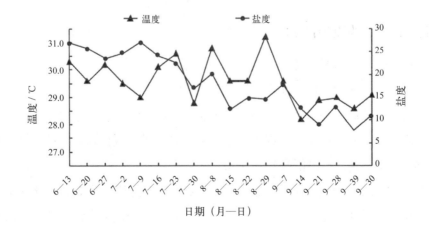

图4-13　四指马鲅亲鱼产卵期间水温和盐度的变化

圆形产卵池的池底为锥形底，池底中间设有一条排水管，圆形产卵池的直径为5米，顶部设有一进水管，进水管倾斜45°伸进产卵池，池壁设有一收卵管，利用循环的水流冲击，让亲鱼沿池壁做圆周运动，增加运动量，亲鱼互相追逐，有利于促进排精排卵；白天适当减少光照，全天减少周围噪声影响，到了晚上9:00左右就可以自然产卵，一直持续到凌晨1:00—2:00点结束。

在亲鱼产卵的次日早上8:00，通过进水和排水来控制水位，通过收卵管收卵，收卵后清洗产卵池，注入新鲜海水，同一批亲鱼每晚连续产卵，连续产卵和收卵5.5～9个月，视亲鱼产卵情况而定（图4-14）。或者用60～80目手抄网收集浮于水面的受精卵，受精卵和亲鱼排泄物、死卵等经过浮力和离心力的作用进行分离，受精卵用10毫克/千克的聚维酮碘消毒5分钟后，用清洁消毒过的海水充分清洗后，放入准备好的1立方米孵化桶内，受精卵密度为（4～5）×$10^4$个/米$^3$。在静水、微充气状态下进行孵化，以气泡冲出水面泛起水花为宜。

图4-14　收卵后清洗产卵池注入新鲜海水

左：带水清池；右：注水

## 四、亲鱼室外原池产卵

（1）坚持每年选留亲鱼，不断选择，择优弃劣，定向选育，不断淘汰繁殖力差、体弱和受伤生病的个体，补充新的亲鱼，形成年龄梯队。

（2）繁殖季节前1.5～2个月开始调节池水盐度，用船从外海抽取高盐度海水或打深井抽取地下咸水对在淡水中或咸淡水养成的亲鱼进行咸化培育，每周将池水盐度提高4～5。逐渐将池水盐度提高到26～30。

（3）在投喂浮性颗粒饲料的同时，每天增加投喂鲜活或冰冻的对虾和贝类，同时在饲料中混入维生素A、维生素C、维生素E、鱼油等强化剂，每口池塘沿对角线安置2台水车式增氧机，启动开关形成池塘水流内循环，刺激亲鱼自然产卵。

（4）亲鱼群产卵期间，不在产卵池四周走动，不开灯或制造噪声，以免惊吓亲鱼影响其追尾发情和产卵受精。

（5）每个鱼池池中预先定置网2个，网目为60～80，网口外用水车式增氧机制造水流，使卵顺着水流方向流入集卵网袋内（图4-15）。

（6）定时将集卵网的末端放到盛有原池水的塑料盆中，解开绳子，让鱼卵进入盆中。然后将收卵盆送到塘基上处理。

图4-15　亲鱼室外原池产卵

## 五、小结

### （一）亲鱼培育与初次性成熟的性腺指数（GIS）差异

亲鱼是人工种苗生产最重要的物质基础，亲鱼培育的最终目的是获得性腺发育成熟的亲鱼。人工繁育过程中，亲鱼的质量与受精卵、鱼苗的质量有着密切的关系，因此培育优质的亲鱼，确保优良的生物遗传性状，在维持种质资源和获得健康优良的后代具有至关重要的作用。亲鱼的性腺发育受到诸多因素的制约，如流水、新水刺激与内分泌干预等有利于促进性腺发育，亲鱼正常的机能代谢以及卵黄的生成和积累需要大量的营养物质，只有调控好水质、维持营养充足与平衡，保持实施精细管理，才能培育出符合繁殖条件的优质亲鱼。目前，四指马鲅的繁养殖在我国还处于起步的阶段，对于亲鱼，尚未形成世代间的选育，需要进行种苗人工繁殖；同时，在幼苗培育过程中逐步筛选生长快、体型大、特征明显的个体留作后备亲鱼。所培育的亲鱼成功达到性成熟、产卵的要求，受精率和孵化率均比较理想，性成熟为2龄，产卵在6月中旬至9月底，持续3～4个月，产卵周期比较长，这些特征与人工培育至性成熟的条石鲷（*Oplegnathus fasciatus*）相似。初次性成熟的雌鱼GIS为1.13%～6.85%，雄鱼GIS

为0.28%～1.87%，GIS作为反映亲鱼性成熟的程度的指数有种属间的差异并随着生殖周期的变化而变化，如1～4龄的三角鲤（*Cyprinus multitaeniata*）雌鱼的GIS分别是1.13%、2.51%、7.82%和11.63，人工培育的3龄花鲈（*Lateolabrax japonicus*）雌鱼GIS为1.06%，而野生同龄雌鱼GIS为0.28%。

（二）亲鱼培育技术要点

不少研究报道指出营养强化、控光控温是促进性腺发育比较有效的方法，通过改善饲料配方加入适量的维生素A、维生素C、维生素E可对亲鱼繁殖性能和后代质量产生影响。因此人工调控环境条件，包括光照、温度、水质、营养条件等成为培育亲鱼的关键。亲鱼从2014年越冬后，2015年3月开始强化培育，每日投饲以配合饲料和活饵，活饵采用新鲜并经过清洗的河虾，在保证亲鱼营养的同时减少因食物带入的病原微生物的致病概率，尤其在产卵期间，应坚持每天100%换水和虹吸清除污物，控制水中氨氮、亚硝酸盐的含量在安全范围内以促进亲鱼进食和正常产卵，氨氮和亚硝酸盐含量过高（前者>0.35毫克/升，后者>0.15毫克/升）可致亲鱼发病，具体表现为摄食减少至停止摄食、鳃盖和鳃丝发红、停止产卵或即使产卵但大部分为坏卵，达到一定程度亲鱼便出现大规模的死亡。四指马鲅性情急躁，对惊吓和环境应激特别敏感，不论是养殖期间还是产卵期的饲养管理，都要求养殖池足够大并且不可随意更换养殖池，产卵期间尤其要避免人为刺激，换水吸底操作要动作轻微并顺着亲鱼群游动的方向进行。

（三）诱导产卵技术

许多学者在进行鱼类人工繁育研究时，采用人工催产的方法按照生产目的控制亲鱼的产卵时间、数量，如卵形鲳鲹（*Trachinotus ovatus*）、黄颡鱼（*Pseudobagrus fulvidraco*）、点篮子鱼（*Siganus guttatus*）、黄鳍鲷（*Sparus latus*）、黄姑鱼（*Nibea albiflora*）、石斑鱼类、梭鱼（*Liza haematocheila*）等。四指马鲅性情急躁，对应激胁迫异常敏感。在进行马鲅人工繁育过程中，本课题组未采取人工催产的方法，而是通过调控合适的产卵温度、盐度、光照周期和流水刺激，保证亲鱼充足的营养来诱导亲鱼自然交配、产卵、受精，这有利于减少对亲鱼的人为刺激和保证生殖群体的数量和质量。盐度和温度是影响亲鱼产卵数量和质量的两大因素，在研究中，马鲅亲鱼产卵温度被严格控制在（29.9±0.5）℃，在进入产卵期的一个月内保持盐度为25～30.5。研究证明，亲鱼在盐度11～25范围内仍然保持较高的产卵能力，其产卵数量是整个产卵期的峰值期，缓慢淡化使亲鱼有足够的渗透调节缓冲期，在确保亲鱼质量的同时节约引进海水的成本。

## 第三节 胚胎发育和孵化

### 一、受精卵

四指马鲅受精卵呈圆球形，卵膜光滑，单油球。平均卵径675.776微米，油球平均直径258.462微米，约为卵径的2/5；受精卵在盐度25时呈半沉浮性，盐度为27.5～32时为浮性。卵质好坏与产卵数量存在一定正相关关系，产卵数量越多（高峰期）其受精卵的受精率越高（平均为95%），反之在少量产卵时期，产卵数量减少，其受精率越低（平均为72%）。在31～33℃条件下，受精卵胚胎发育至孵化出仔鱼平均用时13小时52分钟，由于在夏季繁殖，自然温度比较高，在一定程度上促进了胚胎的发育，但对温度变化仍比较敏感，在产卵期间因天气如台风气候等因素，水温下降至28～29℃时，使胚胎发育用时增加1.5～2小时，盐度在25～35范围内对胚胎发育影响不大。此次生产记录中四指马鲅受精卵的孵化率为58%～95%。

### 二、胚胎发育过程

四指马鲅受精卵在水温31～33℃，盐度27.5～28，pH值8.2条件下，胚胎发育各时期见表4-2、图4-16和图4-17。

表4-2 四指马鲅的胚胎发育

| 受精后时间（小时:分） | 发育阶段 | 主要特征 | 附图 |
|---|---|---|---|
| 00:00 | 受精卵 | 卵膜吸水膨胀，形成卵周隙 | 4-16-1，2 |
| 00:20 | 胚盘隆起 | 受精卵内卵黄沉积于植物极，原生质集中于动物极 | 4-16-3 |
| 00:55 | 2细胞期 | 胚盘纵向分裂为2个细胞 | 4-16-4 |
| 01:10 | 4细胞期 | 胚盘分裂为4个细胞 | 4-16-5 |
| 01:20 | 8细胞期 | 胚盘分裂成8个细胞 | 4-16-6 |
| 01:30 | 16细胞期 | 胚盘分裂成16个细胞 | 4-16-7 |
| 01:42 | 32细胞期 | 胚盘分裂成32个细胞 | 4-16-8 |
| 02:04 | 桑葚期 | 胚盘分裂成许多分裂球 | 4-16-9 |
| 02:13 | 囊胚期 | 形成囊胚层 | 4-16-10 |
| 02:30 | 高囊胚期 | 囊胚层隆起成高帽状 | 4-16-11 |
| 04:05 | 低囊胚期 | 囊胚基部不断扩大，高度变低，呈扁平帽状覆盖在卵黄上 | 4-16-12，13 |
| 04:41 | 原肠早期 | 胚盘下包卵黄约1/3 | 4-16-14 |

| 受精后时间<br>（小时:分） | 发育阶段 | 主要特征 | 附图 |
|---|---|---|---|
| 05:45 | 原肠中期 | 囊胚下包卵黄约1/2～2/3 | 4-16-15 |
| 08:08 | 原肠晚期 | 原肠末期，此时胚盾不断伸展，其头部伸到植物极，逐渐形成胚体 | 4-17-1 |
| 08:12 | 胚孔封闭期 | 胚层细胞完全包围卵黄，胚孔封闭，克氏泡出现 | 4-17-2 |
| 08:54 | 尾芽期 | 头部两则出现眼囊，尾芽隆起，胚体上出现色素，听囊出现，胚体中部形成13对肌节 | 4-17-3，4，5 |
| 10:04 | 心跳期 | 胚体全身扭动，心脏开始搏动，尾部与卵黄囊完全分离，能自由颤动 | 4-17-6，7 |
| 13:52 | 出膜期 | 尾部颤动加强，头部不断向前推动，最终破膜而出 | 4-17-8，9，10 |
| 14:30 | 受精卵全部孵化 | | |

（一）卵裂期

卵子受精后约20分钟，受精卵内卵黄沉积于植物极，原生质集中于动物极，形成胚盘隆起，受精后55分钟开始第一次分裂，首先在胚盘顶部出现一纵行的分裂沟，以盘状卵裂的方式将胚盘分为两个大小一样的细胞。1小时10分钟出现第二次分裂，新的分裂沟与初次的分裂沟互相垂直将2个细胞均分为4个细胞。第3次分裂在1小时20分钟时，由初次分裂面的两侧各出现一条与之平行的分裂沟，将原来4个细胞各一分为二成8个子细胞。1小时30分钟后，在第2次分裂面的两侧产生与之平行的分裂沟，形成16个子细胞完成第4次分裂。32细胞期即第5次分裂出现在受精后1小时42分钟，此后细胞继续呈指数分裂，细胞之间的界限逐渐变得模糊不清，在受精后2小时4分钟，形成有多层小分裂球排列的桑葚期胚胎。

（二）囊胚期

受精后2小时13分钟，囊胚层形成，2小时30分钟后，分裂球变模糊，胚层隆起较高，形成高帽状结构，进入高囊胚期。4小时5分钟后，囊胚基部不断扩大，高度变低，呈扁平帽状覆盖在卵黄上，此为低囊胚期。

（三）原肠胚期

胚胎进一步发育，胎盘边缘细胞开始向植物极移动，4小时41分钟后，胚盘下包卵黄约1/3，胚环出现，此为原肠早期，开始形成胚体。原肠早期的囊胚周围细胞增厚加密，5小时45分钟后，囊胚下包卵黄约1/2～2/3时，胚胎发育进入原肠中期。8小时8分钟后进入原肠末期，此时胚盾不断伸展，其头部伸到植物极。

（四）胚体期

受精8小时12分钟后，胚层细胞完全包围卵黄，随即形成神经管，开始形成中轴器官，相继不久后胚孔封闭，克氏泡出现，为胚孔封闭期。

（五）器官分化期

8小时54分钟，头部两则出现眼囊，尾芽隆起。9小时33分钟，胚体上出现色素，听囊出现，胚体中部形成13对肌节。10小时4分钟，胚体全身扭动，心脏开始搏动，80～101次/分，胚体扭动5～6次/分。10小时47分钟，尾部与卵黄囊完全分离，能自由颤动，鳍褶形成。

（六）孵化期

13小时51分钟，尾部颤动加强，头部不断向前推动，使卵黄囊被拉长，卵膜出现皱褶，最后，仔鱼以头部破膜伸出膜外，13小时52分钟，孵化出第一尾仔鱼，在此后14小时30分钟内全部孵出。

## 三、仔鱼

初孵仔鱼悬浮于水层表面，仅尾部偶尔摆动或转动，其腹部透明，头部、脊柱、尾部分布较多的色素细胞；卵黄囊呈椭球状，此时，色素细胞多分布在卵黄囊周边，中部则较少；油球位于卵黄囊后端。全长1.460±0.25毫米，卵黄囊长径0.575±0.087毫米，卵黄囊短径0.405±0.062毫米，油球直径0.222±0.025毫米。

孵化后24小时（1DAH）仔鱼全长1.841±0.216毫米，卵黄囊被吸收约1/2，油球渐变为卵圆形位于卵黄囊最底部。胸鳍、眼睛形成，呈明显的深黑色，口裂开始形成。此时，仔鱼活动能力加强，多分布在水层底部。

2DAH仔鱼全长2.370±0.156毫米，胸鳍发达，颌扩张，背鳍膜中部隆起，呈长条状，卵黄大部分被吸收，油球明显缩小，仔鱼游游泳能力加强。3DAH仔鱼全长2.416±0.117毫米，口和肛门张开，仔鱼开口摄食，口径平均值为0.188±0.045毫米，上下颌张合频率加快，鳃盖开始形成。卵黄囊完全被吸收或只残留小部分，腹部消化器官明显，消化道变得弯曲，其上方分布少量黑色素细胞，胃部开始蠕动。尾部正面分布12～14个黑色素细胞，眼部黑色素细胞增加，而头部黑色素细胞则减少，仔鱼开始摄食，游泳能力进一步加强，可投喂SS型臂尾轮虫（平均长径0.175±0.002毫米，平均短径0.149±0.005毫米）作为仔鱼的开口饵料。

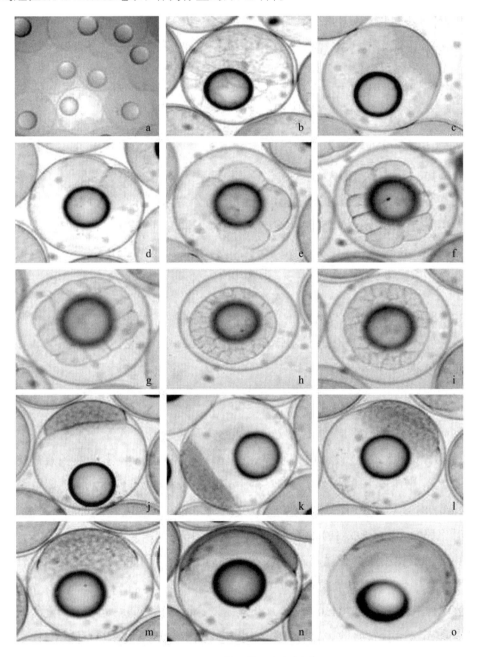

图4-16　四指马鲅胚胎发育图

a、b.受精卵；c.胚盘隆起；d.2细胞期；e.4细胞期；f.8细胞期；g.16细胞期；h.32细胞期；i.桑葚期；
j、k.高囊胚期；l、m.低囊胚期；n.原肠早期；o.原肠中期

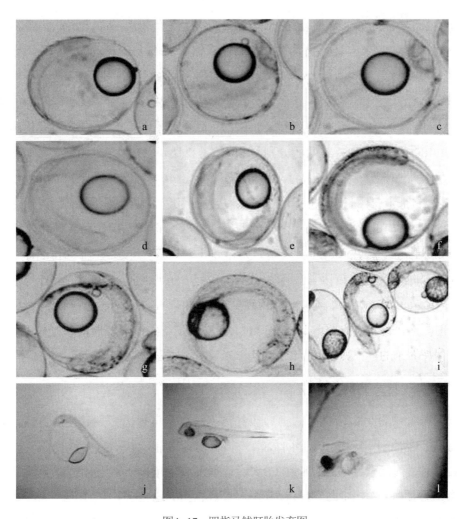

图4-17 四指马鲅胚胎发育图

a.原肠晚期；b.胚孔封闭期；c、d.克氏泡形成；e.尾芽期；f、g.心跳期；h、i.孵化期；
j.初孵仔鱼；k.2天龄仔鱼；l.3天龄仔鱼

## 四、小结

### （一）四指马鲅受精卵特性

四指马鲅亲鱼未经人工催产，均为自然产卵自然受精，实践证明，自然受精的卵其胚胎发育状态良好，胚胎发育全过程历时13小时52分钟，并具有较高的孵化率。四指马鲅的受精卵外形与有绒毛分布的青鳉（Oryzias latipes）的受精卵不一样，表现为圆球形，卵膜光滑，单油球，平均卵径675.776微米，油球平均直径258.462微米，占卵径约2/5，和其他鱼类差别较大，如鲻（Mugil cephalus）受精卵卵径为930～1020微米，梭鱼（Mugil soiuy）、斑鲫（Girella punctata）受精卵平均卵径882微米，油球平均直径266微米，岱衢洋大黄鱼（*Pseudosciaena crocea*）分别是1180～1340微米和410～470微米，眼斑双锯鱼（*Amphiprion ocellaris*）分别是1900～2100微米和320微米，一般认为受精卵卵径具有种属特性与亲鱼群体栖息环境、索饵条件以及水温有关。卵径的大小反映亲鱼的繁殖能力高低的同时与所孵出的仔鱼大小呈相关性，四指马鲅卵径相比同一目的鲻和梭鱼要小很多，孵化出的仔鱼全长1.460±0.25毫米，后两者分别是2.56～3.22毫米、1.94～2.40毫米，而斑鰶、岱衢洋大黄鱼、眼斑双锯鱼初孵仔鱼全长分别是1.464～1.684毫米、2.60～2.90毫米、4.2～4.4毫米，四指马鲅受精卵卵径小，表明亲鱼有较大怀卵量，同时由于孵出的仔鱼个体小，加大了育苗的难度，如口径比较小给选择适口饵料（轮虫）以及培育轮虫带来困难。多数硬骨鱼类受精卵为浮性卵，具有1个或数个油球，油球的比重小，是卵子呈浮性的重要因素，同时，盐度对卵子的浮性有一定影响。如日本鬼鲉（*Inimicus japonicus*）卵子无油球，但在盐度为31时为浮性卵。而四指马鲅受精卵在盐度25时呈半沉浮性，盐度在27.5～32间为浮性，提示生产上要保证孵化和育苗水质盐度，保持卵子的浮性，有利于维持足量的溶解氧以保证胚胎正常发育。

## （二）四指马鲅的胚胎发育

同大部分硬骨鱼类一样，四指马鲅受精卵胚胎发育经历卵裂、囊胚、原肠胚、胚体形成、器官分化和孵化6个阶段，其胚胎发育快速，卵裂期各次分裂时限间距10～12分钟，囊胚全期用时1小时08分钟，胚体形成到仔鱼孵化用时5小时40分钟，胚胎发育全程用时仅13小时52分钟，其中温度和盐度是影响发育的主要因素。本次试验受精卵是在水温为31～33℃、盐度为27.5～28条件下孵化，与许多鱼类受精卵孵化条件存在差异，如鲻受精卵在水温为21～26℃、盐度为28～30的条件下，完成整个胚胎发育过程要50小时，梭鱼受精卵在17～18.5℃、盐度为31条件下，历时56小时孵出仔鱼，日本鬼鲉在水温（22±0.5）℃，盐度为31的条件下，历时约52小时10分钟完成孵化，卵形鲳鲹（*Trachinotus ovatus*）受精卵在水温为18～21℃、盐度为31的条件下，胚胎发育历时41小时27分钟后孵出仔鱼，条石鲷（*Oplegnathus fasciatus*）受精卵在水温为25.64±0.77℃时，经过22小时30分钟孵出仔鱼，而七带石斑鱼（*Epinephelus septemfasciatus*）在水温为（27.77±1.05）℃，盐度为32条件下，胚胎发育历时59小时45分钟，驼背鲈（*Cromileptes altivelis*）受精卵在水温为25～27℃，盐度为30条件下，胚胎发育时间为24小时10分钟。背纹双锯鱼（*Amphiprion akallopisos*）受精卵在温度为（27±1）℃，盐度为25±1条件下历时152小时10分钟孵化出仔鱼。一般认为，温度主要通过影响孵化酶的分泌及其活性而控制仔鱼的孵出并影响胚胎的成活率和畸形率，在适当范围内，大部分鱼类胚胎发育随着水温升高而加快，如条斑星鲽（*Verasper moseri*）、条石鲷（*Oplegnathus fasciatus*）等，但温度过高会抑制孵化酶活性同时能够影响仔鱼对营养物质的吸收利用以及器官发育分化等。研究发现宝石鲈（*Scortum barcoo*）胚胎在21℃时胚胎不能完成发育，在31℃时胚胎在原肠期以后大部份陆续停止发育，孵出仔鱼大部分畸形。因此，确定某一种属鱼类的最适孵化水温要综合考虑孵化时间、孵化率、畸形率并同时保证仔鱼健康发育等因素。鱼类早期胚胎发育受渗透压的调节，外界高渗环境可促进胚胎发育缩短孵化时间，然而盐度过高和过低均对胚胎发育产生负面影响。研究表明低盐度（<21）和高盐度（>43）对条石鲷胚胎有持续性伤害，均可造成胚胎在卵裂期或原肠期之后收缩死亡且孵出的仔鱼多为畸形。云纹石斑鱼（*Epinephelus moara*）♀×七带石斑鱼（*E.septemfasciatus*）♂杂交子一代受精卵在10~20和35~45盐度环境下，胚胎发育出现胚体解体现象，盐度过高或过低均造成胚胎内渗透压失衡，使卵膜难以调节细胞与周围介质之间的物质平衡，高盐度条件影响胚胎细胞运动及正常分裂分化以致孵出仔鱼畸形，低盐度环境一方面影响受精卵的浮性而影响卵发育对氧的利用，另一方面会影响胚胎发育过程的能量消耗利用规律，使卵黄和油球营养物质不能正常地转化为能量以供胚胎内组织的生长需要，延长孵化时间、降低孵化率。本试验四指马鲅亲鱼属于夏季产卵型，自然水温达到30~33℃，并有上升趋势，受精卵在31℃，盐度在27.5~28孵化，孵化率较高且孵出仔鱼形态和活力良好，有利于节省孵化时间，表示该鱼的胚胎发育比其他鱼类能耐受较高的温度，而温度降低或温度升高对其胚胎发育造成负面影响的阈值以及低盐度和高盐度对其胚胎发育、仔鱼活力和盐度耐受性的影响以及作用机制有待进一步研究。

## 第四节 盐度对胚胎和仔鱼特性及发育、存活率的影响

鱼类人工育苗过程中，受精卵的质量、胚胎发育正常与否以及孵化率的高低除了受亲鱼质量影响外，还受到如孵化盐度、温度、光照、水质等因素的影响，其中盐度作为主要影响因素在不同方面影响受精卵的发育。在实际生产中，要求掌握不同种属鱼类受精卵孵化的适宜或最适宜的盐度条件，以保证高孵化率同时确保新生仔鱼质量以适应后续的生长发育，同时，提高受精卵孵化率和育苗成活率也是人工繁育过程的关键技术。我们从不同盐度对受精卵发育和仔鱼耐受性的影响入手研究，探讨该鱼胚胎的最佳孵化盐度、初孵仔鱼在低于耐受盐度时不投饵条件下的存活情况并测定不投饵存活系数（survival activity index，SAI），以期为四指马鲅的人工繁殖和人工育苗提供参考。

## 一、受精卵在不同盐度下的沉浮性质

四指马鲅受精卵呈圆球形,卵膜光滑,单油球,位于卵中央。平均卵径222.824微米,油球平均直径89.393微米,占卵径2/5,第一次分裂前和发育至原肠期的受精卵在相同盐度海水中沉浮性质相同,如表4-3所示,盐度低于25均呈沉性,盐度为25时则悬浮在水层中部,盐度28及以上则浮于水层表面。

表4-3 四指马鲅受精卵在不同盐度下的沉浮性质

| 盐度 | 5 | 7 | 9 | 11 | 13 | 15 | 20 | 25 | 28对照组 | 30 | 35 | 40 | 45 |
|---|---|---|---|---|---|---|---|---|---|---|---|---|---|
| 状态 | 沉 | 沉 | 沉 | 沉 | 沉 | 沉 | 沉 | 半沉浮 | 浮 | 浮 | 浮 | 浮 | 浮 |

## 二、不同盐度对四指马鲅胚胎发育的影响

该次试验中,盐度改变对受精卵的孵化时间影响不大,各盐度海水(致胚胎死亡的海水除外)中受精卵的孵化用时平均为13小时52分钟。第一次分裂前的受精卵对盐度胁迫比较敏感,当置于盐度5、7、9、11、13、15、25海水后1小时内出现卵黄内原生质聚集变模糊,胚胎死亡,卵黄物质分解。高盐度海水组(40,45)中的受精卵实验开始后30分钟内可观察到胚盘收缩,有些分裂成桑葚胚时便形成死胚,盐度低于25和高于35均未孵出仔鱼。盐度25虽然受精卵能孵出仔鱼,但孵化率较低,且畸形仔鱼占很大比率。盐度28(对照组)、30、35中受精卵孵化率分别是66.3%±3.05%、67.7%±0.58%、77.7%±1.53%,畸形比率分别是12.1%±2.0%、14.8%±2.9%、11.6%±1.4%。已发育至原肠期的受精卵对盐度胁迫产生一定的耐受性,盐度低于15和大于35时,仍无法孵出仔鱼。S15中孵化率40.7%±1.2%,且畸形率较低,占15.6%±1.7%,孵化出的仔鱼多沉于底部,活力不足。S15、S20、S25、S30、S35中孵化率逐渐升高,且畸形率减少至盐度≥25时所孵出仔鱼均为正常形态。S20组孵化出的仔鱼部分活力十足,但处于悬浮状态,置于底部卧而不动的仔鱼占多数。S25组孵出的仔鱼上中下层均匀分布,且活力十足,未见畸形仔鱼。S30组仔鱼形态活力良好,无畸形。S35组仔鱼无畸形,状态良好。S28孵出的仔鱼处于悬浮状态(表4-4和表4-5)。

表4-4 四指马鲅受精卵(第一次分裂前)在不同盐度中的发育

| 盐度 | 5 | 7 | 9 | 11 | 13 | 15 | 20 | 25 | 28对照组 | 30 | 35 | 40 | 45 |
|---|---|---|---|---|---|---|---|---|---|---|---|---|---|
| 孵化率 | 0±0 | 0±0 | 0±0 | 0±0 | 0±0 | 0±0 | 0±0 | 9.7%±0.58% | 66.3%±3.05% | 67.7%±0.58% | 77.7%±1.53% | 0±0 | 0±0 |
| 畸形率 | — | — | — | — | — | — | — | 72.2%±6.9% | 12.1%±2% | 14.8%±2.9% | 11.6%±1.4% | — | — |

表4-5　四指马鲅受精卵（原肠期）在不同盐度中的发育

| 盐度 | 5 | 7 | 9 | 11 | 13 | 15 | 20 | 25 | 28对照组 | 30 | 35 | 40 | 45 |
|---|---|---|---|---|---|---|---|---|---|---|---|---|---|
| 孵化率 | 0±0 | 0±0 | 0±0 | 0±0 | 0±0 | 40.7%±1.2% | 59%±1% | 78.7%±0.6% | 85.3%±0.6% | 87.7%±2.1% | 89%±2% | 0±0 | 0±0 |
| 畸形率 | – | – | – | – | – | 15.6%±1.7% | 4.5%±1.0% | 0±0 | 0±0 | 0±0 | 0±0 | – | – |

## 三、不同盐度中仔鱼的存活试验

如表4-6所示，四指马鲅初孵仔鱼在盐度5～25的海水中存活率均比较低，在仔鱼开口（2DAH）后大量死亡。S35组SAI值最大，前3天成稳定存活的状态，第6天后开始急剧死亡，最大存活天时间为11天；S28组SAI值次于S35组，前5天内保持较高且稳定的存活率，最大存活天时间为11天；S30组在前6天内保持过半的成活率，最大存活时间为11天；S40和S45组仔鱼在1天内全部死亡，体态异常弯曲。

表4-6　四指马鲅仔鱼在不同盐度中的存活系数

| 盐度 | 仔鱼不同天数的存活率（%） | | | | | | | | | | | | SAI |
|---|---|---|---|---|---|---|---|---|---|---|---|---|---|
| | 1天 | 2天 | 3天 | 4天 | 5天 | 6天 | 7天 | 8天 | 9天 | 10天 | 11天 | 12天 | |
| 5 | 100 | 40 | 40 | 0 | 0 | 0 | 0 | 0 | 0 | 0 | 0 | 0 | 3 |
| 7 | 100 | 35 | 15 | 0 | 0 | 0 | 0 | 0 | 0 | 0 | 0 | 0 | 2.15 |
| 9 | 100 | 46 | 30 | 21 | 21 | 10 | 4 | 0 | 0 | 0 | 0 | 0 | 5.59 |
| 11 | 100 | 90 | 90 | 70 | 70 | 30 | 12 | 3 | 0 | 0 | 0 | 0 | 14.68 |
| 13 | 100 | 35 | 23 | 17 | 10 | 8 | 0 | 0 | 0 | 0 | 0 | 0 | 4.05 |
| 15 | 100 | 45 | 39 | 20 | 15 | 15 | 0 | 0 | 0 | 0 | 0 | 0 | 5.52 |
| 20 | 100 | 60 | 30 | 25 | 23 | 17 | 11 | 9 | 3 | 0 | 0 | 0 | 8.03 |
| 25 | 100 | 70 | 50 | 50 | 50 | 20 | 12 | 12 | 6 | 5 | 3 | 0 | 12.77 |
| 28对照组 | 100 | 83 | 75 | 75 | 75 | 58 | 34 | 32 | 18 | 12 | 0 | 0 | 22.9 |
| 30 | 100 | 83 | 61 | 55 | 55 | 50 | 21 | 16 | 11 | 8 | 4 | 0 | 17.42 |
| 35 | 100 | 100 | 100 | 70 | 70 | 60 | 37 | 32 | 27 | 15 | 12 | 0 | 24.98 |
| 40 | 100 | 0 | 0 | 0 | 0 | 0 | 0 | 0 | 0 | 0 | 0 | 0 | 1 |
| 45 | 100 | 0 | 0 | 0 | 0 | 0 | 0 | 0 | 0 | 0 | 0 | 0 | 1 |

## 四、小结

### （一）盐度对四指马鲅胚胎发育的影响

鱼类受精卵浮性有种属特异性，且浮力与其密度、水体的盐度等因素密切相关，并随其生长发育而改变，是海水鱼类在繁殖期间应对环境变化（主要是水层盐度季节性的变化）逐渐形成的繁殖策略之一，继而对其孵化、子代的存活生长及其空间上的分布产生一定影响。四指马鲅受精卵在盐度低于25时表现沉性，盐度大于25时则为浮性，孵化时对盐度要求比较高，盐度低于20，出现不能孵化或孵化率比较低且孵出仔鱼畸形比率升高的现象，在一定范围（25～35）内，孵化率随着盐度升高而升高，而畸形率则减少。受精卵在不同的发育阶段，对盐度胁迫的敏感性不同。受精卵发育在第一次分裂前时，对低盐度和高盐度胁迫比较敏感，盐度低于25和高于35均无法孵出仔鱼；盐度为35时，孵化率最高（77.7%±1.53%）。受精卵发育至原肠期时，对盐度胁迫敏感性相对降低，但盐度低于15和高于35，仍无法孵出仔鱼；S15、S20、S25、S30、S35中孵化率逐渐升高，最高达89%±2%，且畸形率逐渐减少，至盐度≥25时所孵出仔鱼均为正常形态。原肠期受精卵对盐度耐受性更好，推测其原因可能与受精卵质量及胚胎渗透调节的能力提高有关，作者观察到卵裂期至原肠期是条石鲷（*Opiegnathus fasciatus*）胚胎对盐度最为敏感的阶段，有研究发现褐毛鲿（*Megalonibea fusca*）胚胎发育到胚孔封闭期后对低、高盐度有较高的耐受性。值得注意的是四指马鲅受精卵发育快速，各阶段能量的支配效率高，胚胎发育过了危险期，对于盐度的改变，能及时调动能量调节胚胎渗透压维持内环境平衡，这种高效的渗透调节能力与亲鱼质量有关，研究表明产卵密度和受精卵的浮力以及卵膜的渗透性质均受亲鱼相关机制的调控，亲鱼排卵前卵子内发生的水合作用会影响产卵的初始密度，而受精卵的浮力随密度改变以应对周围海水盐度的变化。盐度影响受精卵的浮性，进而影响其对氧气和光照的利用，后者与孵化酶的诱导激活密切相关，这就要求人工孵化时要注意掌握最适宜的盐度。鱼类胚胎发育的适宜盐度范围和种属及其生活习性密切相关。如斑点鳟（*Oncorhynchus mykiss*）适宜孵化盐度为0～15，最适盐度为0，与其属于溯河洄游鱼类，鱼卵在淡水中孵化有关，因而与一般海产鱼类卵子盐度适应性不同。有报道。七带石斑鱼（*Epinephelus septemfasciatus*）受精卵孵化的最适盐度范围是30～35、星斑裸颊鲷（*Lethrinus nebulosus*）最适繁殖盐度为30～35，条石鲷受精卵孵化的适合盐度范围为25～35。盐度对胚胎发育的影响通常与温度产生交互作用，温度除了影响孵化酶活性外，同时会改变受精卵细胞膜的渗透性及胚胎细胞代谢和分裂速度，对初孵仔鱼的全长也有较大的影响。该研究综合孵化率和畸形率两指标，认为四指马鲅受精卵适宜盐度范围为25～35，最适孵化盐度为35。

（二）盐度对仔鱼SAI的影响

海水鱼类渗透压调节能力的强弱决定其对盐度变化的耐受能力，从而对身体各机能产生影响。理论研究中常用不投饵存活系数（survival activity index，SAI）去判断早期仔鱼的活力，SAI值越大表明仔鱼活力越好，以此间接评价亲鱼和受精卵质量以及孵化外在条件是否适宜。该研究发现四指马鲅仔鱼在低盐度5～20海水中SAI值比较低，最长的存活天数为9天（S20组），S35组SAI值最大为24.98，存活天数为11天；其次是S28（对照组），SAI为22.9，存活天数为10天；四指马鲅受精卵孵化盐度严格要求接近自然海水的盐度（30），但仔鱼在低盐度5～20表现一定的耐受性，可能与体壁结构与组分使其保持很低的渗透力能维护其体液组分的稳定的原因有关，然而仔鱼在低渗环境中需要消耗大量的能量来维持渗透压的平衡，卵黄物质消耗过快，致使仔鱼开口后大量死亡，而在高盐度40～45海水中，仔鱼在1天内全部死亡且体态多为异常弯曲，说明高渗环境超过了仔鱼渗透调节能力的阈值。研究表明条石鲷初孵仔鱼在高盐度环境中，其全长和卵黄囊容积都显著变小，推测是与渗透压调节耗能以及渗透脱水有关。四指马鲅仔鱼在盐度25～35海水中存活率相对较高，且存活天数至少10天，在5天后仔鱼死亡数过半，推测可能原因为仔鱼在开口（2DAH）后机体除了应对盐度改变带来的渗透胁迫同时还有饥饿胁迫而致使仔鱼动用大部分能量维持内环境平衡，出现负生长和死亡。因此，认为四指马鲅存活生长的适宜盐度范围是25～35，最适宜为35，根据其在低盐度海水的存活情况，认为该鱼在早期育苗过程中进行淡水驯养是可行的，在卵黄囊期仔鱼开始逐渐进行海水盐度降低的驯养直至仔鱼能适应淡水环境，可进一步解决海水育苗成本高和育苗成活率低的难题。

## 五、四指马鲅种苗培育

（1）种苗培育池面积一般为1～2亩为宜，将清淤完成或排干池水的鱼塘进行彻底晒塘，直到池底泥土张开裂缝（图4-18）。

（2）清塘消毒。进水50厘米，盐度22，水温控制26～28℃，使用400毫克/千克的生石灰进行清塘，10天后使用发酵过的有机肥、EM复合菌和鳗鱼粉进行培育基础饵料生物。

图4-18  晒塘

（3）当水色明显、水体透明度达到35～40厘米，水体中已有丰富的饵料生物，将出膜2天后的仔鱼放进土池中培育，放苗密度为10万～25万尾/亩，稚鱼期的培育密度为5万～8万尾/亩，幼鱼期为1万～3万尾/亩为宜。前3天原池中的基础饵料生物足够仔鱼摄食，3天后开始补充投喂轮虫、丰年虫、桡足类、枝角类，10～12天后可投喂鳗鱼粉等人工配合粉料，一直养殖到出苗。每天逐渐加入新鲜淡水，到第25天时可淡化到盐度1～3。

（4）日常管理。每天观察鱼塘内鱼苗的生长、摄食、活动等情况，保持24小时充氧，每天两次测量水中的理化指标，溶解氧保持在4毫克/升以上，pH值为7.8～8.6，氨氮低于0.03毫克/升，亚硝酸盐低于0.05毫克/升。阴雨天时，应适当减少饵料投喂，保持水质清新。

（5）苗种培育。孵化后第2天后把初孵仔鱼放入室内水泥池（面积3.15米×4.65米，水深1.3米）培育，放养密度为$(3～5)×10^4$尾/米³。放苗前水池预先接种小球藻（*Chlorella* sp）和轮虫（*Brachionus* sp），保持育苗水体中含有小球藻$5×10^4$个/毫升，轮虫3～5个/毫升，每天添加淡水，按每天0.5～1的速度逐渐降低盐度。

仔鱼在室内培育5～7天后转移到室外池塘进行培育。池塘面积1/5～1/2公顷，平均水深1.5米，鱼苗放养前15天用生石灰清塘，施肥培育基础生物饵料，投放仔鱼密度

15万～20万尾/亩，7天后投喂小球藻、轮虫、枝角类和桡足类幼体。25天起投喂卤虫无节幼体，30天起投喂粉状配合饲料并逐渐过渡到投喂人工颗粒饲料。

四指马鲅初孵仔鱼全长1.46±0.25毫米，体高0.54±0.06毫米；卵黄囊长径0.58±0.09毫米，短径0.40±0.06毫米；单个油球，位于卵黄囊，直径0.22±0.03毫米。仔鱼在孵化后第2天开口摄食。室内培育至室外土池放养期间育苗用水的变化见表4-7，其他水质因子的变化见图4-19，分别为：29～31 ℃，pH值 8.1～8.3，溶解氧4.95～6.10毫克/升，氨氮含量0.15～2.0毫克/升，亚硝酸盐含量≤0.005毫克/升。鱼苗在室内水池培育5～7天后移入室外土池，经过15～20天的培育，全长可达36～40毫米（图4-20）。

表4-7　四指马鲅育苗过程中盐度的变化

| 日龄 | 盐度 |
| --- | --- |
| 1 | 28.9 |
| 2 | 27.2 |
| 3 | 26.7 |
| 4 | 25.5 |
| 5 | 25 |
| 6 | 24.5 |
| 7 | 22 |
| 8 | 20 |
| 9 | 19 |
| 10 | 18.5 |
| 11 | 16 |
| 12 | 14 |
| 13 | 11.5 |
| 14 | 8.5 |
| 15 | 5.5 |
| 16 | 3 |
| 17 | 2.2 |
| 18～45 | 0～1.5 |

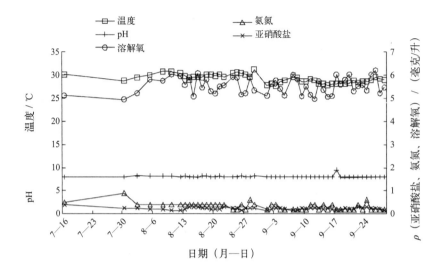

图4-19 四指马鲅育苗过程中温度、pH、溶氧、氨氮和亚硝酸盐的变化

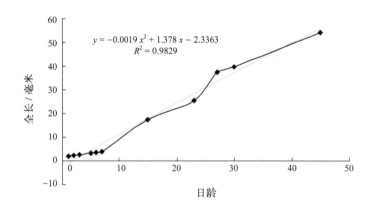

图4-20 四指马鲅仔稚幼鱼的全长生长

四指马鲅仔稚幼鱼的全长与日龄的相关关系可分别用直线方程$y=1.2999x-1.9483$（$R^2=0.9826$），幂函数方程$y=0.9624x^{1.0229}$（$R^2=0.9127$）以及二次方程$y=-0.0019x^2+1.378x-2.3363$（$R^2=0.9829$）表达。式中$y$为全长，$x$为日龄。统计结果显示3种方程的适合度均较高，表现出较好的拟合性，因而三者都可以较好地描述四指马鲅生长与日龄的关系，依最小剩余平方和来选择回归方程，在3种相关方程中，以二次方程的描述更为吻合。

## 六、育苗结果

四指马鲅室外池塘育苗结果见表4-8。从2015年7月23日开始至9月30日累计培育出子二代鱼苗$15 \times 10^6$尾，平均成活率平均值为$25\% \pm 5.5\%$。

表4-8　四指马鲅室外土池育苗结果

| 放养日期 | 投苗量/10⁴尾 | 育苗天数/天 | 全长/毫米 | 育成数量/10⁶尾 | 成活率/% |
|---|---|---|---|---|---|
| 2015-06-22 | 11.2 | 20 | 25～37 | 2.31 | 20.6 |
| 2015-06-29 | 1.73 | 10 | 15～20 | 0.28 | 16.3 |
| 2015-07-05 | 4 | 20 | 27～40 | 1.17 | 29.2 |
| 2015-07-13 | 3.1 | 20 | 23～35 | 1.02 | 33 |
| 2015-07-28 | 11.3 | 20 | 30～40 | 2.87 | 25.2 |
| 2015-08-12 | 17.5 | 20 | 35～45 | 4.57 | 26.1 |
| 2015-08-20 | 11.3 | 17 | 20～30 | 2.75 | 24.3 |
| 平均 | | | 28.2±11.5 | | 25±5.5 |
| 合计 | 60.13 | | | 14.97 | |

经统计测定，体长2.19～4.53毫米，全长2.87～5.60毫米，体质量0.1805～0.38克的四指马鲅仔稚幼鱼的全长（TL，毫米）、体长（BL，毫米）和体质量（BW，克）之间的相互关系分别为BW=0.0426BL$^{1.4686}$（$R^2$=0.8113）（图4-21-a），BW=0.0256TL$^{1.5866}$（$R^2$=0.8228）（图4-21-b）和TL=1.1739BL+0.2809（$R^2$=0.9943）（图4-21-c）。

据报道，四指马鲅仔鱼期全长、肛前长和体高的生长速度明显快于稚鱼期，全长（LT，毫米）、肛前长（LPA，毫米）和体高（H）与日龄（t）均呈极显著的多项式函数关系（P<0.01）（图4-22）

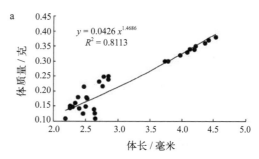

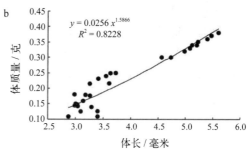

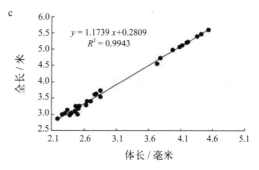

图4-21　四指马鲅仔稚鱼全长、体长和体质量的生长关系

$$L_\mathrm{T} = 1.1510 + 0.8035t - 0.0136t^2 + 0.0005t^3 \ (R^2 = 0.9965)$$

$$L_\mathrm{PA} = 0.5917 + 0.256t + 0.0038t^2 \ (R^2 = 0.9865)$$

$$H = 0.4906 + 0.1789t + 0.0006t^2 \ (R^2 = 0.9853)$$

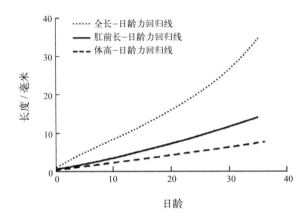

图4-22　四指马鲅全长、肛前长和体高与日龄的关系曲线

## 七、育苗技术关键

本研究中，马鲅早期仔鱼在室内培育同时降低盐度，5～7天后移到室外土池接力育苗，培育周期一般为25～30天可以出苗，育苗期间有2个死亡高峰期：①2DAH～7DAH的早期仔鱼，通常在开口摄食（2DAH）后因为自身和外界原因而死亡，前者主要是受先天因素如受精卵质量差的影响致使孵出的仔鱼开口时不能摄食，后者主要是饵料不足造成饥饿胁迫威胁仔鱼生存，使育苗成活率大幅度降低；②稚鱼到幼鱼期间，因幼苗逐渐长大出现大小之间或者相同规格之间的残食现象。当鱼苗长至1.5厘米后，个体就逐渐分化，有参差不齐的情况，这时应用网筛分级分池分养。

早期仔鱼的培育，有合适和足够的开口饵料和辅助生物饵料是关键，臂尾轮虫作为马鲅仔鱼的开口饵料，应用小球藻强化培育后再投喂，以减少仔鱼因一直摄食未强化培育的轮虫（缺乏高度不饱和脂肪酸）而造成机体的营养不足甚至死亡的概率。鱼苗经过淡化可在低盐度或淡水中培育，池塘育苗采用肥水方法培育丰富的生物饵料是解决鱼苗饵料来源的关键，同时根据仔鱼的发育阶段适当添加适口的轮虫、桡足类和枝角类幼体补充饵料数量，每天巡塘，观察水质变化，定期添换水，勤检查塘中生物饵料密度。稚鱼中后期投喂鱼肉糜、贝肉糜及粉状配合饲料。马鲅稚幼鱼具有严重的残食现象，残食是种内的掠食，至少有36科的鱼类生活史中存在这种行为，如石斑鱼类、笛鲷类、军曹鱼等，主要原因有环境限制因子（如食物、饲养密度、水浊度等）和遗传因素。减少残食现象出现的方法有加大投喂频率和数量、定期进行筛选分苗。

## 八、鱼苗出池

经过约15～25天的培育，鱼苗长达1.8～2.5厘米，即可出池销售（图4-23）或移至养殖池（图4-24）。近距离的养殖场，可直接用活水车充气（或充氧）装运，长距离的则应使用塑料袋充氧打包运输（图4-25）。

图4-23　四指马鲅鱼苗出池

左：收集鱼苗；右：点数包装

图4-24　活水车充气（或充氧）装运

图4-25　充氧打包运输

# 第五章
# 人工培育条件下四指马鲅的繁殖生物学

## 第一节　四指马鲅的精子发生和精巢发育

　　四指马鲅（*Eleutheronema tetradactylum*）隶属于鲻形目（Mugiliformes），马鲅亚目（Polynemoidei），马鲅科（Polynemidae），四指马鲅属，俗称马友、午笋、鲤后等，是一种广盐性溯河洄游鱼类，幼鱼常栖息在河口，成鱼则多生活在沿海水域的浅泥底。四指马鲅通常广泛分布于热带和温带海区，在澳大利亚、印度、东南亚以及我国沿海等海域均有分布。四指马鲅生长迅速、肉质鲜美、营养价值高，在渔业和水产养殖中具有十分重要的商业价值。2012—2015 年区又君等对四指马鲅进行规模化全人工繁育取得成功，并在多个沿海地区推广养殖，现已成为中国海水鱼类养殖种类之一。目前对四指马鲅的遗传多样性、种群结构、个体发育及环境胁迫等方面已有较多研究报道。

　　繁殖是鱼类生活史中极为重要的环节，而性腺的完全发育是进行有效繁殖的关键，因此鱼类的性腺发育一直以来都是学者们感兴趣的研究课题。组织学和电镜观察是研究鱼类性腺发育的最为经典的技术手段之一，通过观察各类生殖细胞的形态结构及其分布特点将性腺划分为不同的发育时期。此外，应用分子生物学技术探讨鱼类性腺发育机制也越来越受到关注，特别是在性别分化和性腺发育的分子调控机制、性别决定基因的发掘以及性腺的转录组学分析等方面取得较大进展。关于四指马鲅繁殖生物学，近年来国外已有一些关于野生种群的繁殖习性以及性腺发育的基础研究。但四指马鲅精巢的组织结构、首次性成熟的发育过程和精子发生的组织学和超微结构的相关研究在国内外却鲜见报道。本研究以养殖四指马鲅的精巢为研究对象，运用石蜡组织切片和HE（haematoxylin-eosin）染色及透射电镜技术对其精巢组织结构、精巢发育及精子发生过程进行观察，拟了解四指马鲅精巢组织结构特点以及首次性成熟精巢发育与精子发生的组织学和超微结构变化，以期丰富四指马鲅的繁殖生物学内容，为加快掌握四指马鲅繁殖规律、提高人工繁育技术提供理论基础，这对于加强四指马鲅种质资源保护和开发利用都具有十分重要的意义。

## 一、精巢的组织结构特征

四指马鲅精巢位于腹腔背面，紧贴中肾和鳔腹面，为一对延长的扁平带状器官，灰白色（图5-1-a），两条精巢于后端汇合后由一条输精管通向生殖孔，呈"Y"字形。

精巢横切面呈中间宽两头窄的梭形结构（图5-1-b）；根据结构特点判断其为典型的小叶型精巢。精小叶呈叶片状，由腹侧向背侧辐射，分布极为规则，是小叶型精巢中的辐射型结构（图5-1-c），纵切面显示精小叶呈卵圆形或不规则（图5-1-d）。精巢外膜有两层，外层为腹膜，主要由嗜碱性间皮细胞组成；内层为白膜，主要为结缔组织，呈粉红色，结缔组织向实质部延伸形成小叶间质，把实质分成各个精小叶（图5-1-e）。

小叶间质主要由间质细胞、成纤维细胞和微血管组成，间质细胞呈椭圆形或梭形，嗜碱性较强，长径$6.20 \pm 0.58$微米，短径$2.22 \pm 0.47$微米，成纤维细胞呈纺锤形，嗜碱性较弱，长径$8.47 \pm 0.99$微米，短径$3.29 \pm 1.17$微米（图5-1-f）。电镜下显示，间质细胞的细胞核为卵圆形，细胞质中有大量小囊泡状的线粒体聚集；微血管较细，仅能通过$1 \sim 2$个红细胞；成纤维细胞的核较大，卵圆形，细胞质边缘分布少量较小的线粒体（图5-3-b）。

精小叶由多个精小囊构成，分布规律，每一精小囊的生精细胞发育是同步的，由于各时期生精细胞的染色质浓缩程度不同，在电镜下观察电子密度差别明显（图5-3-a）；随着细胞的发育成熟，精小囊向精小叶腔延伸，精子成熟时精小囊破裂，将精子释放到小叶腔（图5-1-g），从小叶腔进入输出管，输出管为精子输出到输精管前的汇集通道，常伴随有微血管分布（图5-1-h）。精巢成熟时输精管充满精子，由黏膜层、黏膜下层、肌肉层和浆膜层组成，黏膜上皮有大量的杯状细胞，呈灰白色（图5-1-i）。

## 二、精巢发育及精子发生的组织学和超微结构

根据四指马鲅精巢发育的组织学和细胞学特征，可将其首次性成熟精巢的发育过程分为6个时期（表5-1），即第Ⅰ期（精原细胞增殖期）、第Ⅱ期（精母细胞增长期）、第Ⅲ期（精母细胞成熟期）、第Ⅳ期（精子开始出现期）、第Ⅴ期（精子完全成熟期）、第Ⅵ期（精子退化吸收期）。四指马鲅在精子发生过程中，生殖细胞经历了初级精原细胞、次级精原细胞、初级精母细胞、次级精母细胞、精细胞和精子6个发育阶段，且细胞及细胞核的直径逐渐减小，核质比也相应发生明显的规律性变化（图5-2）。

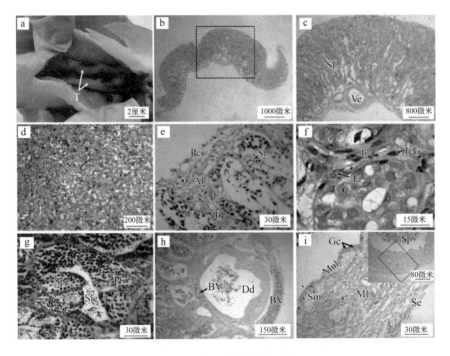

图5-1 四指马鲅精巢组织结构

a.精巢解剖形态；b.精巢横切面；c.b图的放大；d.精巢纵切面；e.精巢外膜和小叶间质，横切（下同）；
f.小叶间质、成纤维细胞和间质细胞；g.精小叶、精小囊和精小叶腔；h.输出管和输精管；i.输精管
Al.白膜；Bl.血管；Ct.结缔组织；Dd.输精管；Fi.成纤维细胞；Gc.杯状细胞；Ic.间质细胞；Ii.小叶间
质；Ml.肌肉层；Mul.黏膜层；Pe.腹膜；Sl.精小叶；Slc.精小叶腔；Spc.精小囊；Sm.黏膜下层；Se.浆
膜；T.精巢；Ve.输出管

表5-1 四指马鲅精巢发育分期的形态学和组织学特征

| 分期 | 月龄 | 形态特征 | 组织学特征 |
|---|---|---|---|
| I | 3 | 细线状，白色，紧贴腹腔背侧，肉眼无法区分雌性 | 切面可见结缔组织和微血管以及分散的精原细胞（图5-2-a） |
| II | 4 | 细带状，浅灰白色 | 精小叶无腔隙，小叶间为结缔组织，精母细胞形成并增多，排列规则（图5-2-b） |
| III | 5~7 | 扁带状，灰白色略带浅黄色，血管发达，长度约占腹腔的一半 | 精小叶腔出现，精母细胞沿小叶边缘多层排列，有少量精子细胞形成（图5-2-c） |
| IV | 7~9 | 厚带状，乳白色，表面血管网发达，长度超过腹腔的一半 | 精小叶内同时存在不同发育时期的精小囊，小叶腔出现少量成熟精子（图5-2-d） |
| V | 10~11 | 体积最大，按压时有精液流出 | 精小叶腔内布满成熟精子且连成片状（图5-2-e） |
| VI | — | 萎缩松弛呈带状，表面血管丰富 | 精小叶腔精子排空，仅有少量精子残留、退化，主要以结缔组织为主（图5-2-f） |

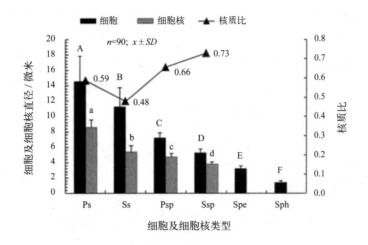

图5-2　四指马鲅精子发生过程中生精细胞和细胞核的直径及核质比变化

注：不同大写字母和小写字母分别表示各细胞和细胞核的直径大小存在显著性差异（P＜0.05）。Ps:初级
　　精原细胞；Ss:次级精原细胞；Psp:初级精母细胞；Ssp:次级精母细胞；Spe:精子细胞；Sph:精子头部

（一）第Ⅰ期（精原细胞增殖期）

在约3月龄的幼鱼中可观察到第Ⅰ期精巢，该时期精巢细线状，呈白色，紧贴于腹腔背侧，肉眼无法分辨雌雄。组织学观察显示，内部为多个分散的精原细胞被结缔组织包裹，形状不规则（图5-3-a）。此时可观察到两种精原细胞，周围伴随有数个支持细胞，支持细胞形状不规则，嗜碱性较弱；电镜下可见支持细胞有较大的细胞核，中位，核膜较厚，两层核膜的间隙较大，细胞质中有较多椭圆形的囊泡状线粒体分布（图5-4-c）。

初级精原细胞，也叫A型精原细胞，沿生殖上皮分布，椭圆形或圆形，个体较大，胞径14.57±3.27微米细胞核较大，核径8.56±2.06微米，核质比约为0.59，嗜碱性较强，可见大核仁，中位或偏位，细胞质嗜碱性较弱，几乎不着色（图5-3-g）。电镜下显示，初级精原细胞的细胞核较大，多为中位，核内有一电子密度较高的大核仁，而细胞核与细胞质的电子密度无较大差别；核膜为两层结构，其间隙明显，呈波浪状；靠近核膜处的细胞质中有若干由颗粒状物质组成的拟染色质小体以及发达的内质网分布，拟染色质小体电子密度与核仁中的致密体相近，其周围有较多小型的线粒体富集（图5-4-d）。

次级精原细胞，也叫B型精原细胞，由初级精原细胞分裂而来，多为圆形，较初级精原细胞小，胞径为11.28±2.47微米，细胞核较大，中位，核仁不明显，核径为5.41±1.00微米，核质比约为0.48，细胞质嗜碱性较弱，着色较浅（图5-3-h）。随着性腺发育，次级精原细胞增殖，数量明显增加。电镜下显示，次级精原细胞的细胞核电子密度与初级精原细胞类似，核膜附近同样有拟染色质小体分布。细胞质中线粒体增大，切面呈圆形或椭圆形囊泡状，内质网较发达（图5-3-e）。正处于分裂期间的次级精原细胞其电子密度增大，细胞核内染色质高度浓缩，细胞质内的线粒体大量增加并在核周围聚集（图5-4-f和图5-4-g）。

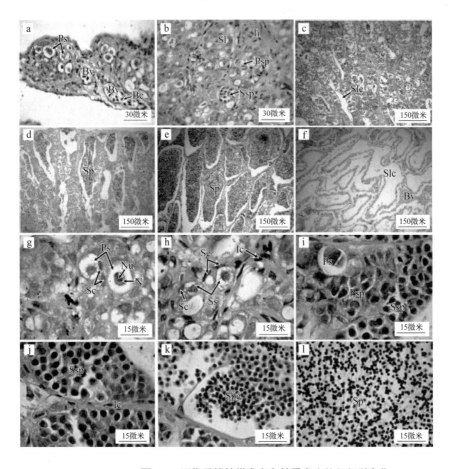

图5-3　四指马鲅精巢发育和精子发生的组织学变化

a. Ⅰ期精巢，纵切；b. Ⅱ期精巢，横切；c. Ⅲ期精巢；d. Ⅳ期精巢；e. Ⅴ期精巢；f. Ⅵ期精；g. 初级精原细胞、支持细胞和间质细胞；h. 次级精原细胞和支持细胞；i. 初级精原细胞、初级精母细胞和次级精母细胞；j. 次级精母细胞和间质细胞；k. 精细胞；l. 精子

Bc. 血细胞；Bv. 血管；Ic. 间质细胞；Ii. 小叶间质；N. 细胞核；Nu. 核仁；Ps. 初级精原细胞；Psp. 初级精母细胞；Sc. 支持细胞；Sl. 精小叶；Slc. 精小叶腔；Sp. 精子；Spe. 精细胞；Ss. 次级精原细胞；Ssp. 次级精母细胞

## （二）第Ⅱ期（精母细胞增长期）

在4月龄幼鱼中可观察到精巢发育至第Ⅱ期，该时期精巢长度和宽度略有增大，呈细带状，浅灰白色。横切面可见结缔组织向内部延伸，精小叶形成，呈卵圆形，尚

无腔隙形成，精小叶内可见大量初级精母细胞形成，成群排列，被支持细胞包围形成精小囊，极少数精小囊内出现次级精母细胞，总体来说该时期精巢发育表现出较好的同步性（图5-3-b和图5-4-h）。

初级精母细胞卵圆形或多边形，细胞膜不清晰，细胞质嗜碱性较弱，呈浅红色或透明的泡状，细胞核大且深染（图5-3-i），胞径为7.24±0.64微米，核径为4.75±0.80微米，核质比约为0.66。电镜下显示，初级精原细胞的细胞核较大，多为偏位，细胞核中染色质较分散且呈现不同的形状，电子密度较高，核膜仍为双层结构。细胞核外仍有拟染色质小体分布，电子密度高且周围附有较大的线粒体。细胞质中线粒体分区聚集（图5-4-h），体积变大，多为长卵形，内嵴结构增多（图5-4-i）。

（三）第Ⅲ期（精母细胞成熟期）

5～7月龄大部分幼鱼精巢处于第Ⅲ期，该期发育时间较长。此时精巢长度约占腹腔的一半，呈扁带状，分支部分为灰白色并略带浅黄色，合并部分为粉红色，表面微血管较多，肉眼清晰可见。组织学横切面显示精小叶中部开始形成狭长形的精小叶腔，小叶间质增厚，有较多微血管分布，被染成红色；精小囊内初级精母细胞逐渐分裂成次级精母细胞，且可观察到少数次级精母细胞发育成精细胞，精小囊内的生精细胞为同步发育（图5-3-c）。

次级精母细胞较初级精母细胞小，且嗜碱性增强，多为椭圆形，呈紫色，胞径为5.26±0.51微米，细胞核内染色质更浓缩，着色加深，核径为3.84±0.43微米，核质比约为0.73（图5-3-j）。电镜下显示，次级精母细胞的细胞核较初级精母细胞的小，电子密度增加，多为偏位（图5-4-f）。核膜附近较少发现有拟染色质小体，而线粒体则多为分布于核膜附近，个体较大，内嵴丰富，成群聚集，高尔基体形状典型（图5-4-j）。

（四）第Ⅳ期（精子开始出现期）

7～9月龄幼鱼的精巢发育至第Ⅳ期，该期精巢厚度增加，呈带状，乳白色，表面血管网更发达，长度超过腹腔的一半。组织学观察发现小叶腔内开始出现少量成熟精子（图5-3-d）。

此时次级精母细胞分裂形成大量的精细胞，精细胞嗜碱性增强，呈深紫色，圆形，胞径为3.23±0.35微米，明显小于次级精母细胞，细胞核进一步浓缩，呈圆形，较大且核膜模糊，不能与胞质区别（图5-3-k）。电镜下显示，精细胞染色质高度浓缩，处于变态期的精细胞的细胞核和细胞质的电子密度无明显差别，细胞核不易区分，细胞膜双层结构明显（图5-4-k）。

## （五）第Ⅴ期（精子完全成熟期）

最早在10月龄幼鱼观察到发育至第Ⅴ期的精巢，通常出现在繁殖季节。该期精巢体积达到最大，轻轻挤压腹部可见精液流出。此时大量精细胞已变态发育成精子，由于大量精小囊破裂，精子都被释放到精小叶腔中连成一片，呈深紫色（图5-3-e）；精子嗜碱性比精细胞强，着色加深，被染成蓝紫色，头部直径约为1.41±0.22微米，尾部为弯曲细线状，被染成红色（图5-3-1）。

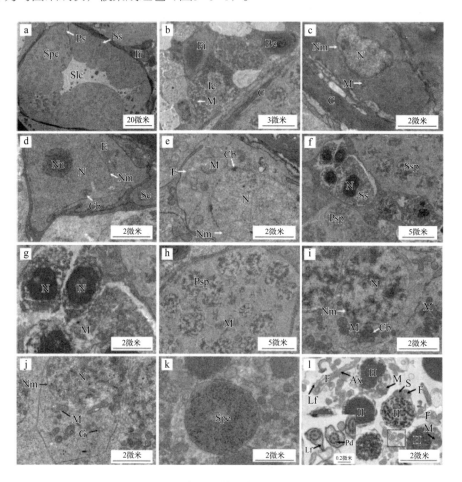

图5-4 四指马鲅精子发生的超微结构

a. 精小叶，精小囊、初级精原细胞和次级精原细胞（500×）；b. 小叶间质，间质细胞、成纤维细胞和血细胞；c. 支持细胞，细胞核和线粒体；d. 初级精原细胞，细胞核、核仁和内质网；e. 次级精原细胞，细胞核、线粒体和内质网；f. 次级精原细胞、初级精母细胞和次级精母细胞；g. f的放大，正在分裂的次级精原细胞，细胞核染色质浓缩和线粒体增加；h. 精小囊，初级精母细胞和线粒体；i. 初级精母细胞，细胞核和线粒体；j. 次级精母细胞，细胞核和线粒体；k. 精细胞，染色质浓缩；l. 精子，精子头部、线粒体和鞭毛
Ax. 轴丝；Bc. 血细胞；C. 结缔组织；Cb. 拟染色体；E. 内质网；F. 鞭毛；Fi. 成纤维细胞；G. 高尔基体；H. 头部；Ic. 间质细胞；Ii. 小叶间质；Lf. 侧鳍；M. 线粒体；N. 细胞核；Nu. 核仁；Nm. 核膜；Pd. 外周二联管；Ps. 初级精原细胞；Psp. 初级精母细胞；S. 袖套；Ss. 次级精原细胞；Ssp. 次级精母细胞；Spe. 精子细胞

电镜下显示，精子由头部、中部和尾部组成，头部前端未见顶体结构，大部分被细胞核占据，核膜与质膜紧密相接，细胞质较少，胞质中的线粒体数量减少，多偏于一侧，但体积较大，切面为圆形，内嵴丰富，细胞核内的染色体高度浓缩，为颗粒状或团块，电子密度极高；精子的尾部（鞭毛）较长，纵切面可见内部为线状轴丝，电子致密，横切面显示内部的轴丝为典型的"9+2"结构，由2对中央微管和9组外周二联微管组成，轴丝外侧有由细胞质膜向两侧扩张形成的侧鳍，呈不对称分布（图5-4-1）。

（六）第Ⅵ期（精子退化吸收期）

成熟排精后的精巢被归为第Ⅵ期，该期精巢略有萎缩，呈松弛带状，表面血管丰富，为粉红色。组织学观察显示，精小叶腔中的精子已排空，仅有少量精子残留，后期退化而被吸收，精小叶形态不规则，小叶间质混乱交错，变形扭曲，结缔组织增厚，血管丰富，有1~2层精原细胞沿小叶间质有规律排列，将进入下一轮的生长发育（图5-3-f）。

### 三、综合分析

（一）四指马鲅的精巢结构类型

关于硬骨鱼类精巢的组织结构、精巢发育以及精子发生的研究，在宏观的外形观察、微观的显微和超微结构以及细胞发生和分子调控机制等方面在国内外已较多报道。根据组织结构特点和生殖细胞排列方式和发育特点，一般将精巢分为小叶型（lobular type）和小管型（tubular type）两种，大多数硬骨鱼类的精巢属于小叶型结构。小叶型精巢分为壶腹型和辐射型，壶腹型精巢的基本单位是壶腹（又叫生精滤泡），这些壶腹不规则地排列在精巢内部，如黑脊倒刺鲃（*Spinibarbus caldwelli*）等；辐射型的精小叶呈片状，从精巢腹侧向背侧辐射，分布极规则，如粗唇鮠（*Leiocassis crassilabris*）等。

该研究结果表明，四指马鲅的精巢成对存在，位于腹腔背侧紧贴中肾和鳔的腹膜，后部融合呈"Y"字形；组织学上为典型小叶型精巢，与大多数硬骨鱼类一样；横切面显示精小叶从精巢腹部向背部有规则地辐射排列，是小叶型精巢中的辐射型。精小叶由外膜的结缔组织向实质部延伸形成小叶间质分隔，小叶间质主要由结缔组织、微血管、成纤维细胞、间质细胞等组成；小叶内精小囊排列规则，精小囊由支持细胞包围而成，同一精小囊内的生精细胞发育同步；精小囊内的生精细胞完全成熟后形成精子，精子被释放到小叶腔后通过输出管汇集充满输精管，这与大多数硬骨鱼类一致。鱼类精巢支持细胞的结构和功能研究一直为研究者所关注，支持细胞具有较强的可塑性，除了有结构的功能外，还有吞噬、营养、免疫等功能，在精子发生过程中起到关键作用，该研究中四指马鲅精巢的支持细胞在电镜下可见较厚的细胞膜和核膜，线粒体较发达，这可能与它的结构功能相适应。

（二）四指马鲅的精巢发育分期

目前关于精巢发育的分期尚无统一的划分规定，外国学者根据精巢外观及组织学特征，一般将其分为未成熟（immature）、发育（developing）、成熟（maturing）、排放（spawning）和排放后（spent）5个时期，而我国学者一般习惯将其划分为6个时期。本研究将四指马鲅精巢发育和精子发生过程分为6个时期，分别为第Ⅰ期（精原细胞增殖期）、第Ⅱ期（精母细胞增长期）、第Ⅲ期（精母细胞成熟期）、第Ⅳ期（精子开始出现期）、第Ⅴ期（精子完全成熟期）、第Ⅵ期（精子退化吸收期）。该研究结果显示，首次性成熟四指马鲅群体的精巢约3月龄时处于第Ⅰ期，精原细胞增殖；4月龄时精巢发育至第Ⅱ期，精原细胞分裂形成初级精母细胞并且不断增加，成群的精母细胞被支持细胞包围形成精小囊；最早在5月龄时发现有精巢腔出现，标志着精巢发育进入第Ⅲ期，直到7月龄时大部分精巢仍处于该时期，持续时间较长；7月龄时个别精小叶腔出现少量精子发育，表明精巢开始进入第Ⅳ期，且持续到9月龄仍处于该时期；最早在10月龄精巢发育成熟达到第Ⅴ期，精小叶腔扩大，精子形成，连成片状，通常发生在当年的繁殖季节。不同的鱼类中，精巢成熟的时间有较大差别，该研究中四指马鲅最早在10月龄开始性成熟，而布氏罗非鱼（*Tilapia buttikoferi*）在6月龄性成熟，卡拉白鱼（*Chalcalburnus chalcoides aralensis*）在23月龄性成熟，大鳞鲃（*Barbus capito*）在32月龄性成熟，长臀鮠（*Cranoglanis bouderius*）则在约36月龄才达到性成熟；此外，即使在同一种鱼类中，性腺发育进程易受盐度、温度、pH、光照周期以及种群密度等环境因子的影响。

（三）四指马鲅的精子发生

该研究发现，四指马鲅在精子发生过程中，生殖细胞经历了初级精原细胞、次级精原细胞、初级精母细胞、次级精母细胞、精细胞和精子6个发育阶段。在四指马鲅精子发生早期，可见在生殖上皮边缘存在两种类型的精原细胞，即初级精原细胞和次级精原细胞，也称为A型精原细胞和B型精原细胞，沿生殖上皮分布，椭圆形或圆形。初级精原细胞个体较大，核质比较高，细胞质嗜碱性极弱，几乎不着色。次级精原细胞较初级精原细胞小，核质比较小，这与鯔（*Mugil cephalus*）和南方鲇（*Silurus meridionalis*）等的研究结果基本一致。早期有相关研究认为A型精原细胞为精原干细胞，通过分裂产生B型精原细胞，通常B型精原细胞要经过7～8次有丝分裂才形成初级精母细胞，近年来国外也有相关研究结果与该观点相一致。更有趣的是，A 型精原细胞（初级精原细胞）的功能及迁移机制越来越受关注。四指马鲅精巢在第 Ⅰ 期和第 Ⅱ 期主要表现为精原细胞和精母细胞的增殖，具有较好的同步性；到第Ⅲ期时靠近精小叶腔一侧精小囊会先发育成熟，靠近小叶间质一侧的精小囊则发育较迟缓，表现出非同步的现象；到发育至第Ⅳ期，精小叶腔开始有成熟的精子出现，往后精子慢慢成熟，不断往小叶腔释放；当精巢发育至第Ⅴ期时，精子充满精小叶腔和输出管以及输精管，此时又表现为同步性。该模式被称为同步—非同步—同步的"追赶"现象，与鳗鲡（*Anguilla japonica*）等其他硬骨鱼类相似。

　　电镜结果显示，各级生精细胞的超微结构有着明显的差异。从细胞形状上看，四指马鲅精原细胞多为圆形，而精母细胞则多为椭圆形或多边形，可能是精母细胞普遍排列紧密，细胞相互挤压导致变形而呈现多种形态，这与黑鲔（*Girella leonina*）等鱼类的研究结果类似。众多研究结果表明，各时相生精细胞的细胞核电子密度也会发生明显变化，四指马鲅精原细胞的细胞核电子密度较低，但处在分裂期的精原细胞的核质会高度浓缩，电子密度显著增加；在精子发生的过程中核质逐渐浓缩，从而满足逐渐成熟并向下一阶段转化所必需的物质基础，这符合鱼类核质浓缩变化的一般规律，在黑鲔、粗唇鲀和孔雀鱼（*Poecilia reticulate*）等鱼类中也有类似的研究报道。在四指马鲅精子发生过程中，线粒体等细胞器发生明显的变化，特别在分裂期线粒体大量增加，聚集在细胞核附近，以保证足够的能量供应。总体看来，线粒体的变化由分散到聚集，数量由多变少，体积由小变大，内嵴由简单到复杂，这是与各级细胞结构相适应的。从精原细胞发育至精子，细胞体积逐渐下降，其他细胞器数量同时相应减少，因而所需能量相对减少，线粒体通过增大体积以及增加内嵴面积来提高能量供应效率。四指马鲅成熟精子由头部、中部和尾部组成。头部由高电子密度的细胞核所占据，前方不具顶体结构，精子鞭毛细长，内部轴丝为典型"9+2"结构，与大多数硬骨鱼类一致。鞭毛轴丝外部有由细胞质膜向两侧扩张形成的侧鳍，呈不对称分布，而在黑鲔等鱼类中侧鳍呈对称分布，说明在不同的鱼类中存在差异。研究结果认为侧鳍可增大鞭毛与水之间的接触面，提高精子的游泳速度，从而增大受精机会。但实际上侧鳍的具体生物学功能尚存在较大争议，仍有待进一步验证。

## 第二节　四指马鲅的卵子发生和卵巢发育

　　在鱼类繁殖生物学的研究过程中，卵巢发育及卵子发生是极为重要的研究内容。了解鱼类的卵巢发育特征从而确定其产卵类型，对于开展资源调查、种群结构、人工繁育及种质资源保护等研究都具有十分重要的意义。鱼类卵巢的外部特征和组织学结构，伴随年龄、季节的变化及性周期的运转而发生相应的变化，国内外学者先后对鱼类的卵巢发育过程在组织学、组织化学、细胞学及超微结构等方面开展了大量研究。目前，关于鱼类卵子发生过程、卵巢发育分期及产卵类型的划分等尚无统一标准。我国学者普遍都是综合前人的观点并结合卵巢发育的实际情况，将其发育过程划分为Ⅰ～Ⅵ时期，每一时期与卵母细胞的时相对应。

根据卵巢发育和卵母细胞发育特点，可以判断其产卵类型。据此，我国学者将卵巢发育分为完全同步型、部分同步型和不同步型；而产卵类型则一般根据卵巢发育类型相应的划分为两种：一次产卵类型和多次分批产卵类型。鱼类卵巢发育及卵子发生的形态学、组织学和超微结构等在四川华鳊（*Sinibrama taeniatus*）、布氏罗非鱼（*Tilapia buttikoferi*）、黑魢（*Girella leonina*）、高眼鲽（*Cleisthenes herzensteini*）、广东鲂（*Megalobrama terminalis*）、鲻（*Mugil cephalus*）等多数硬骨鱼类已有较多研究报道。

四指马鲅为中上层浅海鱼类，分布在热带、亚热带和温带沿海水域，主要分布在印度-西太平洋地区，波斯湾、新几内亚、澳大利亚、印度、日本、越南、东南亚及我国沿海均有分布。四指马鲅具有肉质鲜，生长快，营养高等特点，深受人们喜爱，养殖前景广阔，是我国重要的渔业资源和优良养殖品种。四指马鲅作为一种新开发的养殖经济鱼类，近年来主要在种群结构、遗传多样性、寄生虫病害、养殖生物学、发育生物学、苗种规模化培育等方面有较多的研究。但是关于四指马鲅卵巢发育及卵子发生过程尚缺乏系统的研究资料，近年来，Shihab等（2017）对印度沿海的四指马鲅野生群体的雌雄同体性腺和卵巢做了初步的形态观察和组织学研究，但鲜有养殖四指马鲅卵巢发育过程的研究报道。该研究基于课题组近几年来对四指马鲅的研究及调查资料，运用组织切片显微摄影技术对其卵巢发育和卵子发生过程进行观察，旨在确定四指马鲅卵巢发育类型和产卵类型，了解其在人工养殖条件下的卵巢发育规律，为提高人工繁育技术和开展种质资源保护研究提供理论依据，从而完善四指马鲅的繁殖生物学资料。

## 一、卵巢的组织结构特征

四指马鲅雌性个体具一对被膜型卵巢，位于中肾和鳔的腹面，消化道背侧；卵巢左右两侧大小无明显区别，前端由被膜独立分开，在后端靠近生殖孔处汇集融合，呈"Y"字形；早期卵巢为灰白色或浅黄色的短棒状，随着发育的进行逐渐变为半透亮黄色圆柱状或囊状（图5-5-a）。

卵巢横切面多为圆形或椭圆形，由卵巢壁、卵巢腔和产卵板组成（图5-5-b）；卵巢壁由外到内依次为腹膜、纵肌、环肌、白膜，环肌较纵肌厚，白膜向卵巢腔延伸构成指状或形态不规则的板层结构，即产卵板（图5-5-c）；产卵板边缘为生殖上皮，有卵原细胞分布，中央为结缔组织，有较多的毛细血管（图5-5-d）；输卵管周边有较多的动脉和静脉等血管分布，管壁肌肉层较发达（图5-5-e，f）。

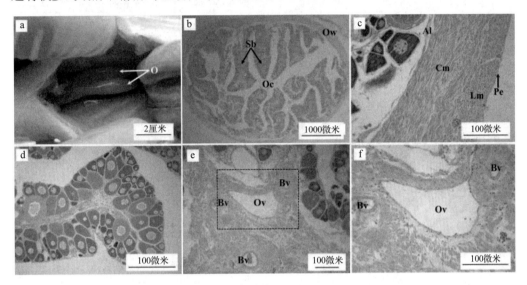

图5-5　四指马鲅卵巢组织结构

a. 卵巢解的剖结构；b. 卵巢横切面；c. 卵巢壁；d. 产卵板；e. 输卵管和血管；f. e的放大

Al. 白膜；Bv. 血管；Cm. 环肌；Lm. 纵肌；O. 卵巢；Oc. 卵巢腔；Ow. 卵巢壁；Ov. 输卵管；Pe. 腹膜；Sb. 产卵板

## 二、卵子发生过程

四指马鲅卵母细胞由卵原细胞分裂，在产卵板上发育形成。根据卵母细胞及其细胞核的直径大小、核仁分布、滤泡膜组成变化及卵黄物质的积累特征等，可将卵母细胞发育过程分为5个时相。

### （一）第Ⅰ时相（卵原细胞）

第Ⅰ时相为卵原细胞及其向初级卵母细胞过渡期，多分布在产卵板边缘的生殖上皮或初级卵母细胞周围。卵原细胞多为圆形或椭圆形，细胞界限模糊，细胞质嗜碱性较强，呈蓝紫色，细胞核大而明显，核内染色质浅紫色呈网状分布，核内具中央大核仁（图5-6-a），胞径为6.60～40.86微米，核径为4.42～19.17微米。处于有丝分裂中的卵原细胞，核膜及中央大核仁消失，核内染色质呈絮状零散分布（图5-6-b）。

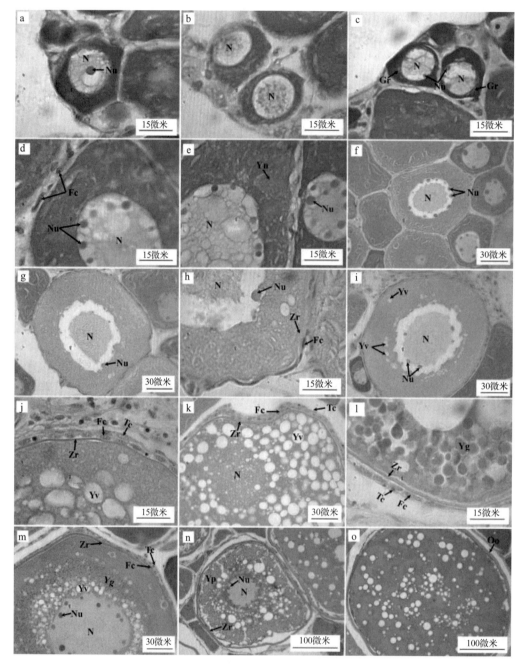

图5-6 四指马鲅的卵子发生过程

a. 第Ⅰ时相，中央大核仁；b. 第Ⅰ时相，有丝分裂；c. 第Ⅱ时相早期，核周小核仁和生长环；d. 第Ⅱ时相中期，滤泡细胞；e. 第Ⅱ时相中期，卵黄核；f. 第Ⅱ时相中期，核质间隙；g. 第Ⅱ时相晚期；h. 第Ⅱ时相晚期，放射带和滤泡细胞层；i. 第Ⅲ时相早期，卵黄泡；j. 第Ⅲ时相中期，鞘膜细胞层；k. 第Ⅲ时相晚期，卵黄泡增多；l. 第Ⅳ时相早期，卵黄颗粒

m. 第Ⅳ时相中期，卵黄颗粒增多；n. 第Ⅳ时相晚期，卵黄小板；o. 成熟卵子。Fc.滤泡细胞；Gr.生长环；N.细胞核；Nu.核仁；Oo.卵膜；Tc.鞘膜细胞；Yg.卵黄颗粒；Yv.卵黄泡；Yn.卵黄核；Yp.卵黄小板；Zr.放射带

（二）第Ⅱ时相（单层滤泡细胞形成）

第Ⅱ时相为初级卵母细胞形成到胞外滤泡细胞层完全形成，该阶段为卵母细胞小生长期，历时较长，细胞体积明显增大，胞径为15.04～153.35微米，核径为11.86～42.24微米，细胞着色变化明显，小核仁数量增加，多分布在细胞核外侧。

早期的Ⅱ时相卵母细胞为卵原细胞分裂形成，体积比卵原细胞稍大，圆形或不规则形，细胞质嗜碱性较强，核内无中央大核仁，紧贴核膜内缘有2～3个小核仁分布，均嗜碱性，呈蓝紫色，细胞核内染色质仍为强嗜碱性絮状，细胞质中出现生长环，弱嗜碱性，呈浅紫色（图5-6-c）。

中期的Ⅱ时相卵母细胞多分布在产卵板的中部，细胞切面呈卵圆形或不规则多边形，细胞质嗜碱性增强，呈深紫色，细胞核着色加深，呈紫红色，核质较均匀，核膜内缘小核仁增加至7～9个，卵母细胞周围有滤泡细胞开始形成，细胞扁平状，强嗜碱性，呈蓝紫色，紧贴卵母细胞（图5-6-d）；部分卵母细胞的细胞质中可观察到卵黄核，呈紫红色，为无膜包裹的团块状（图5-6-e）；部分卵母细胞出现无染色的核质间隙，核仁外移至核膜外侧（图5-6-f）。

晚期的Ⅱ时相卵母细胞嗜碱性减弱，呈浅紫色，体积明显增大，切面逐渐变为圆形或椭圆形，核质间隙逐渐增大，核仁多位于核膜外侧（图5-6-g）；此阶段卵母细胞外周的单层扁平滤泡细胞完全形成，紧贴细胞膜呈环状分布，滤泡细胞层和卵母细胞之间出现放射带，弱嗜酸性，呈粉红色（图5-3-h）。

（三）第Ⅲ时相（卵黄泡出现）

第Ⅲ时相卵母细胞体积进一步增大，开始进入大生长期，细胞直径为52.09～279.47微米，核径为32.06～99.22微米，细胞核占比减小。此阶段细胞质逐渐由弱嗜碱性向弱嗜酸性转变，以卵黄泡的出现作为进入该阶段的标志，另外鞘膜细胞开始形成。

早期的第Ⅲ时相卵母细胞弱嗜碱性，呈浅紫色，核质间隙较大。细胞质中开始出现卵黄泡，卵黄泡为椭圆形小空泡，不着色，可认为无内容物填充，多分布在靠近细胞核周围，靠近细胞膜一侧亦有少许分布（图5-6-i）。细胞质中的卵黄核消失，细胞核内有数个小核仁，核膜波曲不明显。放射带仍为弱嗜酸性，着色较浅。

中期的第Ⅲ时相卵母细胞卵黄泡增加，逐渐填充细胞质外侧，细胞质着色加深，呈紫色，细胞核着色不变，核仁个数有所减少，核质间隙消失，核膜不明显。此阶段卵母细胞周围的滤泡细胞外层形成一层鞘膜细胞，强嗜碱性，呈深紫色，扁平长梭形，较滤泡细胞小，放射带逐渐变成嗜碱性，呈红色，分两层，着色差异不大但界限明显（图5-6-j）。

晚期的第Ⅲ时相卵母细胞卵黄泡明显增多，几乎布满细胞质，少数卵黄泡内有嗜酸性物质，卵黄泡之间有少许卵黄颗粒形成，细胞核缩小，核仁数量减少，核膜不清晰，少数滤泡细胞由扁平状逐渐变成立方形，放射带无明显变化（图5-6-k）。

（四）第Ⅳ时相（卵黄充满）

第Ⅳ时相卵母细胞处于大生长期后期阶段，卵黄颗粒开始填充卵黄泡形成卵黄脂滴并逐渐板结成块状的卵黄小板，细胞体积进一步增大，细胞直径为124.02～436.9微米，核径为46.8～137.84微米。

早期的第Ⅳ时相卵母细胞体积增大，圆形或椭圆形，细胞核着色变浅，核仁位于核膜内侧，细胞质外缘的卵黄颗粒聚集成大颗粒状开始填充卵黄泡，卵黄颗粒强嗜酸性，呈橘红色，放射带增厚，滤泡细胞变成立方形，鞘膜细胞仍为扁平梭形（图5-6-l）。

中期的第Ⅳ时相卵母细胞卵黄颗粒逐渐填充卵黄泡，至细胞核附近均被染成红色，呈一大圆环，细胞核弱嗜碱性，呈粉红色，核仁个数较多，均分布于核膜内侧，核膜锯齿状，界限清晰，放射带颜色加深，呈火红色，滤泡细胞层和鞘膜细胞层无明显变化（图5-6-m）。

晚期的第Ⅳ时相卵母细胞卵黄泡逐渐减少，仅在细胞核附近分布有卵黄泡，卵黄颗粒逐渐板结连成形成卵黄小板，强嗜碱性，呈深红色，几乎充满整个细胞质，细胞核被挤压而明显缩小并逐渐移向一侧，核内仍有数个核仁，分布于核膜内侧，放射带增厚，颜色加深，呈紫红色，滤泡细胞变回扁平状，鞘膜细胞层极薄（图5-6-n）。

（五）第Ⅴ时相（成熟卵子）

第Ⅴ时相卵母细胞为成熟卵子，其切面为圆形，直径为348.02～462.84微米；细胞核溶解，细胞外围无滤泡细胞层及鞘膜细胞层包裹；此时脱离产卵板落入卵巢腔中，呈游离状态；卵膜较厚，呈橘黄色，与卵质区分明显；卵质内卵黄小板连成片状并相互融合，强嗜碱性，呈深红色（图5-6-o）。

## 三、卵巢发育组织学特征

根据四指马鲅卵巢的解剖学特征、各时相卵母细胞的数量和面积占比变化，并参照常用的硬骨鱼类性腺发育分期方法，可将其卵巢发育过程分为6期。

## （一）第Ⅰ期

Ⅰ期卵巢细线状，紧贴中肾腹侧，呈灰白色，从外观上不能与精巢区分。早期组织学观察发现卵巢腔出现，标志着卵巢分化形成，此时尚未形成明显的产卵板，卵巢壁较薄，内部有卵原细胞成簇分布，嗜碱性较强，呈紫色（图5-7-a）。晚期嗜碱性增强，产卵板完全形成，呈指状向卵巢腔延伸，卵原细胞逐渐增多，多分布在产卵板边缘，有少量早期的Ⅱ时相卵母细胞形成（图5-7-b）。

该时期卵巢主要由卵原细胞和早期Ⅱ时相卵母细胞组成，其中卵原细胞占大多数，为79.12%，面积占比为69.73%，早期的Ⅱ时相卵母细胞占20.88%，面积占比为30.27%（图5-8-a）；此时卵径均小于50微米，主要分布在6.60～40.863微米范围（图5-8-b）。

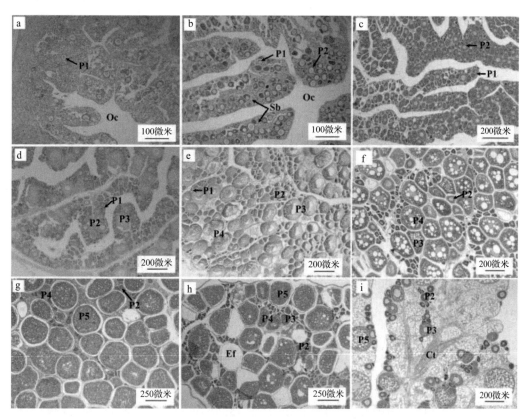

图5-7　四指马鲅卵巢发育组织学特征

a，b. Ⅰ期；c，d. Ⅱ期；e. Ⅲ期；f. Ⅳ期；g，h. Ⅴ期；i. Ⅵ期

Ct. 结缔组织；Ef. 空滤泡；Oc. 卵巢腔；P1. 第Ⅰ时相卵母细胞；P2. 第Ⅱ时相卵母细胞；P3. 第Ⅲ时相卵母细胞；P4. 第Ⅳ时相卵母细胞；P5. 第Ⅴ时相卵母细胞；Sb. 产卵板

（二）第Ⅱ期

Ⅱ期卵巢短棒状，呈透亮黄色，表面出现毛细血管，外观上与精巢区别明显。早期嗜碱性增强，呈深紫色，产卵板延伸布满卵巢腔，多有分叉交错，卵原细胞沿产卵板外缘有规则排列，中部有大量Ⅱ时相卵母细胞形成（图5-8-c）。晚期嗜碱性减弱，呈浅紫色，产卵板面积增大，多有分叉，中部出现空白间隙，有少量Ⅲ时相卵母细胞形成（图5-8-d）。

该时期主要以Ⅱ时相卵母细胞为主，其数量占比增加至58.2%，面积占比为68.54%；卵原细胞个数减少至35.65%，面积占比为17.3%；Ⅲ时相卵母细胞占比为9.23%，面积占比为21.50%（图5-8-c）。卵径呈单峰分布，分布范围明显扩大，在6.6～247.47微米，其中6.6～50微米所占比例最高，为61.70%，其次为50～100微米，占33.51%（图5-8-d）。

（三）第Ⅲ期

Ⅲ期卵巢为饱满指状，呈透亮金黄色，表面毛细血管增加，多有分支，呈网状分布，卵巢内可见卵粒，不易剥离。卵巢切片嗜碱性减弱，呈紫红色，产卵板之间几乎连成片状，边缘有少数卵原细胞，中部主要为Ⅱ时相和Ⅲ时相卵母细胞，已有少数早期Ⅳ时相卵母细胞形成，其切面多为圆形或椭圆形（图5-7-e）。

该时期Ⅲ时相卵母细胞个数明显增加，占比为31.68%，其面积占主要优势，为54.21%；Ⅱ时相卵母细胞占36.63%，面积为25.91%；卵原细胞占28.45%，面积为10.32%，Ⅳ时相卵母细胞仅占3.23%，面积占比为9.55%（图5-8-e）。卵径仍呈单峰分布，范围在10.05～269.38微米，其中10.05～50微米占42.89%，50～100微米占29.49%，大于100微米占27.62%（图5-8-f）。

（四）第Ⅳ期

Ⅳ期卵巢体积明显增大，为囊状，呈暗黄色，表面血管网丰富，卵巢内卵粒明显，较易剥离。卵巢切片嗜碱性较弱，呈紫红色，同时存在Ⅰ、Ⅱ、Ⅲ、Ⅳ时相的卵母细胞，互相交错分布，产卵板间无明显界限（图5-8-f）。

该时期以Ⅱ时相和Ⅳ时相卵母细胞为主，分别占56.09%和45.63%，Ⅳ时相卵母细胞面积占比为84.78%，占绝对优势（图5-8-g）。卵径分布范围扩大到30.4～462.84微米，呈小双峰分布，在50～100微米间为高峰，占44.61%，在200～250微米间为低峰，占11.44%（图5-8-h）。

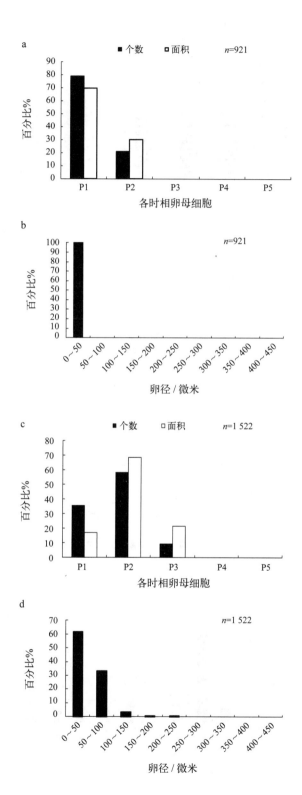

图5-8　四指马鲅不同时期卵巢各时相卵母细胞数量及面积占比和卵径分布特征

a，b. Ⅰ期；c，d. Ⅱ期；e，f. Ⅲ期；g，h. Ⅳ期；i，j. Ⅴ期

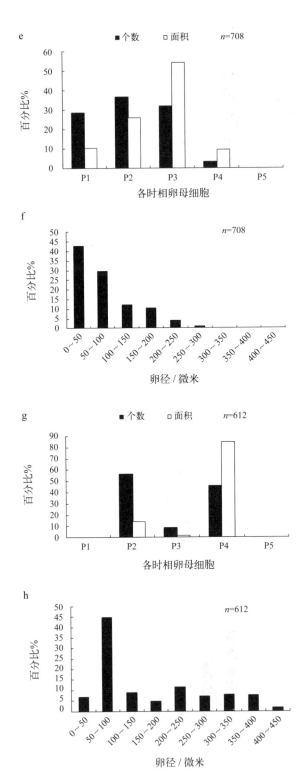

图5-8 四指马鲅不同时期卵巢各时相卵母细胞数量及面积占比和卵径分布特征（续）

a，b. Ⅰ期；c，d. Ⅱ期；e，f. Ⅲ期；g，h. Ⅳ期；i，j. Ⅴ期

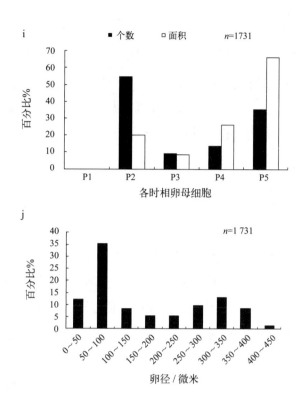

图5-8　四指马鲅不同时期卵巢各时相卵母细胞数量及面积占比和卵径分布特征（续）

a, b. Ⅰ期；c, d. Ⅱ期；e, f. Ⅲ期；g, h. Ⅳ期；i, j. Ⅴ期

（五）第Ⅴ期

Ⅴ期卵巢呈极度膨大囊状，占满腹腔，呈橘黄色，表面血管网发达，轻压腹部有透亮的浅黄色卵子排出。组织切片着红色，大量成熟卵子充满卵巢腔，此外还存在较多的Ⅱ时相和Ⅳ时相卵母细胞，卵原细胞和Ⅲ时相卵母细胞少见有分布（图5-7-g）。卵巢成熟经第一次产卵后体积有所减小，呈松弛囊状，表面血管丰富；卵巢内结缔组织增多，卵巢腔间隙变大，主要以各阶段的Ⅱ时相和Ⅳ时相卵母细胞为主，细胞排列疏松，中间可见较多空滤泡以及泡沫状的退化卵，该时期停留时间较短；随后再次成熟，进行二次产卵，此时Ⅱ时相和Ⅴ时相卵母细胞较多，细胞间排列疏松，同时Ⅲ时相和Ⅳ时相卵母细胞增多，其中有较多的空滤泡和明显的产卵痕迹（图5-7-h）。

该时期主要以Ⅱ时相和Ⅴ时相卵母细胞为主，分别占54.60%和35.41%，但Ⅴ时相卵母细胞的面积占比远高于Ⅱ时相卵母细胞，为66.16%，Ⅱ时相卵母细胞面积占比只有19.98%（图5-8-i）。卵径分布范围进一步扩大，在37.88～462.84微米范围呈双峰分布，在50～100微米和300～350微米出现峰值（图5-8-j）。

## （六）第Ⅵ期

繁殖期过后，经完全产卵后的卵巢进入Ⅵ期，卵巢萎缩，呈干瘪囊状，暗红色，表面血管发达。卵巢内部结缔组织和血管增多，卵巢腔缩小，产卵板片状，边缘有Ⅱ时相卵母细胞有规则排列，中部有少量早期Ⅲ时相卵母细胞，未排出的Ⅴ时相卵母细胞逐渐被消化吸收，呈空泡化连成网状（图5-7-i）。

## 四、综合分析

### （一）四指马鲅的卵巢结构

鱼类卵巢一般成对分布在腹腔的肠系膜背侧和中肾腹侧，但是在多数卵胎生鱼类只有一个被膜型的卵巢。该研究结果表明，四指马鲅具一对卵巢，前端左右分离，后端融合，呈"Y"字形，表面血管网丰富，与大多数体外受精的硬骨鱼类相似。组织切片观察显示，四指马鲅卵巢横切面为圆形或椭圆形，从外到内依次为腹膜层、肌肉层、白膜及生殖上皮等组成。腹膜层较薄，与肠系膜类似，为结缔组织；肌肉层有两层，呈外环内纵分布，纵肌明显比环肌厚，具有较强的收缩性，这样更有利于发育过程中体积的增大；白膜层由结缔组织、肌纤维和血管等组成，该层的生殖上皮向卵巢腔突起延伸，形成大小不一的指状产卵板。卵巢腔是成熟卵子的主要储存场所，一般认为卵巢腔的出现是卵巢分化形成的标志。输卵管是生殖系统的重要组成部分，四指马鲅输卵管的汇合处前端紧贴着卵巢壁，有一小口与卵巢腔相接，其周围有较多的血管分布，以提高血氧供应，保证产卵的顺利进行。这与布氏罗非鱼、松江鲈鱼（*Trachidercnus fasciatus*）、广东鲂、黄海高眼鲽等大多数硬骨鱼类基本相同。但与剑尾鱼（*Xiphophorus helleri*）、食蚊鱼（*Gambusia affinis*）、褐菖鲉（*Sebastiscus marmoratus*）等卵胎生鱼类的卵巢在组织学上具有明显的区别。

### （二）四指马鲅的卵子发生特点

四指马鲅的卵原细胞有两种形态，卵原细胞早期核质比较高，嗜碱性强，具中央大核仁，后期进行有丝分裂时核膜、核仁逐渐溶解消失，只见细胞核内染色质呈网状分布，将这两种类型的卵原细胞划分为第Ⅰ时相，这与四川华鳊、高眼鲽的研究结果类似。在进入Ⅱ时相时，卵母细胞在细胞核内侧出现若干小核仁，此时卵母细胞呈弱嗜碱性，一般将其划分为Ⅱ时相的早期，并作为进入小生长期的标志。在Ⅱ时相中期，卵母细胞边缘开始出现滤泡细胞，滤泡细胞在卵子发生过程中具有分生增殖的功能，在卵母细胞退化时，滤泡细胞可分化出巨噬细胞将退化的卵母细胞进行消化吸收。该研究发现，四指马鲅卵母细胞在Ⅱ时相晚期只有一层滤泡细胞，而在

Ⅲ时相中期分化成两层，外层为鞘膜细胞，内层为颗粒细胞，与四川华鳊、黑鲹、犬首鮈（*Siberian gudgeon*）、金钱鱼（*Scatophagus argus*）等的研究结果类似。四指马鲅部分卵母细胞在Ⅱ时相中期在细胞质边缘有卵黄核形成，在Ⅲ时相消失，这与四川华鳊、长鳍吻鮈（*Rhinogobio ventralis*）、剑尾鱼等多数硬骨鱼类一致。大量研究表明，卵黄核内部主要为线粒体、高尔基体和内质网等，可为卵黄物质的积累提供能量，并参与卵黄小板的形成，但关于其形成和迁移机制尚不明确，需要进一步研究。

鱼类卵子发生过程中卵黄物质的积累备受关注，四指马鲅在Ⅲ时相卵母细胞早期开始在细胞质的外侧和细胞核附近开始出现卵黄泡，直到晚期结束卵黄泡充满卵母细胞的细胞质，而在Ⅳ时相早期卵母细胞的细胞质外侧出现卵黄颗粒开始充满卵黄泡并逐渐形成脂滴状，在晚期时板结成卵黄小板连成片状几乎布满细胞质，这与犬首鮈、圆斑星鲽（*Verasper variegates*）、半滑舌鳎（*Cynoglossus semilaevis*）等相似，不同的是四指马鲅在Ⅲ时相晚期就在卵黄泡之间有少许卵黄颗粒形成。研究发现，圆口铜鱼（*Coreius guichenoti*）的卵黄泡最早在Ⅱ时相晚期卵母细胞的细胞膜附近出现，并向细胞核逐渐填充，在卵黄泡出现的同时，卵黄颗粒随即出现在细胞质边缘；四川华鳊在当卵黄泡积累至3~5层时，嗜酸性卵黄物就开始大量积累于卵黄泡内，卵黄泡与卵黄物质的出现呈此消彼长的发育模式；高眼鲽的卵母细胞则先出现卵黄，随后出现卵黄泡；欧洲黄盖鲽（*Limanda limanda*）在卵子的发生过程中，卵黄泡、脂滴和卵黄颗粒等卵黄物质是同时出现的；金钱鱼的卵黄物质出现顺序是先油滴（脂肪泡）后卵黄球。由此可见，在不同的鱼类中卵黄泡及卵黄颗粒出现的时间和位置有所不同，这与营养吸收方式不同有关，同时遗传物质及长期环境影响的不同使得鱼类卵母细的发育和生长有一定的差异。

### （三）四指马鲅的卵巢发育及产卵类型

卵巢的发育分期综合各时相卵母细胞数量和面积占比及其发育的自身特点对其发育过程进行分期。林鼎等按卵细胞形态结构和其不同时相在卵巢中的主次结构将日本鳗鲡（*Anguilla japonica*）的卵巢发育归纳为卵原细胞期、单层滤泡期、脂肪泡期、卵黄充满期、核极化期和退化期6期。本研究参考对黄海高眼鲽和黑鲹卵巢发育时期的划分方法，根据在卵巢横切面上面积占比最大的时相卵母细胞及卵巢发育特点将四指马鲅卵巢发育过程分成6个时期，与大多数硬骨鱼类一致。

根据卵母细胞的发育特点，一般将鱼类卵巢发育分为三种类型：完全同步型、部分同步型和不同步型；产卵类型一般分为两种：一次产卵类型和多次产卵类型。该研究发现，四指马鲅卵巢在Ⅱ期时就同时存在Ⅰ、Ⅱ、Ⅲ时相的卵母细胞，此时Ⅲ时相的卵母细胞占比相对较少，开始表现出发育的不同步性；Ⅲ期时Ⅲ时相卵母细胞个数明显增加（31.68%），其面积占主要优势（54.21%），此外还有较多的Ⅱ时相卵母细胞（36.63%）和卵原细胞（28.45%），可见该期各时相卵母细胞数量占比相近，仅有一小批卵母细胞优先往前发育；Ⅳ期时以Ⅱ时相和Ⅳ时相卵母细胞为主，分别占56.09%和45.63%，卵径分布开始呈一大一小的双峰分布；Ⅴ期主要以Ⅱ时相和Ⅴ时相的卵母细胞为主，卵径呈明显双峰分布。四指马鲅卵巢经Ⅴ期成熟产卵后，卵巢中仍存在大量的Ⅱ时相和Ⅳ时相的卵母细胞，其中Ⅳ时相卵母细胞的面积占比占绝对优势，该组织特征表明，四指马鲅不久后将会进行再一次产卵；四指马鲅在进行二批或多批产卵时卵巢中成熟卵子排列较首次疏松且有明显的产卵痕迹；经产卵结束后的卵巢无Ⅳ时相卵母细胞，只有少数早期Ⅲ时相和Ⅱ时相卵母细胞存在。这与布氏罗非鱼、高眼鲽、金钱鱼等的研究结果类似。据此，可判断四指马鲅卵巢发育模式为非同步发育，产卵类型属分批产卵类型。根据实际生产经验，四指马鲅亲鱼的繁殖期一年只出现一次，5—9月为产卵期。

# 第三节　雌、雄同体和性逆转

鱼类雌雄同体是较常见的一种繁殖策略，性逆转现象在热带及亚热带的海水鱼类中普遍存在，如马鲅科（Polynemidae）、鮨科（Serranidae）、雀鲷科（Pomacentridae）、隆头鱼科（Labridae）、鲷科（Sparidae）及大多数珊瑚礁鱼类等23个科，已发现有约500种鱼类存在自然性逆转现象。性腺先分化为精巢，待其成熟后，通过性逆转过程而转变成卵巢的称为雄性先熟雌雄同体（protandrous hermaphroditism），如黑鲷（*Acanthopagrus schlegeli*）、黄鳍鲷（*Acanthopagrus latus*）等；反之，由卵巢转变成精巢的称为雌性先熟雌雄同体（protogynous hermaphroditism），石斑鱼（*Epinephelus* sp）、黄牙鲷（*Dentex tumifrons*）、黄鳝（*Homopterous albums*）等为此类型。

马鲅科鱼类中大多数种类为雄性先熟雌雄同体，少数为雌雄异体。早期的研究报道表明，四指马鲅在澳大利亚为雄性先熟雌雄同体，而在印度和新加坡则发现是雌雄异体，似乎在不同水域其繁殖策略有明显差异。但近年来，有详细的组织学证据表明印度沿海的四指马鲅群体同样存在雌雄同体现象。目前，我国无论是野生群体或养殖群体四指马鲅性逆转现象研究极少。该节从组织学、细胞学方面对人工养殖的四指马鲅进行初步研究，以期了解其性逆转过程中性腺发育变化特征，丰富其繁殖策略的研究资料。

## 一、各形态性状和性别比例统计

7月龄四指马鲅各形态性状和性别比例见表5-2。由表5-2可以发现，四指马鲅在该阶段存在雄性、雌性和雌雄同体（性逆转时期）三种类型的个体。在收集的228尾样本中，其中雄性为195尾，占比具有显著优势，为85.53%；雌性为13尾，占比仅为5.70%；雌雄同体为20尾，占比为8.77%。测量了该时期三种个体的体质量、全长、体长、体高、尾柄长、尾柄高等形态性状数据进行统计分析，发现其在形态形状上差异不明显，在外形上不能分辨。将雌雄同体四指马鲅的体质量与全长、体长、体高分别进行相关性分析和曲线拟合，结果显示体质量与全长的相关方程为：$y = 0.6568x^2 - 12.431 \times 56.718$（$R^2 = 0.9164$）（图5-9-a）；体质量与体长的相关方程为：$y = 0.0147x^{3.0755}$（$R^2 = 0.8698$）（图5-9-b）；体质量与体高的相关方程为：$y = 2.0054x^{2.6029}$（$R^2 = 0.8333$）（图5-9-c）。

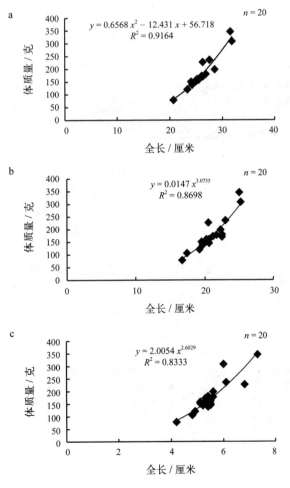

图5-9　四指马鲅性逆转时全长、体长、体高与体质量的关系

表5-2 四指马鲅各形态性状和性别比例统计（n=228）

| 性别 | 体质量（克） | 全长（厘米） | 体长（厘米） | 体高（厘米） | 样本量（尾） | 比例（%） |
|---|---|---|---|---|---|---|
| 雄性（♂） | 192.69±74.65 | 26.40±3.15 | 21.16±2.51 | 5.64±0.82 | 195 | 85.53 |
| 雌性（♀） | 191.34±79 | 26.54±3.8 | 21.38±2.93 | 5.46±0.68 | 13 | 5.7 |
| 雌性同体（♀/♂） | 193.71±68.76 | 26.3±2.37 | 21.32±1.77 | 5.81±0.85 | 20 | 8.77 |

## 二、性腺的解剖学和组织学特征

7月龄四指马鲅发现有三种个体，即雄性、雌性和雌雄同体，对应的性腺为精巢、卵巢和雌雄同体性腺。

精巢扁平带状，呈灰白色（图5-10-A），横切面中间宽两端窄，呈梭形，内部精小叶呈辐射型分布（图5-10-a）。早期的卵巢为短棒状，呈橘黄色，表面血管明显（图5-10-B），横切面呈圆形或椭圆形，卵巢壁较厚，内部为产卵板，由卵巢壁向内部突起，呈指状（图5-10-b）。

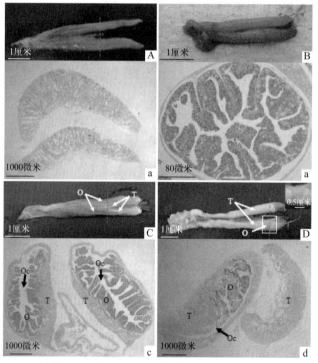

图5-10 四指马鲅性腺的解剖结构和组织结构

A.精巢解剖结构；a.精巢横切面；B.卵巢；b.卵巢横切面；C，D.雌雄同体性腺解剖结构；

c，d.雌雄同体性腺横切面

O.卵巢；Oc.卵巢腔；T.精巢

雌雄同体性腺有两种类型，第一种性腺呈肉质厚带状或棒状，性腺的两支从头到尾均为雌雄同体，两支大小无明显区别，外表观察可分辨出两背内侧为精巢，呈白色，两腹外侧为卵巢，呈浅黄偏红色（图5-10-C），该性腺横切面为长椭圆形，两内侧为精巢，被膜较薄，两外侧为卵巢，被膜较厚，精巢和卵巢间有类似精小叶间质的结缔组织隔开，卵巢部分卵巢腔明显，产卵板指状分布，尚未充满卵巢腔（图5-9-c）；第二种性腺呈肉质厚带状，一般为乳白色，有卵巢部分为浅黄色；两支性腺其中一支的前端为雌雄同体，中部及后端为精巢，另一支则全为精巢，雌雄同体的一支较为均匀粗大（图5-9-D）。精巢一支的横切面为长梭形，雌雄同体一支的横切面为长椭圆形，精卵巢分布与第一种不同，卵巢部分从外侧某一处向内凹陷，中间有狭长的卵巢腔，产卵板指状由外侧向内突起，卵巢部分被膜较厚，卵巢两端为精巢组织，被膜较薄（图5-9-d）。

## 三、性逆转过程的组织学变化

根据雌雄同体性腺发育的形态学和组织学特征，可将四指马鲅性逆转过程分为早期、中期和晚期三个阶段。

### （一）早期

性逆转早期的性腺解剖学上呈灰白色，扁平带状，与典型的雄性精巢无异。组织学观察显示，该阶段的性腺切面长梭形，有一空大的卵巢腔形成，具卵巢腔一侧的被膜较厚，与典型的卵巢壁类似，而精巢一侧则与典型精巢一样（图5-11-a）；此时卵巢腔中产卵板尚未完全形成，仅一端有呈短指状的结缔组织沿性腺内壁向内突起，呈波浪状分布，在靠近卵巢腔一侧有卵原细胞零散分布，卵原细胞呈圆形，细胞核较大，中位，嗜碱性较强，被染成紫色，而细胞质不着色（图5-11-b）；与精巢侧交界处有一到两层卵原细胞，精巢与卵巢的界限为一小层结组织，与精小叶间质类似，且界限不明显（图5-11-c）；精巢部分与典型的原始性精巢一样，精小叶中存在精子发生过程中的各级生精细胞，精小叶腔中已有较多的成熟精子形成，部分精小叶中精子已排空（图5-11-d）。

### （二）中期

随着发育进行，性腺呈厚带状或棒状，外观上可分辨出两背内侧呈乳白色，为精巢部分，两腹外侧呈肉红色为卵巢部分。组织学观察显示，性腺的横切面呈椭圆形，性腺外层被膜部分明显增厚，精巢和卵巢的分界结缔组织增厚而变得界限分明，有较多的血管分布，卵巢侧向精巢侧挤压发育而增大，产卵板完全形成，呈分叉的指状，占据2/3的卵巢腔（图5-11-e），大部分卵原细胞发育成第Ⅱ时相的卵母细胞，分布在产卵板内部，嗜碱性增强，细胞质被染成深紫色，与典型的Ⅱ期卵巢的组织学特征一致（图5-11-f）；精巢部分的精小叶间的结缔组织明显增厚，呈紫红色，精小叶腔中成熟精子密度减小（图5-11-g），精小叶边缘的精母细胞退化，结构不清晰，界限模糊，连成块状，嗜碱性强，呈蓝紫色（图5-11-h）。

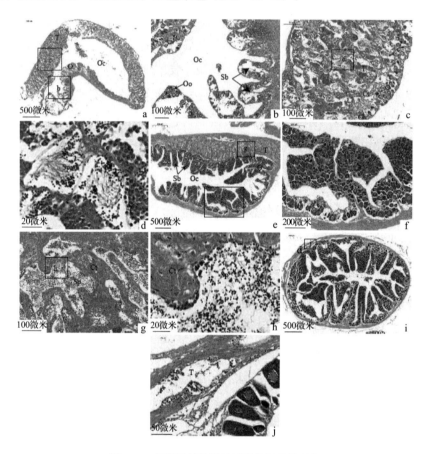

图5-11　四指马鲅性逆转过程的组织学观察

a. 性逆转早期，性腺横切面；b. a的局部放大，卵巢腔、产卵板和卵原细胞；c. a的局部放大，精巢部分；
d. c的局部放大，精小叶；e. 性逆转中期，性腺横切面；f. e的局部放大，卵巢；g. e的局部放大，精小叶
和小叶间质；h. g的局部放大，精子；i. 性逆转晚期，性腺横切面；j. i的局部放大，性腺边缘的精小叶
Bv. 血管；Ct. 结缔组织；O. 卵巢；Oc. 卵巢腔；Oo. 卵原细胞；P2. 第Ⅱ时相卵母细胞；Sb. 产卵板；
Sp. 精子；T. 精巢

（三）晚期

性逆转晚期的性腺多为棒状，呈橘黄色，与典型的雌性卵巢外观特征类似。组织切片观察显示，性腺的横切面呈卵圆形，基本转变为卵巢组织，产卵板发达，充满卵巢腔，卵母细胞大部分处于Ⅱ时相阶段，与Ⅱ期卵巢的组织学特征类似（图5-11-i）；在

性腺一侧的边缘有一小层精小叶结构，小叶内精子退化，内部仅有少数的强嗜碱性小颗粒分布（图5-11-j）。

## 四、性逆转过程中的细胞凋亡

四指马鲅性逆转早期，精巢侧主要出现在外侧边缘及内部的精小叶检测到凋亡细胞，可见较强的凋亡信号，且密度较大（图5-12-a）；在卵巢侧，凋亡细胞主要出现在卵巢壁及向卵巢腔突起的部分结缔组织，卵巢壁的凋亡信号较强，结缔组织的凋亡信号较弱（图5-12-b）。四指马鲅性逆转中期，精巢侧的凋亡细胞主要出现在内部精小叶，信号较早期时减弱，密度减小（图5-12-c）；卵巢侧主要在卵巢壁和产卵板边缘检测到有少数凋亡细胞，凋亡信号减弱（图5-12-d）；四指马鲅性逆转晚期，仅在性腺的一侧边缘少部分精巢残迹处检测到有较多的凋亡细胞，凋亡信号较强（图5-12-e）；而在卵巢壁部分未检测到有凋亡细胞，内部的产卵板部分仅有极少数的凋亡细胞，且其凋亡信号微弱，几乎很难检测到（图5-12-f）。

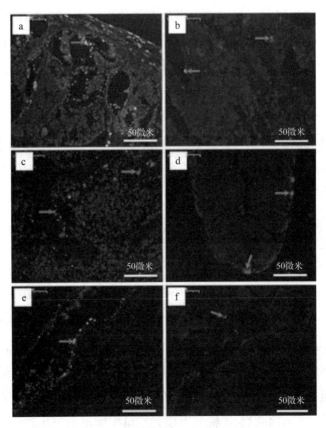

图5-12　四指马鲅性逆转过程中的细胞凋亡（绿色荧光）

a.性逆转早期，精巢侧；b.性逆转早期，卵巢侧；c.性逆转中期，精巢侧；
d.性逆转中期，卵巢侧；e.性逆转晚期，精巢侧；f.性逆转晚期，卵巢侧

## 五、综合分析

### （一）四指马鲅性逆转的特点

早期的研究报道表明，四指马鲅在澳大利亚地区为雄性先熟雌雄同体，而在印度和新加坡沿海则发现是雌雄异体，似乎其繁殖策略会因不同的生态环境而异。但近年来，有详细的组织学证据表明印度沿海的四指马鲅群体同样存在雌雄同体现象，为雄性先熟雌雄同体，与澳大利亚沿海的群体一样。该研究显示，在水温28～30.7 ℃循环水养殖7月龄的四指马鲅群体中，经过性腺的形态学和组织学鉴定，该群体同时存在雄性、雌性及雌雄同体三种个体，它们在外形上并无差异体征，因而从外形上不能将它们区别开来；经统计发现其性别比例明显偏向于雄性，且占绝对优势；此外，平时在养殖早期的小样本检测中几乎都是雄性个体，这符合顺序性雌雄同体鱼类的一般特征。Chopelet等（2009）认为鱼类的雌雄同体和偏性别比例会导致其有效种群大小降低而提高遗传结构。Shihab等（2017）对印度沿海野生种群的研究结果显示，雄性个体平均全长约为24厘米，平均体质量为300克，雌性个体平均全长约为38厘米，平均体质量约为806克，雌雄同体的平均全长约为32厘米，平均体质量约为400克，介于前两者之间，与澳大利亚沿海种群的研究结果类似，其性逆转符合临界年龄-大小阈值理论。而该研究中，三种类型的四指马鲅个体在体质量、全长、体长、体高等形态性状上并无明显差异，基于较高且稳定的养殖水温，推测该研究中观察到的四指马鲅性逆转现象可能是由于高温诱导使其提前发生性逆转，但需要进一步研究验证。另外，该研究中观察到有5.7%的雌性个体，可能是在早期性别分化时直接形成，也有可能是后期通过性逆转由雄性转变而来，目前尚未能明确其形成方式。

该研究结果表明，四指马鲅雌雄同体性腺有两种类型，大部分为两背内侧呈乳白色，为精巢组织，两腹外侧呈浅黄偏红色，为卵巢组织，这种情况与国外学者对野生四指马鲅种群雌雄同体的研究结果一致；而个别为两支性腺中，其中一支全为精巢组织，另一支在前端有一小部分为卵巢组织，中部和后端为精巢组织，该情况与已有的报道不同。雌雄同体的性腺中，精巢侧的组织特征与Ⅳ期或Ⅴ期的原始性精巢一样，已有成熟的精子形成，达到性成熟状态；而卵巢侧的组织结构与Ⅰ期或Ⅱ期的原始性卵巢一致，主要为卵原细胞和Ⅱ时相早期卵母细胞，产卵板正在发育或已形成。性逆转过程的组织变化特征表现为精巢组织逐渐退化直到消失，卵巢组织逐渐形成并发育至Ⅱ期卵巢；在整个性逆转过程中，在精巢侧组织和卵巢侧的产卵板及结缔组织均检测到凋亡细胞信号，且精巢侧的凋亡细胞密度较大，凋亡信号较强，卵巢侧的凋亡细胞密度很小，凋亡信号微弱，这再次验证四指马鲅性逆转过程是精巢退化卵巢增长的过程。该研究结果表明，四指马鲅为雄性先熟雌雄同体，与Shihab等的研究结果一致。

### （二）环境因子对四指马鲅性逆转的影响

野外调查和相关实验表明，社会和行为因素通常会触发该种鱼类从一种性别向另一种性别转变，例如将性别比例占绝对优势的雄鱼或雌鱼从该雌雄同体的鱼类中去除后，将会引发剩余的个体合理地发生相应的性别转变。此外，大量研究表明，环境中的温度和激素浓度水平也较易影响鱼类的性别比例及诱导性别转变的发生。例如，性成熟的剑尾鱼在最适生存温度（25℃）时，性逆转率为0，在12℃时性逆转率最高，35℃次之，由此表明剑尾鱼的性逆转对温度具有较大的依赖性。在该研究中，人工养殖四指马鲅从15日龄开始在28～30.7℃水温较为稳定的环境中生长，在7月龄时出现了性逆转现象，此时体质量约为193.71±68.76克，体长约21.32±1.77厘米。然而国外调查报告显示，在澳大利亚沿海的野生种群中，所有的1龄个体几乎为雄性，4龄及以后的个体几乎为雌性，性逆转在2龄或3龄的个体中出现，平均全长约为40.19厘米；在印度沿海的野生种群中，性逆转个体的平均全长为32厘米，平均体质量约为400克。这表明在不同的环境条件生长的四指马鲅群体，其性逆转发生时的年龄和体型大小会有所不同，该研究中养殖四指马鲅在较小的年龄和体型时就出现了性逆转现象，并不遵循顺序性雌雄同体性逆转的临界年龄–大小阈值理论，这可能与环境条件有关。因此，关于四指马鲅的性逆转发生规律及其调控机制等需要进一步深入研究。

## 第四节  养殖四指马鲅的生长性能及生殖生物学特性

郑安仓等（2017）研究了我国台湾屏东县养殖场四指马鲅的生长性能及生殖生物学特性。

### 一、生长情况

在19个月的养殖期间，养殖池水的水质变化分别为盐度22～26，温度22～30℃，pH 7.3～8.7，透明度28～45厘米，溶解氧6.3～8.9毫克/升，氨氮0.01～0.48毫克/升，亚硝酸氮0.04～0.59毫克/升。经过8个月的饲养，四指马鲅体质量增长300克以上（图5-13），并且在饲养10个月后开始繁殖。

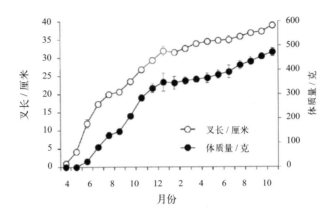

图5-13　2015年4月至2016年11月期间1龄四指马鲅的生长

## 二、亲鱼性比

性腺指数和性比分析清楚地表明，池塘养殖四指马鲅的繁殖期为2—9月。根据性腺指数和性比分析以及雄性、雌性和双性个体的体长分布，显示四指马鲅属于雄性先熟雌雄同体。此外，1龄以上鱼类中的雌性比例从 34.55% 增加到3龄以上鱼类中的90.32%（表5-3）。

表5-3　不同月份池养1龄四指马鲅和1～3龄亲鱼的性比

| 月份 | 数量 | | | | 性比 | | | $X^2$ |
|---|---|---|---|---|---|---|---|---|
| | 雄性 | 雌性 | 双性 | 总数 | 雄性 | 雌性 | 双性 | |
| 12 | 11 | 0 | — | 11 | 100 | 0 | — | 11.09* |
| 1 | 6 | 2 | — | 8 | 75 | 25.00 | — | 2.13ns |
| 2 | 21 | 10 | — | 31 | 67.74 | 32.26 | — | 3.9* |
| 3 | 54 | 10 | 1 | 65 | 83.08 | 15.38 | 1.54 | 30.25* |
| 4 | 25 | 10 | 3 | 38 | 65.79 | 26.32 | 7.89 | 6.43* |
| 5 | 22 | 10 | 2 | 34 | 64.71 | 29.41 | 5.88 | 4.5* |
| 6 | 13 | 10 | — | 23 | 56.52 | 43.48 | — | 0.39ns |
| 7 | 15 | 11 | — | 26 | 57.69 | 42.31 | — | 0.62ns |
| 8 | 24 | 17 | 5 | 46 | 52.17 | 36.96 | 10.87 | 1.2ns |
| 9 | 22 | 16 | 1 | 39 | 56.41 | 41.03 | 2.56 | 0.95ns |
| 10 | 16 | 14 | 5 | 35 | 45.71 | 40.00 | 14.29 | 0.13ns |
| 11 | 15 | 13 | — | 28 | 53.57 | 46.43 | — | 0.14ns |
| 1龄总数 | 244 | 123 | 17 | 356 | 68.54 | 34.55 | 4.78 | 39.89* |
| 2龄 | 10 | 14 | 6 | 30 | 33.33 | 46.67 | 20.00 | 0.67ns |
| 3龄 | 2 | 28 | 1 | 31 | 6.45 | 90.32 | 3.23 | 22.57* |

注：* 表示差异显著（$P \leq 0.05$）；ns表示不显著。

测定结果表明，1龄鱼中，雌鱼的个体大于雄鱼（图5-14）。小于24厘米的个体全是雄性，双性（即雌雄同体）和雌性鱼的规格均大于24厘米（表5-4）。

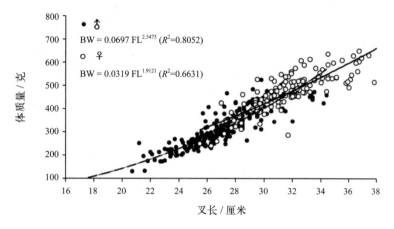

图5-14　1龄四指马鲅体质量和叉长的关系

BW：体质量（克）；FL：叉长（厘米）

表5-4　池养1龄四指马鲅雄性、双性和雌性的体长分布

| 叉长<br>（厘米） | 数量 | | | | 性比 | | | $X^2$ |
|---|---|---|---|---|---|---|---|---|
| | 雄性 | 雌性 | 双性 | 总数 | 雄性 | 雌性 | 双性 | |
| ≤21 | 2 | – | – | 2 | 100 | – | – | 2.5[ns] |
| 21.1~24 | 27 | – | – | 27 | 100 | – | – | 27.02[*] |
| 24.1~27 | 87 | 14 | 6 | 97 | 90 | 4 | 6 | 75.71[*] |
| 27.1~30 | 99 | 27 | 7 | 133 | 74 | 20 | 5 | 41.14[*] |
| 30.1~33 | 22 | 56 | 4 | 84 | 26 | 69 | 5 | 16.2[*] |
| ≥33.1 | 7 | 34 | – | 41 | 17 | 83 | – | 17.8[*] |

注：* 表示差异显著（$P \leqslant 0.05$）；ns表示差异不显著。

## 三、性腺指数和卵母细胞发育观察

对性腺指数的测定和卵巢中所有卵母细胞发育阶段的观察结果表明，四指马鲅的性腺发育不同步，雄鱼和雌鱼的性腺指数在2—9月期间较高（图5-15），雌鱼的卵巢从1—9月均观察到有卵黄卵母细胞（图5-16），

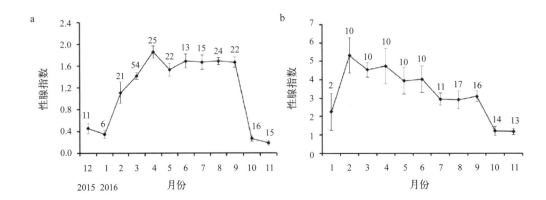

图5-15　2015年12月至2016年11月1龄四指马鲅雄鱼

（♂）和雌鱼（♀）的性腺指数

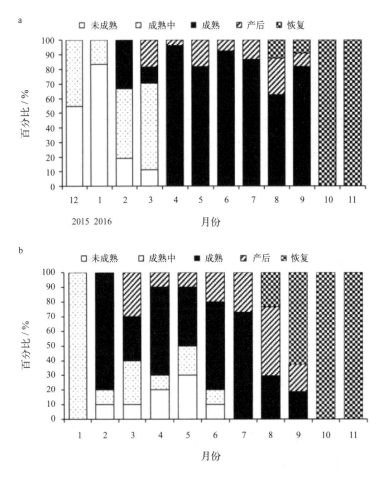

图5-16　1龄四指马鲅雄鱼（a）和雌鱼（b）的性腺成熟阶段的逐月比例

## 四、产卵与怀卵量

在养殖期内每当满月大潮后 2～3 天即有亲鱼产卵。对三个不同年龄组四指马鲅的怀卵量进行比较，可见雌性的繁殖能力随着雌性个体和卵巢质量的增长而增加（表5-5）。

表5-5　不同年龄四指马鲅的怀卵量

| 年龄 | 叉长（厘米） | 体质量（克） | 卵巢质量（克） | 平均怀卵量（×10⁵粒） | 相对怀卵量（粒/克体质量） |
|---|---|---|---|---|---|
| 1+ | $30.75 \pm 0.31$ | $454.68 \pm 12.22$ | $24.12 \pm 1.27$ | $8.08 \pm 0.46$ | $1780.15 \pm 90.94$ |
| 2+ | $34.95 \pm 2.5$ | $582.83 \pm 71.16$ | $24.55 \pm 4.08$ | $12.61 \pm 1.76$ | $2189.03 \pm 286.15$ |
| 3+ | $40.63 \pm 1.17$ | $924.76 \pm 79.64$ | $49.44 \pm 2.82$ | $17.63 \pm 0.94$ | $1933.33 \pm 128.6$ |

图5-17示四指马鲅怀卵量与性腺质量（a）和体质量（b）的关系。统计分析结果表明，怀卵量（$F$）与性腺质量（$GW$）和体质量（$BW$）的相关关系分别为 $F=0.3099GW+1.3831$（$R^2=0.7137$，$P \leq 0.05$）和 $F=0.01553BW+1.6634$（$R^2=0.6009$，$P \leq 0.05$），而各年龄的相对怀卵量之间没有显著差异。根据这些关系式估算得，体长25.7～50.3厘米的四指马鲅雌鱼怀卵量约 $3.17 \times 10^5 \sim 25.08 \times 10^5$ 粒卵。

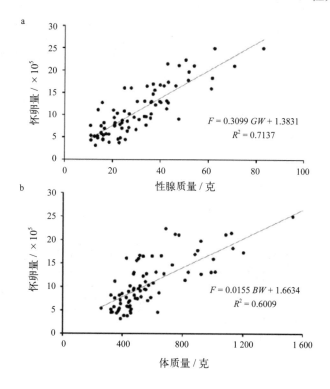

图5-17　四指马鲅怀卵量与性腺质量（a）和体质量（b）的关系

# 第六章
# 四指马鲅的发育生物学

## 第一节 自然海区马鲅幼体的形态特征

陆穗芬（1989）根据南海水产研究所1973年和1979年在南海北部大陆架近海区采集的样品，对六指马鲅和五指马鲅稚鱼的形态特征及其在该海区的分布做了描述。并与Sarojini等（1952）报道的四指马鲅稚鱼的形态特征进行了比较（表6-1和图6-1）。

表6-1 三种马鲅稚鱼外部形态特征的比较

| 特征 | 鱼名 | 六指马鲅 | 五指马鲅 | 四指马鲅 |
|---|---|---|---|---|
| 黑色素细胞分布的位置 | 吻端 | 无色素分布 | 无色素分布 | 有2个色素细胞 |
| | 头部 | 体长6.5～13.2毫米，黑色素细胞由3～4个增加到10多个 | 色素较多，分布于中脑、眼后和鳃盖 | 体长7.5～12毫米，无色素分布，24毫米才出现色素 |
| | 背部 | 第1背鳍前缘2～3个，第2背鳍基部背缘1个 | 许多色素分布 | 体长7.3～12毫米，均无色素，24毫米才出现色素 |
| | 腹囊背面 | 有数个色素细胞 | 较多 | 多个 |
| | 腹囊腹面 | 无色素 | 较多 | 3个排成一列 |
| | 臀鳍基部 | 分布于前后各1个 | 较多 | 4～5个排成一列 |
| | 尾柄腹缘 | 体长8.5～13.2毫米才出现1个 | 较多，分散分布 | 4～5个排成一列 |
| | 尾柄基部 | 体长7.5～13.2毫米有10～12个成一丛 | 较多，分散分布 | 无色素 |
| | 胸鳍 | 有色素分布 | 有色素分布 | 无色素 |
| | 第一背鳍 | 体长8.5～13.2毫米有数个出现 | 有色素分布 | 无色素 |
| | 腹鳍 | 无色素分布 | 有较多色素分布 | 无色素 |
| | 尾鳍 | 体长9毫米于下叶鳍条出现，12～13.2毫米时上下叶鳍条均有色素出现 | 无色素 | 24毫米才出现少量色素 |

续表

| 鱼名<br>特征 | | 六指马鲅 | 五指马鲅 | 四指马鲅 |
|---|---|---|---|---|
| 胸鳍游离鳍条的发育 | 体长（毫米）<br>6.5 | 6条已分化 | | 未分化，仅为胸鳍基部增大 |
| | 7.5 | 6条，长度为胸鳍条长的1/3 | | 未分化，仅为胸鳍基部增大 |
| | 9.0 | 6条，长度为胸鳍条长的1/2 | | 呈4个锯齿状芽 |
| | 11.5 | 6条，长度为胸鳍条长的1/2 | 5条，长度为胸鳍条长的1/2 | |
| | 12.8 | 6条，长度为胸鳍条长的2/3 | | 4条，较短，长度为胸鳍条长的1/2 |
| | 13.2 | 6条，长度为胸鳍条长的2/3 | | |
| | 24.0 | | | 4条，长度超过为胸鳍的条长度 |

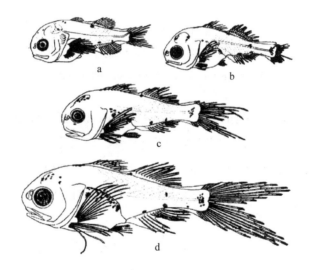

图6-1-1 六指马鲅稚鱼

a. 6.5毫米；b. 7.6毫米；c. 9.0毫米；d. 13.2毫米（体长）

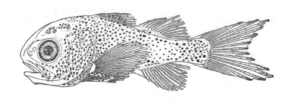

图6-1-2 五指马鲅稚鱼（体长11.5毫米）

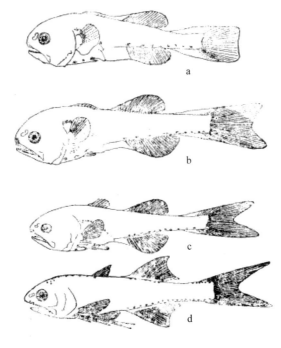

图6-1-3　四指马鲅稚鱼

（引自Sarojini等，1952）

a. 7.5毫米；b. 9毫米；c. 12毫米；d. 24毫米（体长）

依Menon等（1984），四指马鲅、六丝多指马鲅和长指马鲅的卵呈圆球形。初孵时全长0.8～2毫米，有一个大的卵黄囊、眼无色素，口未开。在卵黄吸收过程中色素增多（Jones和Menon，1953；Kowtal，1972；May等，1979）。Leis等（2000）描述了澳大利亚水域四指马鲅和六丝多指马鲅的幼体发育阶段（图6-2和图6-3），并总结了印度-太平洋马鲅鱼类的幼体形态。

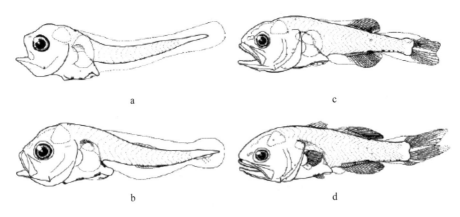

图6-2　四指马鲅的仔鱼发育（引自Leis & Tmski，2000）

a. 2.5毫米；b. 4.1毫米；c. 5.9毫米；d. 7.3毫米

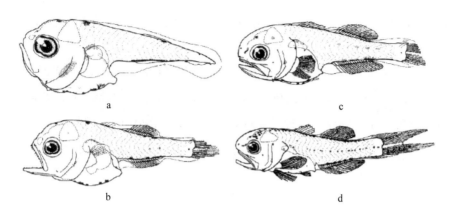

图6-3　繁幅多指马鲅的仔鱼发育（引自Leis & Tmski，2000）

a.3毫米；b.5毫米；c.6.9毫米；d.11.6毫米

体高中等偏高，侧扁；肠弯曲呈三角形，肠长为全长的44%～62%；鳔明显，位于肠部的顶部；全长7毫米时头部圆稍长；口斜，中上位，全长约6毫米时口呈水平状，下位，延达眼后缘下；全长2.5毫米时上下颚有许多小绒毛状齿；至少到全长15毫米的底栖阶段时才出现脂眼睑；上颌骨前尖出现一个小棘，但不久即消失（图6-3c和图6-3b）；在脊柱前曲仔鱼阶段（3～4.1毫米）中出现背鳍和臀鳍原基，在随后阶段中出现鳍条；在脊柱后曲仔鱼早期阶段开始形成第一背鳍棘和臀鳍棘；在脊柱后曲期，胸鳍开始分化；全长6.5毫米时胸鳍条完全骨化，此时胸鳍游离鳍条开始骨化，在全长7毫米后完成骨化；胸鳍基部最初与肠顶部齐平，随后开始逐渐向腹侧移动，最终位于身体腹侧边缘约12毫米处，副马鲅属和马鲅属除外。鳞片从大约全长12毫米时开始在躯干和尾部横向形成；到全长15毫米时鳞片形成完毕，与成体没有明显的差异。幼体阶段唯一明显不同的是上颌前尖有一小棘。

## 第二节　四指马鲅仔稚鱼的形态发育

据油九菊等（2014）报道，从我国台湾某养殖场购进四指马鲅受精卵，在人工育苗条件下，对该鱼早期发育的形态及生长特性进行了观察和初步研究。形态发育观察结果表明，四指马鲅初孵仔鱼在培育水温为26℃、盐度为30的条件下，第2天开口，第3天卵黄囊完全被吸收，可开始摄食；初孵仔鱼至13天为仔鱼期，14～36天为稚鱼期，之后转为幼鱼期。

### 一、早期仔鱼

早期仔鱼是指从孵出到卵黄囊吸收尽开始外源性营养阶段的仔鱼。在这一发育阶段，仔鱼主要逐步完成一系列与摄食、消化有关的器官功能发育，如视觉器官（眼）、听觉器官（耳）、呼吸器官（鳃）、消化器官（颌、肠道）的发育。鳍的发育较缓慢，运动能力较弱，故营浮游生活。初孵仔鱼全长为1.957±0.055毫米，肛前长为0.775±0.040毫米，体高为0.694±0.012毫米，卵囊长径为0.250±0.010毫米，短径为0.235±0.023毫米，油球直径为0.202±0.045毫米；身体透明，向腹部呈弯曲状；口裂尚未开通，营内源性营养；肌节数为18+22~24对（图6-4-a）。卵黄囊分为前后两部分，前部靠头部处近球形，后部呈长囊状。孵化后第1天，仔鱼眼睛和口的结构开始形成，第3天完全形成，口裂明显；经36~48小时开口，第3天开始从外界摄食，为卵黄囊和外源性营养共存的混合营养期。早期仔鱼（1~3天）全长为2.333~3.08毫米，肛前长为0.913~1.181毫米，体高为0.741~0.936毫米（图6-4-b、c、d）。第3天仔鱼卵黄囊被耗尽，仅剩痕迹，油球被利用较少，由初孵时的球形变成长椭圆形。此阶段以卵黄囊为主要形态特征。

## 二、晚期仔鱼

晚期仔鱼是指从卵黄囊耗尽开始到各鳍鳍条发育完整、鳞片开始出现这一阶段的仔鱼。油球在第6~7天时消失，仔鱼由混合营养转为完全外源性营养。胸鳍原基最先出现（图6-4-e），消化道弯曲数增加，伴随胸鳍增大，肝脏体积逐渐增加，头部及体表开始出现星状色素，其余鳍条原基开始出现。晚期仔鱼全长为3.819~10.453毫米，肛前长为1.458~5.069毫米，体高为1.114~3.400毫米（图6-4-e~h）。11日龄时仔鱼全长为9.373±0.227毫米，肛前长为4.100±0.12毫米，体高为2.549±0.139毫米，脊索末端向上弯曲（图6-4-g）。

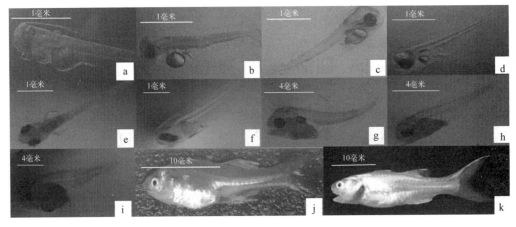

图6-4　四指马鲅仔稚鱼发育

a. 为初孵仔鱼；b、c、d. 分别为1天、2天、3天的仔鱼；e.4天仔鱼背面观；f、g、h.分别为6天、11天、13天的仔鱼；i、j、k.分别为21天、25天、36天的稚鱼

### 三、稚鱼期

稚鱼期是指从鳞片开始出现到全身披满鳞片这一阶段。此发育阶段稚鱼完全以摄取外界食物获得营养，器官分化完善，外形向成体形态过渡。稚鱼期全长为11.691～37.611毫米，肛前长为5.106～15.723毫米，体高为3.416～9.611毫米（图6-4-i～k）。体外色素逐渐加深；出现背鳍、臀鳍硬棘，各鳍的鳍条骨化，并逐渐趋于完善；仔鱼头部和腹部开始出现鳞片，36日龄时，仔鱼全长为37.611±0.447毫米，肛前长为15.723±0.5毫米，体高为9.611±0.558毫米（图6-4-k），全身鳞片已全部形成，稚鱼期结束，进入幼鱼期。

# 第三节　四指马鲅消化系统胚后发育组织学观察

在种苗生产过程中，掌握幼体不同发育时期的适口饵料以及制定合适的投饲策略是提高鱼苗成活率的关键，而鱼类消化系统在控制食物的消化吸收、能量收支起着关键作用。研究消化系统结构和功能的发育常作为监测仔鱼生长过程中营养需求和消化能力的变化规律的一种手段，进而优化仔鱼的培育条件。关于不同种属鱼类消化系统的胚后发育也有不少的研究报道。作者等运用组织学切片技术观察出膜后1～30天的四指马鲅消化道的结构变化，旨在探讨消化机能发育规律的同时掌握该鱼的消化生理和饵料系列更换的特点，从而提高育苗的成活率。

## 一、消化道发育

### （一）1 DAH～3 DAH前期仔鱼

1 DAH仔鱼全长1.84±0.22毫米，卵黄囊被吸收1/2，油球渐变为卵圆形，靠近卵黄囊最底部。光镜观察显示其消化管尚未分化，由紧贴腹壁和卵黄囊的肠管组成，内含细胞比较模糊。此时，口咽腔、肛门尚未形成，卵黄囊体积较大，H.E染色呈深红色（图6-5-a）。2 DAH仔鱼肠管增长，口腔张开形成口裂，卵黄囊体积减少至约为原来的1/2，肠管向中间扩展，末端与外界形成通路，肠腔内开始形成黏膜上皮层，未见纹缘状结构。靠近卵黄囊前端可见食道原基，其内细胞较密集，外层形成纤维膜，尚未与口咽腔、胃肠道相通。随着卵黄囊的吸收，腹腔体积增大，靠近中部出现胃原基并出现空腔，其内可见黏膜层及单层柱状上皮细胞（图6-5-b）。大部分仔鱼在3 DAH开口摄食，此时卵黄囊完全消失，消化管道进一步发育，食道连接口咽腔和胃部已相通，但仍处于细胞混集未形成明显的黏膜层。胃肠相连并未完全分化为单独的胃部和肠道，而内部已形成较为丰富的黏膜层并出现皱褶结构，黏膜上单层柱状上皮细胞清晰可见。

（二）4 DAH～14 DAH 后期仔鱼

4 DAH 仔鱼消化道与外界相通，口咽腔、食道、胃部、肠道、肛门分化比较明显。食道黏膜分化出复层上皮，末端与胃部形成一个不明显的缢痕。胃腔扩展，肠道增长增粗但未形成曲折（图6-5-c）。5DAH 仔鱼食道复层黏膜上皮尤为清晰，未见杯状细胞的分化，与黏膜相连处可见一层较薄的肌肉层（图6-5-d）；胃部仍无区域的分化，黏膜皱褶变得扁平整齐；肠管黏膜上皮未见杯状细胞而含多量的嗜酸性颗粒（图6-5-e）。7 DAH 仔鱼食道变化尤为明显，形成纵行的黏膜皱褶，上皮间出现少量圆形空泡状的杯状细胞（图6-5-f），黏膜层以外分化出黏膜下层、肌肉层、外膜结构已清晰可辨，与胃部连接处黏膜复层上皮过渡为单层柱状上皮；胃部开始贲门、幽门、胃体和盲囊区域的分化，其中胃体最为膨大，幽门与贲门区和胃体区分界比较明显，内含2～3条纵行的黏膜皱褶。胃体和盲囊区域由于食物的填充而使黏膜平整无皱褶。肠道黏膜皱褶增多。9 DAH 仔鱼食道杯状细胞数量增多，胃肠管壁分化出黏膜下层、肌肉层和外膜（图6-5-g，h）。肠道含12～15个黏膜皱褶，皱褶明显增高变宽。10 DAH～14 DAH 仔鱼消化道变化不大，胃部尚未见胃腺分化（图6-5-i，j）。

（三）15 DAH～30 DAH 稚鱼期

15 DAH 仔鱼消化道出现胃腺和幽门盲囊的分化，消化管管壁成分包括黏膜层（上皮、固有层、黏膜肌）、黏膜下层、肌肉层（环肌和纵肌）、外膜完全分化完整。在幽门部与肠道交汇处出现2个幽门盲囊管腔，腔内结构与肠道相似，有3～5个黏膜皱褶，上皮间已有少量杯状细胞，未见纹缘状结构（图6-5-k）。肠道有2处明显的曲折而使前、中、后肠分区明显。前肠绒毛最丰富，较为细长，其上分布很多杯状细胞（图6-5-1）。中肠和后肠绒毛和杯状细胞数量相当。胃部黏膜皱褶结构极为宽大，除幽门部外均有胃腺的分布，以胃体部区域最为丰富，胃腺均为单管状均分布于黏膜固有层内与上皮临近，胃腺开口于胃小凹。幽门部肌肉层尤为发达，不含胃腺伸往腔内的黏膜上皮细胞十分整齐密集（图6-6-a）。17 DAH仔鱼肠道黏膜分化完整，杯状细胞数量显著增多，但仍含有部分嗜酸性颗粒。20 DAH 仔鱼食道杯状细胞数量极多（图6-6-b），黏膜皱褶变得宽长，肌肉层环肌加厚。胃部更为膨大，大量的胃腺与黏膜交织成网状。幽门盲囊管腔增加至6～8个，单个管腔增大，内含的皱褶同样变得宽长，上皮杯状细胞增多，肠道绒毛上皮可见纹缘状结构（图6-6-c）。23 DAH～30 DAH仔鱼消化道结构成分与成体差异不大，消化管管壁增厚，黏膜皱褶增多，食道和肠道上皮杯状细胞数量继续增多，胃部胃腺、胃小凹增多是基本特点（图6-6-d）。

## 二、肝脏和胰腺的发育

四指马鲅消化道内无独立的胰脏器官，随着生长发育，在肝脏、胃、幽门盲囊、肠等的系膜交界处呈弥散性的分布，其中与肝脏连在一起的称为肝胰脏，在其余消化管壁系膜分布的为胰腺组织。在2 DAH时形成肝脏原基，原基在卵黄囊近脊椎处，数十个肝细胞排列一起呈"三角形"的细胞团，细胞之间界限模糊。3 DAH时，肝细胞数量增多，细胞团体积增大。5 DAH仔鱼肝脏器官有了明显的生长，表现为肝细胞体积变大并依次排列形成肝细胞板结构，相邻肝板间有清晰可见的空隙结构，称为肝血窦（图6-6-e）；此时，肝脏周围以及胃和肠系膜交界处分布胰腺细胞团，细胞被染色深紫色，界限比较清晰（图6-6-f）。9 DAH肝进一步发育，肝板内细胞增多，排列更为紧密，细胞呈圆形，细胞核很明显，位于中央。肝板周围出现许多空泡结构。肝脏周围的胰腺组织可明显分辨出浅紫色的胰岛区域，胰岛内胰岛细胞形状不规则，胞核不明显，为胰腺内分泌部。胰岛周围是深紫色的外分泌部腺泡，腺泡细胞体积增大，个别可见细胞核。15 DAH肝脏开始分出左右两叶，肝细胞数量明显增多，体积变小，呈圆形，肝板结构增多形成肝索结构，肝血窦和之间空泡增多（图6-6-g），胰腺组织在肝脏周围、胃、肠系膜交界处均有分布，其基本结构变化不大（图6-6-h）。17 DAH肝脏可见中央静脉，局部可见毛细血管和静脉血管管腔，肝血窦内可见红细胞。23 DAH肝脏结构发育基本似成体，肝细胞紧密连接，血窦增多（图6-6-i，j），此时，幽门盲囊与肠道交界处以及幽门盲囊官腔之间的胰腺进一步发育，胰腺细胞更为密集。30 DAH 仔鱼肝脏进一步发育成熟，肝体积增大，内含丰富的静脉血管和毛细血管（图6-6-k）。胰腺组织结构也基本似成体，分布范围不变，但各区域的胰腺区域体积增大，胰腺组织内外分泌部和内分泌部分解明显（图6-6-l）。

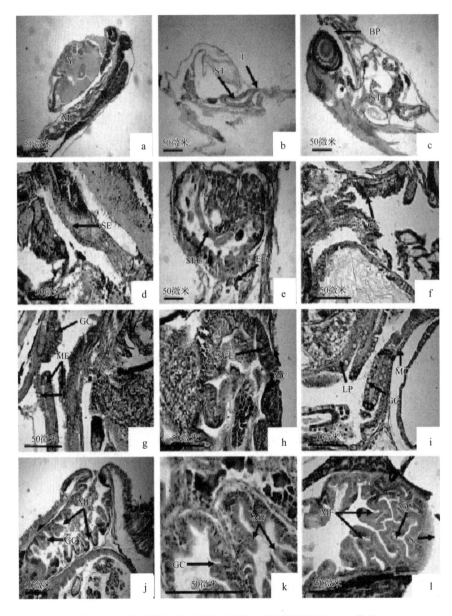

图6-5　四指马鲅仔稚鱼消化系统发育组织学结构图，H.E染色

a. 1 DAH仔鱼消化道整体结构，纵切；b. 2 DAH仔鱼消化管整体结构，纵切；c. 4 DAH仔鱼食道、胃、肠的分化，纵切；d. 5 DAH仔鱼食道复层黏膜上皮，纵切；e. 5 DAH仔鱼胃单层柱状黏膜上皮以及肠腔内嗜酸颗粒，纵切；f. 7 DAH仔鱼食道黏膜上皮杯状细胞的分化，纵切；g. 9 DAH仔鱼食道的黏液细胞和黏膜皱褶，纵切；h. 9 DAH仔鱼胃黏膜皱褶，纵切；i. 12 DAH仔鱼食道杯状细胞和肌肉层，纵切；j. 12 DAH仔鱼肠腔内绒毛结构和杯状细胞，纵切；k. 15 DAH仔鱼幽门盲囊黏膜皱褶和杯状细胞，横切；l. 15 DAH仔鱼肠道绒毛和杯状细胞，横切

BP. 口咽腔；E. 食道；EG. 嗜伊红颗粒；GC. 杯状细胞；GG. 胃腺；I. 肠道；LP. 固有层；M. 肌肉组织；MC. 肌肉层；MF. 黏膜皱褶；N. 脊索；S. 外膜；SE. 复层上皮；SEC. 单层柱状上皮；SM. 黏膜下层；ST. 胃部；Y. 卵黄囊

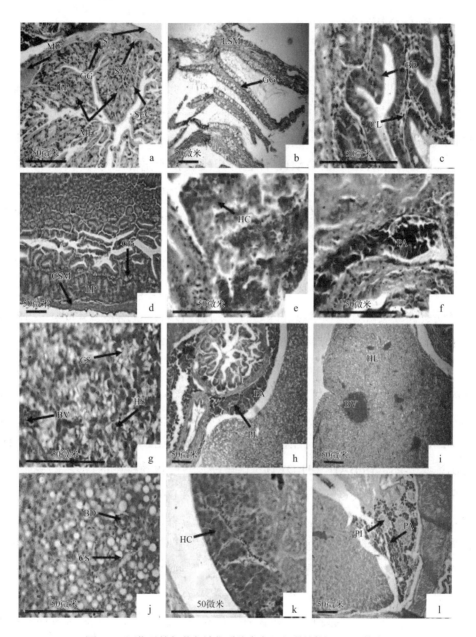

图6-6 四指马鲅仔稚鱼消化系统发育组织学结构图，H.E染色

a. 15 DAH仔鱼胃管壁整体结构，横切；b. 20 DAH仔鱼食道黏膜和肌肉层结构，纵切；c. 20 DAH仔鱼肠绒毛纹缘状结构，横切；d. 30 DAH仔鱼胃部胃腺结构，纵切；e. 5 DAH仔鱼分化的肝细胞，纵切；f. 5 DAH仔鱼胃肠交界处的胰腺组织，纵切；g. 15 DAH仔鱼肝脏肝血窦、空泡和血管结构，横切；h. 20 DAH仔鱼肝胰脏结构，纵切；i. 23 DAH仔鱼肝小叶，横切；j. 23 DAH仔鱼肝脏内胆管结构，横切；k. 30 DAH仔鱼致密的肝细胞结构，横切；l. 30 DAH仔鱼肝胰脏结构，纵切

BB. 纹缘状；BD. 胆小管；BV. 血管；CL. 中央乳糜管；CSM. 环肌；CS. 空泡结构；GC. 杯状细胞；GG. 胃腺；HC. 肝细胞；HL. 肝小叶；HS. 肝血窦；LP. 固有层；LSM. 纵肌；MC. 肌肉层；MF. 黏膜皱褶；PA. 胰腺；PI. 胰岛；S. 外膜；SCE. 单层柱状上皮；SM. 黏膜下层

## 三、综合分析

### （一）四指马鲅消化道早期发育的阶段

该研究发现四指马鲅消化道的发育具有明显的阶段性特征。1 DAH～3 DAH 仔鱼消化道结构简单呈直线状，未与外界相通，表明仔鱼存活所需营养物质全部由卵黄囊提供，为内源性营养期，这阶段仔鱼生长情况是否良好与亲鱼质量和人工孵化技术密切联系。4 DAH～14 DAH，仔鱼开口摄食，消化管也与外界相通，逐渐分化出口咽腔、食道、胃、肠，同时肝脏、胰腺也开始发育，一定程度上能自主消化吸收食物维持自身生长，从短暂的混合营养期（4 DAH～7 DAH）过渡为外源性营养期。15 DAH～30 DAH 为稚鱼期，出现幽门盲囊和胃腺，消化道和消化腺结构和功能逐渐发育似成体，消化能力显著提高，进入快速生长阶段。与四指马鲅消化道发育特点类似的还有其他肉食性鱼类。条石鲷（*Oplegnathus fasciantus*）内源性营养期、外源性营养期和稚鱼期的划分分别是1 DAH～3 DAH、4 DAH～18 DAH 和19 DAH～35 DAH；卵形鲳鲹（*Trachinotus ovatus*）分别是1 DAH～2 DAH、6 DAH～17 DAH（3 DAH～5 DAH为混合营养期）、18 DAH～22 DAH；鲇（*Silurus asotus*）1 DAH～3 DAH为内源性营养期，4 DAH～6 DAH 为混合营养期，6～8日进入外源性营养期并开始进入加速生长期，11 ADH出现胃腺，进入稚鱼期。而大黄鱼（*Pseudosciaena crocea*）1 DAH～5 DAH为内源性营养期，6 DAH～18 DAH为外源性营养期，19 DAH～31 DAH为稚鱼期，各阶段持续的时间均比四指马鲅略长。杂食性鱼类如普安银鲫（*Carassius auratus*）1 DAH～2 DAH为内源性营养期，3 DAH～4 DAH为混合营养期，5 DAH进入外源性营养期，15 DAH后进入快速生长阶段，与四指马鲅有所不同。由此可发现，鱼类消化道早期发育阶段的划分与种属特性和食性密切相关，另外，普安银鲫和草鱼同为无胃鱼类，其仔稚鱼阶段消化道的形态学变化则主要表现为肠在形态、组织上的进一步分化，而肉食性有胃鱼类进入稚鱼期逐渐形成功能完善的胃，推测胃部和肠道发育的差异也是消化道发育阶段存在差异的原因之一。哲罗鱼（*Hucho taimen*）为凶猛的肉食性鱼类，受精30天后破膜，要经历较长的内源性营养期（1 DAH～24 DAH），直至30 DAH才进入完全外源性营养期，可能是由于该鱼喜栖息于冷水环境（孵化温度7～8℃，仔鱼培育温度3～14℃），即使在胚胎期已形成原始消化管，但发育速度比较慢，而借助相当体积的卵黄囊维持长时间的营养供给以缓解消化道发育缓慢带来的代谢压力。

### （二）四指马鲅消化道早期发育的结构特征

鱼类消化道结构与其食性相关，鱼体处于不同发育阶段，其消化功能与其结构相适应。四指马鲅在1 DAH～3 DAH 内，消化道结构极其简单，仅靠卵黄囊提供营养物质，这与大海马（*Hippocampus kuda*）仔鱼的消化特点不同，大海马并无经历完全由卵黄囊提供营养的内源性营养阶段而直接进入混合营养期，这与其为卵胎生以及在1 DAH～2 DAH仔鱼已经具有比较完善的摄食和消化器官，可独立摄食的特性有关。至4 DAH～14 DAH后开口摄食，消化道有明显的变化，逐渐分化出口咽腔、食道、胃、肠、肛门，随着生长，摄食能力加强，相应地消化管扩张、出现黏膜皱褶、杯状细胞等与消化吸收能力匹配的变化，与多种属鱼类仔鱼消化道发育特征相似，如黄尾鰤（*Seriola lalandi*）、大菱鲆（*Scophthalmus maximus*）、军曹鱼（*Rachycentron canadum*）等。食道、胃、肠内形成的黏膜皱褶对于增大食物容纳量及消化吸收面积有重要意义，而四指马鲅5 DAH仔鱼肠道出现大量的嗜酸性颗粒，是细胞内消外的一种方式，其食道和肠道分别在5 DAH、9 DAH时分化出杯状细胞，具有润滑、辅助食物消化的功能，表明在此阶段（4 DAH～14 DAH）的仔鱼经过摄食训练和胞内消化协调机体过渡到完全外源营养模式，此后消化道结开始扩张，摄食能力增强，同时分化出基本的功能组分以协助食物的消化。胃腺和幽门盲囊的出现标志仔鱼进入稚鱼期，胃腺具有分泌黏液和胃蛋白酶原的功能使消化食物蛋白成为可能，符合肉食性鱼类的消化特点。从四指马鲅仔鱼出现胃腺的日期（15 DAH）判断该鱼为发育迅速的鱼类，与条石鲷为12 DAH～15DAH、卵形鲳鲹为17 DAH～18 DAH、有名锤形石首鱼（*Atractoscion nobilis*）16 DAH出现胃腺相似，而黄颡鱼（*Pelteobagrus fulvidraco*）3 DAH即出现胃腺、绯小鲷（*Pagellus erythrinus*）和黄鳍鲷（*Sparus latus*）胃腺出现日龄则较迟，分别是28 DAH、37 DAH，而黑点圆鲀（*Sphoeroides annulatus*）至32 DAH仍未出现胃腺，这些差异与种属特性的不同有关，还可能与培育条件、技术和环境等因素有关。此阶段的仔鱼（15 DAH～30 DAH），消化管进一步扩张，固有成分（黏膜层、黏膜下层、肌肉层、外膜）逐渐分化完善，似成体状，食道和肠道黏膜皱褶增加，杯状细胞数量显著增多，胃部膨大并形成完善的分化区域（贲门、幽门、胃体和盲囊胃、幽门盲囊）以及幽门盲囊的出现使机体摄食和消化能力极大提高，消化道结构功能与机体生长发育形成一个正反馈效应，从而使机体快速生长成为可能。鱼类肝脏和胰腺发育时间存在种属间的差异，四指马鲅肝脏与胰腺发育不同步且胰腺发育比肝脏迟，与条石鲷、卵形鲳鲹相似。有些鱼类如细鳞鲑（*Brachymystax lenok*）、青龙斑（*Epinephelus coioides* ♀ × *E.lanceolatus* ♂）的肝脏和胰脏独立存在，前者在胚胎期已出现肝脏原基并在2 DAH时肝细胞不断分化，胰脏原基则在初孵仔鱼肠道背侧即出现；后者均在3 DAH时出现肝脏和胰脏原基。肝脏是机体内最大的消化腺，具有分泌、储存甚至排泄等功能，胰腺中则合成和分泌大量的酶（包括淀粉酶、脂酶和胰蛋白酶等），肝脏、胰腺的分化和发育在仔稚鱼提高消化能力方面有重要意义。本研究中四指马鲅 2 DAH 时已分化出肝脏，在 9 DAH 时出现了肝脏空泡结构，且随着仔鱼生长，肝脏内空泡结构增多，至 23 DAH 后，肝脏结构基本与成体相似。有研究指出这种空泡结构具有储藏肝糖原的作用，说明进入外源性营养阶段后的仔鱼消化道的发育速度开始加快，对摄入的食物进行有效的消化吸收并存储营养物质，以适应同时在加速的机体代谢需求。胰腺在 5 DAH 时发生，随着发育的进行，逐渐分化出外分泌部和内分泌部并扩大分布范围，至 30 DAH 时形成具有分泌能力的成熟的组织，胰腺的逐渐发育进一步增强仔鱼的消化能力。

（三）四指马鲅消化道的发育规律对仔鱼培育的指导意义

根据四指马鲅消化道发育特点，总结出育苗过程的三个危险期阶段。第一阶段为卵黄囊期的仔鱼，常因受精卵质量差以及孵化条件如盐度不适宜的原因造成初孵仔鱼及卵黄囊期间存活率降低，此阶段仔鱼的存活完全依靠卵黄物质的营养，受精卵质量和孵化技术的优劣决定了子代仔鱼质量的优劣。有研究表明采用适宜浓度的葡萄糖溶液和维生素对胚胎及卵黄囊仔鱼进行浸泡，可以提高胚胎孵化率和仔鱼存活率，同时生素 C 可降低卵黄囊仔鱼机体的损伤，提高免疫力，从而为整个发育过程中正常的代谢提供保障。因此，提高育苗成活率，培育优质的亲鱼和建立最适宜的育苗条件是应对措施之一。第二阶段为开口期仔鱼，从混合营养期过渡到完全外源性营养期，是否有充足的适口饵料以及预防因饵料混有病原微生物而使仔鱼感染，也是提高仔鱼存活率的关键。因为此阶段仔鱼的消化管管径很小且管壁结构未完善，从而对饵料有较为严格的要求，淡水臂尾轮虫常作为多种鱼类仔鱼的开口饵料，轮虫经孵化后应用小球藻强化培育 3 天后再投喂，可减少仔鱼因一直摄食未强化培育的轮虫（缺乏高度不饱和脂肪酸）而造成机体的营养不足甚至死亡。第三阶段为稚鱼变态期，消化器官和功能组分发育基本完善，摄食和消化能力极大提高，同时残食现象以及仔鱼的自身变化与外界环境条件不相适应等也会造成鱼苗的大量死亡。根据鱼苗摄食情况制定恰当的投饲策略以及适时的分苗养殖是关键，可减少鱼苗的死亡。

# 第四节　不同发育阶段的四指马鲅消化道组织学比较研究

人工繁养实践中，由于不同发育阶段鱼体消化机能不同而存在饵料选择的问题，尤其是幼苗培育过程中，需要掌握其消化器官的发育状态，以便选择或及时更换适口饵料。食物的消化决定着几乎所有生物功能运作时所需营养物质的可用性，是动物代谢过程中一个关键环节，而消化道则通过执行消化和吸收的功能以维持机体基础代谢和生长。该研究采用常规石蜡切片和H.E染色技术对四指马鲅稚鱼、幼鱼和成鱼消化道进行形态学和组织学结构的分析，了解其不同时期消化道的发育差异，探讨消化机能完善的规律，为该鱼人工育苗中根据消化器官的发育特征与饵料特点进行选择配合饲喂以及成鱼养殖提供参考依据。

## 一、解剖特征

35 DAH和43 DAH稚鱼体态相似，体表被覆鳞片，背鳍、胸鳍、臀鳍、尾鳍发育健全，前者全长12.85±1.28毫米，体长10.92±1.04毫米，体高2.93±0.32毫米，头长4.018±0.42毫米，眼径0.87±0.11毫米，肛前体长4.89±0.46毫米，肛后体长6.02±0.73毫米，后者分别是15.6±1.6毫米、12.76±1.4毫米、2.97±0.06毫米、4.56±0.35毫米、1.104±0.06毫米、5.62±0.57毫米、7.14±0.92毫米。65 DAH幼鱼消化道呈"卜"形，依次分为食道、胃部和肠道。食道很短，胃稍微膨大，分为贲门部、幽门部、胃体部和盲囊部，在贲门部与胃体部之间往肠道处伸展出来的消化管为幽门部，其与肠道连接处分布着4束短小分散，呈"菜花状"、白色的幽门盲囊；肠道平均长度为1.55±0.03厘米，外形扁平透明有两处曲折，分为前肠、中肠、后肠。成鱼消化道外形与幼鱼相似，食道短而粗大，呈深褐色；胃部极其膨大，食道和贲门部切口可见发达的括约肌，其与肠道连接处分布着4束絮条状白色的幽门盲囊。肠道平均长度为17.3±0.09厘米，表面光滑并有较多脂肪，两处折曲很明显。

## 二、组织学观察

四指马鲅消化管管壁由内至外分为黏膜层、黏膜下层、肌肉层和外膜。食道黏膜为复层扁平上皮。胃部和肠道黏膜为单层柱状上皮，肠道上皮细胞间有杯状细胞分布，黏膜下层为结缔组织。肌层分环形肌和纵行肌，食道肌层有平滑肌，有些部位可见横纹肌，胃部和肠道主要是平滑肌。外膜为结缔组织和间皮组成的浆膜。

### （一）食道

不同发育阶段的四指马鲅食道组织学特征比较见表6-2和表6-3。

35 DAH稚鱼食道中部可见纵行的1～2个黏膜皱褶，较为低矮，皱褶内黏膜复层上皮细胞分布圆形空泡状的黏液细胞。黏膜下层很厚，肌肉层分为内层的环肌和外层的纵肌，均为平滑肌，纵肌很厚，环肌极薄，不明显，外膜极薄。食道连接胃贲门处复层上皮间杯状细胞减少，并逐渐变为单层柱状上皮。43 DAH与35 DAH稚鱼食道组织学结构的差别不大，前者管腔直径和肌肉层厚度数值较大，黏液细胞密度较小（图6-7-a、b）。

65 DAH幼鱼食道腔内形成7～9条皱褶，褶皱较为宽长，有分支二级、三级指状皱褶；黏膜黏液细胞密度为两阶段稚鱼的1.8倍和2倍，呈杯状、椭圆状、也有极少量梨形的黏液细胞；黏膜层、黏膜下层、肌层和外膜厚度分别是35 DAH稚鱼的2倍、6倍、4.565倍和18倍（图6-7-c）。

成鱼食道更为粗大，管壁各层与稚鱼、幼鱼形成极显著的厚度差异，复层扁平上皮含2～3层形状不规则的黏液细胞，密度比幼鱼小但细胞个体很大，其中杯状、椭圆状和梨状细胞数量相当。腔面黏膜皱褶比幼鱼更为高且宽，二级、三级指状结构比幼鱼更为丰富。固有膜和黏膜肌层较明显。黏膜下层较薄，其间分布大量血管。肌层极发达，纵肌为束状极厚的横纹肌，肌层和外膜之间可见神经丛和血管（图6-7-d、e）。

表6-2　不同发育阶段的四指马鲅食道组织学特征

单位：毫米

| 发育阶段 | 直径 | 黏膜层厚度 | 黏膜下层厚度 | 肌肉层厚度 | 外膜厚度 |
|---|---|---|---|---|---|
| 35 DAH | $0.250 \pm 0.008^b$ | $0.020 \pm 0.004^a$ | $0.020 \pm 0.010^a$ | $0.027 \pm 0.003^a$ | $0.003 \pm 0.001^a$ |
| 43 DAH | $0.230 \pm 0.020^a$ | $0.050 \pm 0.030^c$ | $0.020 \pm 0.003^a$ | $0.028 \pm 0.009^b$ | $0.004 \pm 0.001^b$ |
| 65 DAH | $3.280 \pm 0.090^c$ | $0.040 \pm 0.010^b$ | $0.120 \pm 0.050^b$ | $0.123 \pm 0.005^c$ | $0.054 \pm 0.008^d$ |
| 成鱼 | $9.610 \pm 0.020^d$ | $0.600 \pm 0.080^d$ | $0.190 \pm 0.020^c$ | $0.650 \pm 0.005^d$ | $0.103 \pm 0.007^c$ |

注：同一列的数据标有相同字母表示组间（发育阶段）差异不显著（$P>0.05$），含不同的字母表示组间差异显著（$P<0.05$），Duncan's法，后表同此。

表6-3　不同发育阶段的四指马鲅消化道不同部位黏膜上皮杯状细胞分布特征

单位：个/毫米²

| 发育阶段 | 食道 | 幽门盲囊 | 前肠 | 中肠 | 后肠 |
|---|---|---|---|---|---|
| 35 DAH | $559.17 \pm 10.8^c$ | $86.14 \pm 1.35^a$ | $83.58 \pm 6.79^a$ | $87.23 \pm 9.08^a$ | $87.65 \pm 3.07^a$ |
| 43 DAH | $445.65 \pm 9.23^a$ | $129.16 \pm 5.67^b$ | $170.14 \pm 3.98^b$ | $171.21 \pm 8.23^b$ | $175.69 \pm 6.91^b$ |
| 65 DAH | $989.21 \pm 11.09^d$ | $259.45 \pm 21.09^d$ | $972.83 \pm 4.65^d$ | $980.66 \pm 6.39^d$ | $1038.96 \pm 21.89^c$ |
| 成鱼 | $521.73 \pm 12.98^b$ | $129.41 \pm 7.45^c$ | $643.92 \pm 10.65^c$ | $659.23 \pm 8.49^c$ | $1298.91 \pm 13.94^d$ |

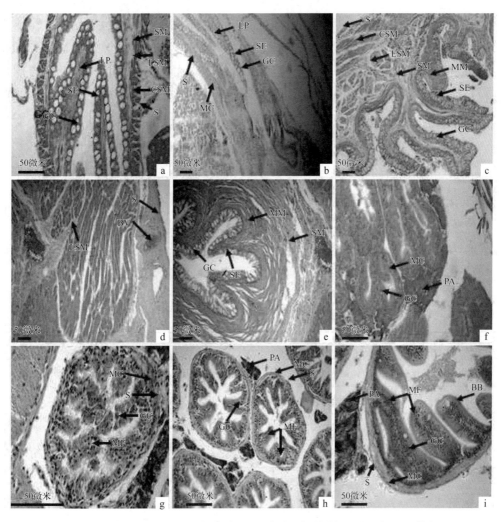

图6-7　不同发育阶段的四指马鲅食道和幽门盲囊组织学结构光镜观察（H.E染色）

a. 35 DAH稚鱼食道纵切（200×）；b. 43 DAH稚鱼食道纵切（100×）；c. 65 DAH幼鱼食道横切（100×）；d. 成鱼食道肌层横切（100×）；e. 成鱼食道黏膜横切（100×）；f. 35 DAH稚鱼幽门盲囊纵切（200×）；g. 43 DAH稚鱼幽门盲囊纵切（400×）；h. 65 DAH幼鱼幽门盲囊横切（200×）；i. 成鱼幽门盲囊横切（200×）

BB. 纹状缘；BV. 血管；CSM. 环肌；GC. 杯状细胞；LP. 固有膜；LSM. 纵肌；MC. 肌肉层；MF. 黏膜皱褶；MM. 黏膜肌；PA. 胰脏；S. 浆膜；SE. 复层黏膜上皮；SM. 黏膜下层

## （二）胃

不同发育阶段的四指马鲅胃部组织学特性比较见表6-4，稚鱼、幼鱼、成鱼胃部平均直径、管壁各层厚度均呈递增趋势。35 DAH和43 DAH稚鱼胃部贲门部、幽门部、胃体部和盲囊部均分化明显。两者的盲囊部都可见7～9个黏膜皱褶，皱褶较为宽大，黏膜单层柱状上皮均清晰可见，固有层中出现单管状胃腺，开口于胃小凹

（图6-8-a、b）。两者贲门部、胃体部和盲囊部胃腺和胃小凹数量相当，均以幽门部肌肉层最为发达。65 DAH幼鱼腔内形成7～12个黏膜皱褶，皱褶比稚鱼的宽大，上皮柱状细胞更为整齐密集，胃腺、胃小凹分布更为密集，胃小凹和胃腺数量在贲门部、胃体部和盲囊部分布较为密集且均匀，幽门部同样无胃腺。黏膜肌比较明显，肌肉层极发达（图6-8-c、d）。成鱼胃部黏膜皱褶平均有18个，皱褶更为扁平宽大，黏膜以胃腺为起点形成呈长条状的黏膜分支结构，胃腺胃小凹极发达，有些部位由固有层、胃腺和黏膜一起交织成网状；黏膜肌层很明显。黏膜下层之间分布有较多的血管。肌层更发达，幽门部肌层最厚，其间可见比较多的神经丛（图6-8-e、f、g）。稚鱼、幼鱼、成鱼之间幽门盲囊结构差异不大，管腔直径、黏膜皱褶数量、杯状细胞密度具有递增规律，成鱼幽门盲囊黏膜黏液层、纹状缘较为明显（图6-8-f、g、h、i）。

表6-4　不同发育阶段四指马鲅胃部组织学特征

单位：毫米

| 发育阶段 | 直径 | 黏膜层厚度 | 黏膜下层厚度 | 肌肉层厚度 | 外膜厚度 |
|---|---|---|---|---|---|
| 35 DAH | $0.340 \pm 0.001^a$ | $0.070 \pm 0.004^b$ | $0.020 \pm 0.001^a$ | $0.046 \pm 0.001^a$ | $0.006 \pm 0.001^b$ |
| 43 DAH | $0.410 \pm 0.003^b$ | $0.040 \pm 0.003^a$ | $0.020 \pm 0.003^a$ | $0.053 \pm 0.006^b$ | $0.004 \pm 0.004^a$ |
| 65 DAH | $1.930 \pm 0.010^c$ | $0.450 \pm 0.005^c$ | $0.040 \pm 0.003^b$ | $0.150 \pm 0.002^c$ | $0.053 \pm 0.003^c$ |
| 成鱼 | $11.040 \pm 0.050^d$ | $0.770 \pm 0.003^d$ | $0.250 \pm 0.001^c$ | $0.430 \pm 0.009^d$ | $0.090 \pm 0.003^d$ |

（三）肠道

不同发育阶段的四指马鲅肠道组织学特性比较详见表6-4和表6-5。

表6-5　不同发育阶段四指马鲅肠道组织学特性

单位：毫米

| 发育阶段 | 直径 | 黏膜层厚 | 黏膜下层厚度 | 肌肉层厚度 | 外膜厚度 |
|---|---|---|---|---|---|
| 35 DAH | $0.206 \pm 0.010^a$ | $0.021 \pm 0.003^b$ | $0.008 \pm 0.001^b$ | $0.009 \pm 0.001^a$ | $0.005 \pm 0.001^b$ |
| 43 DAH | $0.301 \pm 0.020^b$ | $0.019 \pm 0.001^a$ | $0.005 \pm 0.001^a$ | $0.013 \pm 0.003^b$ | $0.004 \pm 0.001^a$ |
| 65 DAH | $0.710 \pm 0.083^c$ | $0.130 \pm 0.012^c$ | $0.013 \pm 0.002^c$ | $0.023 \pm 0.004^c$ | $0.012 \pm 0.004^c$ |
| 成鱼 | $1.830 \pm 0.230^d$ | $0.233 \pm 0.050^d$ | $0.056 \pm 0.012^d$ | $0.110 \pm 0.007^d$ | $0.034 \pm 0.007^d$ |

35 DAH稚鱼肠管腔内可见较为细长的绒毛，数量较少，其中前肠腔内有9～11个绒毛皱褶，中肠有8～10个，后肠只有6～8个，单层柱状上皮细胞分化程度均比较低，局部可见少量圆形杯状细胞（图6-8-h），中肠和后肠杯状细胞密度较大。黏

膜下层不明显，肌层主要是环形的平滑肌，后肠肌层最厚。43 DAH稚鱼肠道直径增大，绒毛更为细长（图6-8-i），前肠、中肠、后肠绒毛皱褶数量分别是11～13个、9～10个、6～9个，杯状细胞以后肠密度最大。黏膜层和黏膜下层平均厚度比前者薄，肌层较35 DAH稚鱼厚。

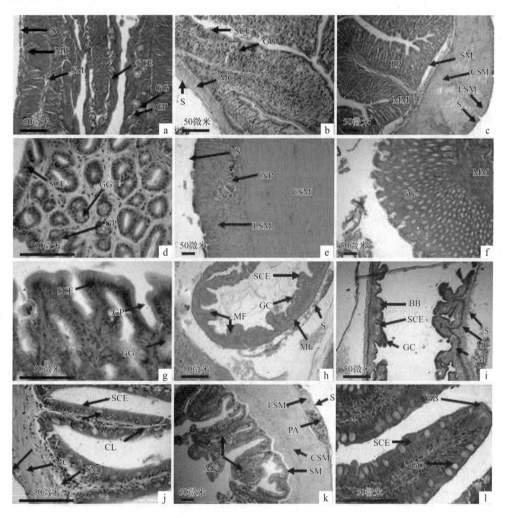

图6-8　不同发育阶段的四指马鲅稚鱼胃部和肠道组织学结构光镜观察（H.E染色）

a. 35 DAH 稚鱼胃部纵切（200×）；b. 43 DAH 稚鱼胃部纵切（200×）；c. 65 DAH幼鱼胃部横切（100×）；d. 幼鱼胃黏膜横切（400×）；e. 成鱼胃壁肌肉层横切（100×）；f. 成鱼胃膜横切（100×）；g. 成鱼胃黏膜横切（400×）；h. 35 DAH 稚鱼肠道纵切（200×）；i. 43 DAH 稚鱼肠道纵切（200×）；j. 65 DAH幼鱼肠道横切（400×）；k. 成鱼肠道横切（100×）；l. 成鱼肠黏膜横切（400×）

BB. 纹状缘；CL. 中央乳糜管；CSM. 环肌；GG. 胃腺；GP. 胃小凹；LP. 固有膜；LSM. 纵肌；MC. 肌肉层；MF. 黏膜皱褶；MM. 黏膜肌；NP. 神经丛；PA. 胰脏；S. 浆膜；SM. 黏膜下层；SCE. 单层柱状黏膜上皮

65 DAH幼鱼肠道直径是稚鱼的2～3.5倍，前肠腔内有30～33个绒毛皱褶，中肠有20～22个，后肠有20～21个，黏膜上皮杯状细胞总密度显著多于两阶段的稚鱼，前肠、中肠、后肠上皮间杯状细胞密度依次递增。黏膜层极厚，黏膜下层极结缔组织较为规则致密。肌层分内环肌和外纵肌，外层浆膜很薄（图6-8-j）。

成鱼肠道直径为幼鱼的2.5倍，前肠、中肠、后肠绒毛皱褶的数量相当，平均27个，绒毛更为宽大。黏膜上皮细胞游离面纹状缘结构表面被黏液层覆盖。杯状细胞总密度与幼鱼相当，前肠、中肠、后肠上皮杯状细胞密度同样呈递增规律，远离上皮基底层的杯状细胞数量逐渐增多，个体变大。固有层和黏膜肌层极薄，黏膜下层极厚，肌层之间可见分布许多的血管和神经丛（图6-8-k、l）。

### 三、综合分析

#### （一）四指马鲅消化道形态特点与功能的联系

四指马鲅幼鱼和成鱼食道比较短，起暂时储存食物的作用，胃部发达呈"卜"形且有贲门部、幽门部、胃体部、盲囊部分化，胃壁肌肉层很厚，能增强胃部收缩扩张的能力，有利于摄入和储存更多的食物并进行初级消化，与驼背鲈（*Cromileptes altinelis*）、平鲷（*Rhabdosargus sarba*）胃部分化特征相似，而黄鳍鲷（*Sparus latus*）胃部呈"V"形，扁吻半丘油鲶（*Hemisorubim platyrhynchos*）胃部呈"J"形，功能都与"卜"形胃相似，波纹唇鱼（*Cheilinus undulates*）胃部呈"I"形，盲囊部分化不明显，其胃容量较小。鱼类肠道的长短与其食性密切相关，草食性鱼类肠道细长盘曲，肉食性鱼类所摄取的食物易于消化，其肠道简单而粗短，如军曹鱼（*Rachycentron canadum*）肠道系数是0.58～0.62、翘嘴红鲌（*Erythroculter ilishaeformis*）和黄鳝（*Monopterus albus*）的肠道系数分别为1.119±0.069、0.2455±0.0136。该研究中，四指马鲅幼鱼肠道系数为0.30±0.01，成鱼肠道系数为0.63±0.002，符合肉食性鱼类肠长比体长短的特征，胃部空间和结构上存在功能的分区，可提高消化吸收的能力。

#### （二）四指马鲅消化道组织结构与功能的联系

四指马鲅稚鱼、幼鱼、成鱼食道管腔均有形成纵行的皱褶，黏膜皱褶结构能减少食物对组织的损伤，同时具有扩大消化吸收面积和支持黏液和酶类、使食物顺利地通过食道的作用，且三者之间食道肌肉层厚度逐渐增加、横纹肌变丰富，因而肌肉收缩能力逐渐增强，有利于推动较大型的食物进入胃中消化。胃腔内形成宽平的黏膜皱褶、发达环形平滑肌，有利于扩大胃部食物容量，兼具胃腺分泌黏液和胃蛋白酶源，更有利于动物蛋白的消化。有些种属的鱼类其胃部不含胃腺，如金点鲛（*Liza parsia*），推测其胃部不参与或少参与食物的消化，而四指马鲅胃部除幽门部无胃腺外其余均有胃腺分布，与哲罗鱼（*Hucho taimen*）、黄尾鰤（*Seriola lalandi*）很相似。四指马鲅肠道绒毛发达，稚鱼和幼鱼均表现为前肠绒毛最密，中后肠绒毛数量相当；而成鱼前中后肠绒毛疏密呈递减规律，管腔直径则均呈递减趋势。前肠绒毛多，管腔大，起缓冲作用，使经幽门盲囊消化的食物顺利进入肠道，推测其前肠和中肠主要负责食物的消化与吸收。

（三）杯状细胞与消化能力的关系

杯状细胞具备多样的生理作用，在饥饿胁迫时其分布密度变化较为敏感，所以杯状细胞数量的多少可以间接衡量鱼类的消化能力。四指马鲅稚鱼食道已有杯状细胞分化，而幼鱼和成鱼食道黏膜上皮杯状细胞极多，有些细胞内还可见深色的颗粒物质，因此认为四指马鲅食道已具备初步消化的功能，与波纹唇鱼、黄斑篮子鱼（*Siganus oramin*）的研究推断一致。鱼类肠道黏膜上皮分布大量的杯状细胞，且前、中、后段密度存在差异，如条纹锯鮨（*Centropristis striata*）的消化道前肠、中肠、后肠杯状细胞的数量呈递减规律，该研究发现四指马鲅肠道杯状细胞密度在稚鱼、幼鱼和成鱼间呈递增趋势，幼鱼和成鱼前肠、中肠杯状细胞密度相当，后肠最大，推测后肠除消化吸收外还担起着食物残渣推送作用。

（四）不同发育阶段四指马鲅消化道结构特征

鱼类早期发育过程中，机体各器官经过一系列的变化而逐渐发育成熟，稚鱼期消化器官发育较为完备，胃腺和幽门盲囊已分化完毕，摄食和消化能力加强。胃腺的出现日龄存在种属间的差异，如黄颡鱼（*Pelteobagrus fulvidraco*）为3 DAH、条石鲷（*Oplegnathus fasciantus*）为12 DAH～15 DAH、卵形鲳鲹（*Trachinotus ovatus*）为17 DAH～18 DAH、有名锤形石首鱼（*Atractoscion nobilis*）为16 DAH、绯小鲷（*Pagellus erythrinus*）为28 DAH，发育较迟的如黑点圆鲀（*Sphoeroides annulatus*）则32 DAH还未出现胃腺，该研究观察到35 DAH稚鱼胃部出现一定数量的胃腺，43 DAH稚鱼胃部胃腺密度要大于前者，同时，稚鱼胃部已具有完整的黏膜皱褶；胃腺、黏膜皱褶、幽门盲囊的出现及黏膜上皮杯状细胞的分化有利于稚鱼扩大消化吸收面积，推测这两阶段的稚鱼消化系统结构与功能的发育已基本满足机体生长代谢的需要，并呈现继续完善的趋势。随着机体生长发育，幼鱼经过摄食的练习、适应与驯化，在量和质方面体现消化道结构和功能的发育如食道、胃部直径显著增加，能以头足类、虾的幼体和多毛类为食，黏膜皱褶数量变多并逐渐变得宽大，食道黏膜上皮细胞分化程度显著递增，胃部胃腺和胃小凹数量增多，幽门盲囊和肠管内绒毛数量增多，上皮间杯状细胞数量增多，在保证快速吸收消化食物维持机体生长的同时促进消化道结构功能的正向发育。成鱼处于稳定生长状态，消化道管壁较厚，肌肉层明显增厚，胃部充分扩张，能吞食消化较大的虾类和鱼类，胃部的胃腺、食道和肠道黏膜上皮黏液细胞数量足够多，才能维持高效的代谢与同化作用，为其繁殖储备能量。

# 第五节　四指马鲅消化道黏液细胞的发育规律

　　黏液细胞随着机体的生长发育，其成分和形态分布均发生明显变化，可作为检测消化道功能发育的参考依据。消化道的结构发育与功能完善直接影响仔稚鱼对营养物质的吸收利用及其成活率。因此，研究观察鱼类消化道黏液细胞的发育规律对揭示仔稚鱼消化道的变化规律及苗种培育具有重要的指导作用。该节针对仔鱼在培育过程中呈现生长迅速的特点，从功能细胞角度分析四指马鲅仔鱼消化机能的发育规律，为指导其育苗过程中适时更换饵料及制定投饲策略，完善育苗工艺和提高育苗成活率提供参考依据。

## 一、黏液细胞的发生过程

　　1～4日龄四指马鲅仔鱼消化道由简单的直线管发育到基本与外界连通状态，包括食道、胃部和肠道基本的分化，但黏膜上皮间未见有黏液细胞分布。5日龄仔鱼食道形成1～2个黏膜皱褶，上皮基底层和中间层出现少量Ⅱ型黏液细胞，均为圆形且被染成深蓝色的细胞，胞质均匀（图6-9-a）；胃肠黏膜皱褶增多变扁平，其黏膜边缘呈淡蓝色，但仍未见有黏液细胞分布。9日龄仔鱼食道黏液细胞仍只有圆形的Ⅱ型黏液细胞（图6-9-b）；胃部呈"Y"形，贲门部、幽门部、胃体部和盲囊部呈明显的区域分化，黏膜皱褶丰富，各区域大部分的黏膜表面被染成浅红色，为含中性黏多糖的Ⅰ型黏液细胞；肠道仍无前肠、中肠、后肠的分化，上皮间未见黏液细胞。15日龄仔鱼胃部仍以Ⅰ型表面黏液细胞为主，但在有胃腺分布的区域（除幽门部外）分布有蓝色的Ⅱ型黏液细胞（图6-9-c），肠道前、中、后段均出现蓝色的Ⅱ型黏液细胞，且以圆形为主（图6-9-d和图6-9-e）。17日龄仔鱼食道上皮分布极多的Ⅱ型黏液细胞，复层上皮由黏液细胞密集而被染成深蓝色，部分细胞蓝色较浅呈空泡状（图6-9-f），胃部胃腺区域的Ⅱ型黏液细胞数量增多，黏膜表面检测出蓝色（Ⅱ型）和红色（Ⅰ型）交替的黏液细胞线，幽门盲囊形成4～6个管腔，均可检测出Ⅱ型黏液细胞（图6-9-g）。23日和30日龄仔鱼消化道黏液细胞类型维持不变，以Ⅱ型为主，但数量持续增加（图6-9-h至图6-9-o）。

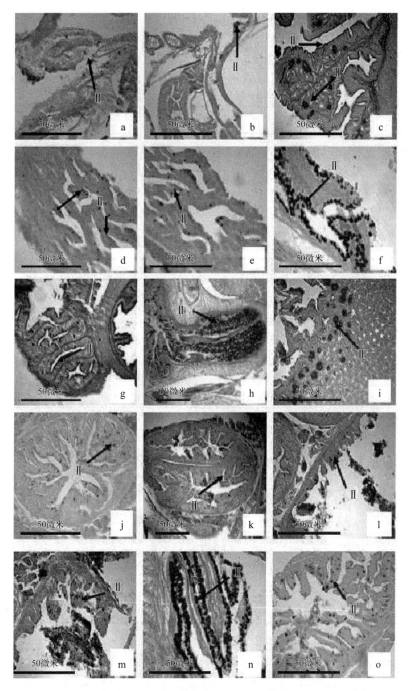

图6-9　四指马鲅消化道黏液细胞发育组织化学观察结果（AB-PAS染色）

a. 5日龄仔鱼食道纵切面；b. 9日龄仔鱼食道纵切面；c. 15日龄仔鱼胃部纵切面；d. 15日龄仔鱼前肠纵切面；
e. 15日龄仔鱼后肠纵切面；f. 17日龄仔鱼食道纵切面；g. 17日龄仔鱼幽门盲囊纵切面；h. 23日龄仔鱼食道纵
切面；i. 23日龄仔鱼胃部纵切面；j. 23日龄仔鱼幽门盲囊纵切面；k. 23日龄仔鱼前肠纵切面；l. 23日龄仔鱼
中肠纵切面；m. 23日龄仔鱼后肠纵切面；n. 30日龄仔鱼食道纵切面；o. 30日龄仔鱼幽门盲囊纵切面

Ⅰ. Ⅰ型黏液细胞；Ⅱ. Ⅱ型黏液细胞

## 二、消化道各段黏液细胞密度的变化

由表6-6可以看出，四指马鲅消化道各段的黏液细胞密度随日龄增长呈显著的增加趋势（$P<0.05$）。5日龄仔鱼食道开始分化出黏液细胞，密度为$52.09\pm1.01$个/毫米$^2$，发育至9日、15日、17日、23日、30日龄时分别为$161.45\pm0.90$个/毫米$^2$、$259.98\pm12.34$个/毫米$^2$、$216.65\pm12.82$个/毫米$^2$、$471.62\pm10.38$个/毫米$^2$和$1489.49\pm8.45$个/毫米$^2$；幽门盲囊黏液细胞发生时（17日龄）密度为$200.65\pm8.30$个/毫米$^2$，23日龄时增加至$590.38\pm2.91$个/毫米$^2$，30日龄时达$687.45\pm3.81$个/毫米$^2$；肠道从15日龄出现黏液细胞，密度为$239.98\pm9.31$个/毫米$^2$，至30日龄时达$462.72\pm10.29$个/毫米$^2$。

表6-6 四指马鲅消化道各段黏液细胞密度的变化情况

单位：个/毫米$^2$

| 日龄 | 食道 | 幽门盲囊 | 肠道 |
|---|---|---|---|
| 5 | $52.09\pm1.01^f$ | – | – |
| 9 | $161.45\pm0.90^e$ | – | – |
| 15 | $259.98\pm12.34^c$ | – | $239.98\pm9.31^d$ |
| 17 | $216.65\pm12.82^d$ | $200.65\pm8.30^c$ | $289.46\pm7.39^c$ |
| 23 | $471.62\pm10.38^b$ | $590.38\pm2.91^b$ | $351.37\pm6.72^b$ |
| 30 | $1489.49\pm8.45^a$ | $687.45\pm3.81^a$ | $462.72\pm10.29^a$ |

注：同列数据后不同小写字母表示存在显著差异（$P<0.05$），"–"表示未检出。下同。

## 三、消化道黏液细胞大小变化及各段的分泌能力

四指马鲅消化道各段黏液细胞的大小也随日龄的增加而增大，其中以食道黏液细胞大小增长最明显（表6-7）。黏液细胞大小与其密度的乘积可衡量消化道各段的黏液分泌能力，由表6-8可知，四指马鲅消化道各段的黏液分泌能力亦随日龄的增加而提高，同一日龄仔鱼消化道中以食道黏液分泌能力最强。

表6-7 四指马鲅消化道黏液细胞大小的变化情况

单位：毫米

| 日龄 | 食道 | | 幽门盲囊 | | 肠道 | |
|---|---|---|---|---|---|---|
| | 长径 | 短径 | 长径 | 短径 | 长径 | 短径 |
| 5 | $2.77\pm0.49^f$ | $2.19\pm0.80^f$ | – | – | – | – |
| 9 | $2.86\pm0.09^e$ | $2.47\pm0.85^e$ | – | – | – | – |
| 15 | $2.91\pm0.07^d$ | $2.61\pm0.94^c$ | – | – | $2.41\pm0.71^d$ | $2.09\pm0.19^d$ |
| 17 | $3.38\pm0.47^c$ | $2.58\pm0.39^d$ | $1.83\pm0.48^c$ | $1.53\pm0.30^c$ | $2.59\pm0.84^c$ | $2.12\pm0.96^c$ |
| 23 | $5.08\pm1.48^a$ | $4.07\pm1.20^a$ | $2.32\pm0.45^b$ | $1.60\pm0.39^b$ | $2.89\pm0.37^b$ | $2.48\pm0.60^b$ |
| 30 | $3.84\pm0.64^b$ | $2.67\pm0.46^b$ | $3.13\pm0.25^a$ | $1.98\pm0.56^a$ | $3.12\pm0.65^a$ | $2.89\pm0.36^a$ |

注：同列数据后不同小写字母表示存在显著差异（$P<0.05$），"–"表示未检出。下同。

表6-8　四指马鲅消化道各段黏液细胞分泌能力的变化情况

| 日龄 | 食道 | 肠道 | 幽门盲囊 |
|---|---|---|---|
| 5 | $0.0002 \pm 0.0001^f$ | – | – |
| 9 | $0.0008 \pm 0.0002^e$ | – | – |
| 15 | $0.0018 \pm 0.0003^c$ | $0.0008 \pm 0.0001^d$ | – |
| 17 | $0.0015 \pm 0.0005^d$ | $0.0014 \pm 0.0001^c$ | $0.0006 \pm 0.0001^c$ |
| 23 | $0.0074 \pm 0.0001^b$ | $0.0025 \pm 0.0002^b$ | $0.0019 \pm 0.0001^b$ |
| 30 | $0.0140 \pm 0.0003^a$ | $0.0033 \pm 0.0003^a$ | $0.0032 \pm 0.0002^a$ |

注：同列数据后不同小写字母表示存在显著差异（$P<0.05$），"–"表示未检出。下同。

## 四、综合分析

### （一）四指马鲅消化道黏液细胞发生的规律

黏液细胞的成分差异可反映鱼类发育阶段。四指马鲅仔稚鱼消化道最早（5日龄）在食道黏膜出现Ⅱ型黏液细胞，而胃部最先（9日龄）出现Ⅰ型黏液细胞，随着日龄增长才出现Ⅱ型黏液细胞，幽门盲囊在17日龄时可检测到Ⅱ型黏液细胞，肠道最先（15日龄）发育的是Ⅱ型黏液细胞，同时含有少量Ⅰ型黏液细胞，且消化道各段在30日龄时均未见Ⅲ型和Ⅳ型黏液细胞。四指马鲅的Ⅰ型和Ⅱ型黏液细胞均为幼稚型黏液细胞，仅含有单一种类的黏多糖，与点带石斑鱼、泥鳅的消化道黏液细胞发育特点相似，表明在鱼类的早期发育过程中，黏液细胞与消化道自身发育有紧密联系，黏液细胞从幼稚型向成熟型转变体现了消化道结构从发生到成熟的变化过程。该研究发现，四指马鲅仔鱼在不同日龄中消化道各段所含的黏液细胞总密度各不相同，分泌能力存在日龄和部位的差异，即反映消化道各段在执行消化吸收功能的地位，其中以食道在不同日龄中的黏液分泌能力最强，表明食道在协助食物消化吸收过程中发挥了重要作用。大多数硬骨海水鱼类食道被覆复层的黏膜上皮并分布有大量黏液细胞，由其分泌的黏液物质在保护黏膜上皮免受机械损伤和细菌入侵及离子吸收等方面发挥作用。此外，四指马鲅为肉食性鱼类，食道很短，借其发达的肌肉层和黏膜层实现摄入足量食物进行机械消化的目的，而丰富的黏液物质有利于润滑食物使其快速往胃部推送。

### （二）四指马鲅消化道早期发育中黏液细胞的功能

四指马鲅早期发育的消化道黏液细胞发育顺序为Ⅱ型→Ⅰ型，其中Ⅱ型黏液细胞在17日龄后整个消化道均可检测出来，尤其在食道和肠道分布有较多的Ⅱ型黏液细胞，其分泌的酸性黏液物质（主要含有酸性糖蛋白复合物）与含中性糖蛋白的黏液物质不同，可增加表面黏液的黏性，以此润滑食物（如软体动物、甲壳类小型鱼类和昆虫等）并保护黏膜表面，还起到协助机体对食物的转运和吞咽作用，而且肠道是营养物质吸收及清除有害微生物的场所，富含的酸性黏液细胞可能与刺激黏膜免疫发生有关。该研究中，四指马鲅5日龄仔鱼食道出现Ⅱ型黏液细胞，随着日龄的增加，消化道Ⅱ型黏液细胞数量呈明显的增加趋势，但未见其他类型（Ⅲ型、Ⅳ型）黏液细胞，故推测Ⅱ型黏液细胞在仔鱼早期发育过程中维持机体正常消化功能和形成一定黏膜免疫能力方面占主导地位。四指马鲅仔鱼在3日龄时开口，体内消化道与外界连通，消化道具备简单的摄食和消化能力，但尚未分化完备的消化器官，随着营养方式转变为外源性营养，摄食同时也增加有害微生物入侵的机会。所分泌的酸性黏液物质的Ⅱ型黏液细胞在一定程度上可以帮助食物消化吸收及建立机体抵御不良环境的能力；四指马鲅肠道从15日龄开始分化出Ⅱ型黏液细胞和少量Ⅰ型黏液细胞，其中Ⅰ型黏液细胞分泌的中性糖蛋白常与碱性磷酸酶共存，有利于乳化食物，且中性黏液物质可作为酶解食物过程中的必需辅助因子，表现为吸收功能与防御能力相协调。四指马鲅从9日龄起胃部黏膜开始出现Ⅰ型黏液细胞，且数量随日龄的增加而增加，营造出中性黏液环境以利于食物的快速消化，与平鲷（*Rhabdosargus sarba*）、黄鳍鲷（*Sparus latus*）、黄斑篮子鱼（*Siganus oramin*）的研究结果相似。

### （三）研究黏液细胞发育对育苗的指导意义

在仔鱼培育过程，选择适口饵料与及时更换饲料并制定投饲策略是提高育苗成活率的关键措施之一。已有研究发现，黏液细胞的出现与仔稚鱼开口日龄具有一致性，且黏液细胞的存在可能是仔鱼开口的前提。有研究发现，泥鳅在开口时（3日龄）口咽腔即出现酸性黏液细胞，且其分泌的黏液物质在仔鱼进入外源性营养期间对食物的消化起主要作用。但该研究结果表明，四指马鲅仔鱼的开口日龄（3日龄）与黏液细胞发生日龄（5日龄）并不一致，可能与种属特异性、培育环境及仔鱼营养方式转变有关，仔鱼开口前由卵黄囊提供营养物质，为内源性营养期，开口摄食后由于消化道发育不完善，并未直接进入完全外源营养阶段，而是经历短暂的混合营养期，此期间（3～5日龄）尚未分化出黏液细胞，表明此阶段仔鱼体内执行消化功能的并非黏液细胞分泌的黏液物质。至5日龄时卵黄囊吸收完毕，消化道结构得到发育同时出现黏液细胞，消化机能进一步提高，使得仔鱼具备独立摄食、消化和吸收的能力，进入完全外源性营养期成为可能。值得注意的是仔鱼开口后，即在5日龄时出现黏液细胞，但分泌黏液物质单一且数量不多，消化吸收能力较差且应对不良环境的抵御能力较低，极易感染疾病，因此，此阶段除了要保证饵料充足外，还应注意仔鱼培育的日常管理。

## 第六节　四指马鲅稚鱼、幼鱼和成鱼消化道黏液细胞组织化学研究

鱼类机体和器官表面或腔面衬贴着大面积的黏膜上皮组织，具有保护、吸收、分泌等功能，其中如皮肤、鳃、消化道等黏膜上皮组织分布着大量的能分泌黏液的黏液细胞，而所分泌的黏液中含有黏多糖、糖蛋白、免疫球蛋白及各种水解性酶类等多种活性物质，具有辅助食物消化吸收、调节渗透压、构成非特异性黏膜免疫等方面的功能。研究黏液细胞有助于分析鱼类生长发育、消化吸收以及适应与防御环境等方面的机制。

该节采用常规石蜡组织切片及阿利新兰—过碘酸雪夫试剂AB-PAS的染色方法对四指马鲅稚鱼、幼鱼和成鱼消化道中黏液细胞的类型及分布特征进行观察研究，比较不同发育阶段其消化道黏液细胞发育的差异，分析各发育阶段鱼体的消化生理及其免疫屏障形成的机制，以期为该鱼人工育苗及幼鱼期免疫预防方面提供理论依据。

### 一、食道黏液细胞的分布

各阶段食道黏液细胞分布特征及差异比较详见表6-9。

35 DAH稚鱼食道中部黏膜上皮稀散分布Ⅰ型和Ⅱ型黏液细胞，以Ⅱ型黏液细胞为主，此两种类型黏液细胞主要分布在黏膜皱褶上且均为远离上皮基底层呈囊状和圆形的细胞。Ⅰ型黏液细胞个体较小。Ⅱ型黏液细胞个体较大，部分细胞内含很多蓝染深浅不一的颗粒物质，有些细胞内含颗粒物质比较少，整个细胞边缘蓝染很浅，中部呈空泡状（图6-10-a）。

65 DAH幼鱼食道黏膜上皮黏液细胞数量为稚鱼的3.27倍且种类分型完善，含Ⅰ型、Ⅱ型、Ⅲ型和Ⅳ型黏液细胞，四类细胞在多处黏膜皱褶上皮相间排列，黏液细胞密度Ⅳ型>Ⅱ型>Ⅲ型>Ⅰ型。Ⅳ型黏液细胞多数呈梨形和杯形，可清晰见其开口于食管腔内，也有数量不少呈圆形的Ⅳ型黏液细胞，其形状更为膨大，有些深蓝色的细胞表面光滑平整，有些深蓝色细胞同时可见胞内含有许多粗细不一的颗粒，其表面结构则比较粗糙。Ⅲ型黏液细胞主要分布在黏膜近基底层，主要呈梨形、圆形、椭圆形和不规则的形状。Ⅰ型、Ⅱ型黏液细胞个体较小，主要为圆形，多集中在黏膜基底层（图6-10-b和图6-10-c）。

成鱼食道黏膜上分布有两类黏液细胞，数量是幼鱼的1.38倍，一类是Ⅱ型黏液

细胞，只占少数，有圆形和梨形两种，稀疏分布于上皮中间层。另一类是Ⅳ型黏液细胞，分布密集呈堆积状，多数集中在上皮表层，排列整齐，开口及其分泌的黏液线清晰可见，细胞巨大呈圆形、椭圆形、梭形和梨形，胞内均可见蓝色核红色的分泌颗粒，其中蓝色分泌颗粒主要在细胞中部，而红色颗粒分布在胞质边缘（图6-10-d）。

表6-9　不同发育阶段的四指马鲅食道黏液细胞密度比较

单位：个/毫米²

| 发育阶段 | Ⅰ型 | Ⅱ型 | Ⅲ型 | Ⅳ型 | 总数 |
|---|---|---|---|---|---|
| 35 DAH | $10.72 \pm 1.21^a$ | $248.45 \pm 4.89^a$ | – | – | $259.17 \pm 5.85^a$ |
| 65 DAH | $77.44 \pm 7.34^b$ | $257.25 \pm 1.35^b$ | $192.04 \pm 5.90^a$ | $319.54 \pm 7.89^a$ | $846.27 \pm 2.13^b$ |
| 成鱼 | – | $449.41 \pm 2.96^c$ | – | $720.48 \pm 11.89^b$ | $1169.89 \pm 12.32^c$ |

注：同一列中标有相同字母的数据表示组间差异不显著（$P>0.05$），不同字母表示组间差异显著（$P<0.05$）。下同。

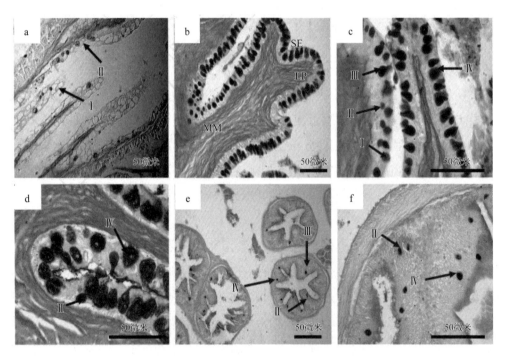

图6-10　不同发育阶段的四指马鲅食道黏液细胞分布特征（AB-PAS染色）

a.35 DAH稚鱼食道（200×）；b.65 DAH幼鱼食道整体横切（200×）；c.65 DAH幼鱼食道黏膜（400×）；d.成鱼食道黏膜横切（400×）；e.65 DAH幼鱼幽门盲囊整体横切（200×）；f.成鱼幽门盲囊（400×）
LP.固有膜；MM.黏膜肌；SE.复层上皮；Ⅰ.Ⅰ型黏液细胞；Ⅱ.Ⅱ型黏液细胞；Ⅲ.Ⅲ型黏液细胞；Ⅳ.Ⅳ型黏液细胞

## 二、胃部黏液细胞的分布

35 DAH稚鱼整个胃部只检测出Ⅰ型黏液细胞，并且均集中在黏膜上皮表层，为表面黏液细胞，细胞呈柱状；贲门部、胃体部和盲囊部的个别胃腺含有Ⅰ型黏液细胞，尤以胃小凹上皮Ⅰ型黏液细胞分布更为明显（图6-11-a至图6-11-d）。65 DAH幼鱼贲门部、胃体部和盲囊部均含有Ⅰ型、Ⅲ型和Ⅳ型黏液细胞，前者位于黏膜上皮表层呈细胞线，Ⅲ型黏液细胞主要分布在胃腺颈部，Ⅳ型黏液细胞分布于胃腺底部，幽门部只含Ⅰ型黏液细胞，并且分布在黏膜上皮表层成红色的线状（图6-11-e至图6-11-h）。成鱼贲门部和胃体部黏膜上皮以及胃小凹上皮均只含Ⅰ型黏液细胞，胃腺腺腔上皮均只含Ⅳ型黏液细胞，且多为圆形；幽门部只含Ⅰ型黏液细胞，分布于黏膜上皮表层；盲囊部胃腺区域只含Ⅱ型黏液细胞（图6-11-i至图6-11-l）。

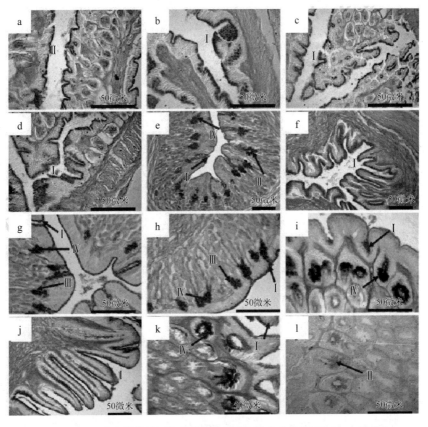

图6-11　不同发育阶段的四指马鲅胃部黏液细胞分布特征（AB-PAS染色）

a. 35 DAH稚鱼贲门部（400×）；b. 35 DAH稚鱼幽门部（400×）；c. 35 DAH稚鱼胃体部（400×）；
d. 35 DAH稚鱼盲囊部（400×）；e. 65 DAH幼鱼贲门部（200×）；f. 65 DAH幼鱼幽门部（200×）；
g. 65 DAH幼鱼胃体部（400×）；h. 65 DAH幼鱼盲囊部（400×）；i. 成鱼贲门部（400×）；j. 成鱼幽
门部（200×）；k. 成鱼胃体部（400×）；l. 成鱼盲囊部（400×）

Ⅰ. Ⅰ型黏液细胞；Ⅱ. Ⅱ型黏液细胞；Ⅲ. Ⅲ型黏液细胞；Ⅳ. Ⅳ型黏液细胞

### 三、幽门盲囊黏液细胞的分布

35 DAH稚鱼幽门盲囊未检测出黏液细胞。65 DAH幼鱼的幽门盲囊含Ⅱ型、Ⅲ型和Ⅳ型黏液细胞，Ⅲ型细胞只分布在极少数的管腔黏膜皱褶内，细胞个体较小；其余多数管腔内的黏膜上有Ⅱ型、Ⅳ型黏液细胞，分布在黏膜皱褶的顶部、中部和底部，尤以底部黏液细胞最为丰富。Ⅳ型细胞个体较大，内含密集的颗粒物质。Ⅱ型黏液细胞呈浅蓝色，内含颗粒物质比较稀散（图6-10-f）。成鱼幽门盲囊黏液细胞只含Ⅱ型、Ⅳ型两类，多分布在黏膜皱褶的底部（图6-10-g）。

### 四、肠道黏液细胞的分布

各阶段肠道黏液细胞分布特征及差异比较详见表6-10。

35 DAH稚鱼肠道黏液细胞数量依次是后肠>前肠>中肠。前肠含Ⅰ型和Ⅲ型黏液细胞，主要为圆形（图6-12-a），与幽门部交界处黏液细胞数量较多，其中Ⅰ型黏液细胞个体较大。中肠只含Ⅱ型黏液细胞，分布在部分较为狭长的绒毛黏膜上皮中，细胞细小呈圆形（图6-12-b）。后肠也只含圆形的Ⅱ型黏液细胞（图6-12-c）。

65 DAH幼鱼肠道黏液细胞种类丰富，数量为稚鱼的5.08倍，以后肠密度最大。前肠含四种型黏液细胞，密度Ⅲ型 > Ⅳ型 > Ⅰ型 > Ⅱ型。Ⅰ型黏液细胞较细小呈圆形，主要分布在绒毛底部；Ⅱ型黏液细胞主要分布于绒毛底端和中部。Ⅲ型黏液细胞主要分布于绒毛中部和前端，细胞个体膨大呈梨形，染色较深，内含细小颗粒物质。Ⅳ型黏液细胞则在绒毛各段均有分布，尤以前端最为密集，细胞更为膨大呈梨形，内含许多颗粒物质，也有数量不少呈杯形的细胞（图6-12-d）。中肠亦分布Ⅰ、Ⅱ、Ⅲ、Ⅳ型黏液细胞，Ⅳ型黏液细胞多分布在绒毛上皮中间层及绒毛底端宽大的区域，细胞排列较为整齐，形状膨大呈椭圆形、梨形和杯形；Ⅲ型黏液细胞多为椭圆形，主要分布在绒毛顶端；Ⅰ、Ⅱ型黏液细胞稀散分布与绒毛底端、中部和顶端，个体比较小多为圆形（图6-12-e）。后肠含Ⅱ、Ⅲ、Ⅳ型黏液细胞，Ⅳ型黏液细胞密度最大，其次是Ⅱ型黏液细胞（图6-12-f）。

成鱼肠道只含Ⅲ型和Ⅳ型两类黏液细胞，数量为幼鱼的2.04倍，密度按前肠、中肠、后肠规律性递增。前肠Ⅲ型黏液细胞极多，分布于绒毛各段，主要呈圆形、杯形和梨形。梨形黏液细胞个体较大，在绒毛前端最为密集，染色较深，内含紫红色的颗粒物质清晰可见；Ⅳ型黏液细胞较少，主要有圆形和杯形，细胞均比较细小，分布于绒毛最前端的梭形细胞个体较大（图6-12-g）。中肠以Ⅳ型黏液细胞为主且细胞多为圆形，个体较为细小，Ⅲ型黏液细胞数量相对较少，细胞膨大，个体大小比较均匀（图6-12-h）。后肠两类黏液细胞极多，尤其是Ⅲ型，其个体膨大呈梨形分布于绒毛底端和中部且多为圆形；有些较为宽大的绒毛中部和前端则分布数量较多主要呈圆形、个体较小的Ⅳ型黏液细胞（6-12-i）。

表6-10　不同发育阶段的四指马鲅肠道黏液细胞密度比较

单位：个/毫米²

| 发育阶段 | 部位 | 黏液细胞 | | | | |
|---|---|---|---|---|---|---|
| | | Ⅰ型 | Ⅱ型 | Ⅲ型 | Ⅳ型 | 总数 |
| 35 DAH | 前肠 | 168.91±1.90[b] | – | 64.35±3.45[a] | – | 233.26±0.79[b] |
| | 中肠 | 180.99±2.09[c] | – | – | – | 180.99±2.09[a] |
| | 后肠 | 299.97±2.57[e] | – | – | – | 299.97±2.57c |
| 65 DAH | 前肠 | 216.32±8.34[d] | 107.16±4.78[a] | 475.25±6.78[d] | 323.33±6.79[a] | 1122.06±14.75[e] |
| | 中肠 | 98.32±3.89[a] | 187.55±5.93[b] | 264.47±1.46[c] | 469.34±9.05[c] | 1019.67±7.57[d] |
| | 后肠 | – | 369.88±8.94[c] | 80.42±9.02[b] | 1038.17±3.78[e] | 1488.48±2.58[f] |
| 成鱼 | 前肠 | – | – | 1490.90±7.93[f] | 463.68±11.23[b] | 1954.57±26.49[g] |
| | 中肠 | – | – | 848.88±6.89[e] | 1726.30±6.73[f] | 2575.19±18.94[h] |
| | 后肠 | – | – | 1847.57±2.34[g] | 1012.95±9.03[d] | 2860.53±26.49[i] |

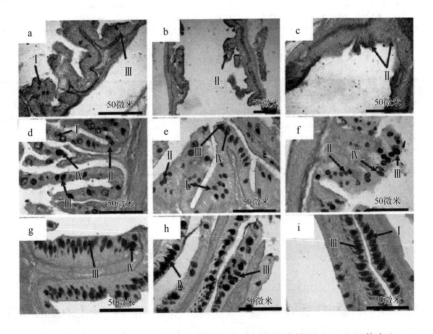

图6-12　不同发育阶段的四指马鲅肠道黏液细胞分布特征（AB-PAS染色）

a. 35 DAH稚鱼前肠（400×）；b. 35 DAH稚鱼中肠（200×）；c. 35 DAH稚鱼后肠（400×）；d. 65 DAH幼鱼前肠（400×）；e. 65 DAH幼鱼中肠（400×）；f. 65 DAH稚鱼后肠（400×）；g. 成鱼前肠整体横切（400×）；h. 成鱼中肠整体横切（400×）；i. 成鱼后肠黏膜（400×）

Ⅰ. Ⅰ型黏液细胞；Ⅱ. Ⅱ型黏液细胞；Ⅲ. Ⅲ型黏液细胞；Ⅳ. Ⅳ型黏液细胞

## 五、不同发育阶段四指马鲅消化道各段黏液细胞个体大小及分泌能力

消化道不同部位黏液细胞的大小见表6-11。各部位黏液细胞随着日龄增长，其长短径呈递增趋势，食道黏液细胞长短径增长尤为明显。消化道各段黏液的分泌能力反映黏液细胞相对总面积的大小，由表6-12可以看出，食道和后肠在各个发育阶段均表现为黏液细胞数量较多，因而其相对分泌能力较强。稚鱼、幼鱼、成鱼之间消化道各段的分泌能力均呈递增规律。

表6-11 不同发育阶段的四指马鲅消化道不同部位黏液细胞的大小

| 发育阶段 | 细胞大小（毫米） | 部位 | | | |
|---|---|---|---|---|---|
| | | 食道 | 前肠 | 中肠 | 后肠 |
| 35 DAH | 长径 | $0.006 \pm 0.002^a$ | $0.005 \pm 0.001^b$ | $0.004 \pm 0.001^a$ | $0.003 \pm 0.001^a$ |
| | 短径 | $0.006 \pm 0.001^a$ | $0.004 \pm 0.001^a$ | $0.004 \pm 0.001^a$ | $0.003 \pm 0.001^a$ |
| 65 DAH | 长径 | $0.013 \pm 0.003^d$ | $0.008 \pm 0.001^d$ | $0.008 \pm 0.002^d$ | $0.008 \pm 0.001^c$ |
| | 短径 | $0.008 \pm 0.002^b$ | $0.007 \pm 0.001^c$ | $0.006 \pm 0.001^b$ | $0.006 \pm 0.001^b$ |
| 成鱼 | 长径 | $0.018 \pm 0.002^e$ | $0.010 \pm 0.001^e$ | $0.013 \pm 0.003^e$ | $0.014 \pm 0.002^d$ |
| | 短径 | $0.011 \pm 0.001^c$ | $0.007 \pm 0.001^c$ | $0.007 \pm 0.001^c$ | $0.008 \pm 0.001^c$ |

表6-12 不同发育阶段的四指马鲅消化道各段分泌能力大小的比较

| 发育阶段 | 食道 | 前肠 | 中肠 | 后肠 |
|---|---|---|---|---|
| 35 DAH | $0.026 \pm 0.001^a$ | $0.014 \pm 0.002^a$ | $0.007 \pm 0.001^a$ | $0.018 \pm 0.003^a$ |
| 65 DAH | $0.063 \pm 0.005^b$ | $0.048 \pm 0.001^b$ | $0.038 \pm 0.005^b$ | $0.054 \pm 0.003^b$ |
| 成鱼 | $0.234 \pm 0.008^c$ | $0.108 \pm 0.003^c$ | $0.162 \pm 0.004^c$ | $0.209 \pm 0.004^c$ |

## 六、综合分析

### （一）四指马鲅消化道黏液细胞的类型及分布差异

鱼类黏液细胞在消化道各部位的量化和理化性质存在种属间的差异。四指马鲅稚鱼消化道除了幽门盲囊未检测出黏液细胞，其余各段均有不同类型的黏液细胞分布。后肠只含Ⅱ型黏液细胞且分布最为密集；其次是食道，含Ⅰ型、Ⅱ型两类黏液细胞。幼鱼整个消化道黏液细胞数量显著增多，种类丰富，其中食道、前肠、中肠均有Ⅰ型、Ⅱ型、Ⅲ型、Ⅳ型黏液细胞，其余各段含两种或三种类型的黏液细胞，尤以食道黏液细胞密度最大，其次是后肠。成鱼消化道黏液细胞种类较幼鱼而不丰富，食道和幽门盲囊均含Ⅱ型和Ⅳ型，胃部以Ⅰ型和Ⅳ型为主，肠道以Ⅲ型、Ⅳ型为主，但数量

上要比幼鱼多1~2倍，以后肠黏液细胞密度为最大。与其他肉食性鱼类相比较如波纹唇鱼（*Cheilinus undulates*），肠道也表现为黏液细胞类型较其他部位丰富，含Ⅰ型、Ⅱ型、Ⅲ型、Ⅳ型黏液细胞，食道黏液细胞数量最多，含Ⅱ型、Ⅲ型、Ⅳ型黏液细胞；褐牙鲆（*Paralichthys olivaceus*）食道和中后肠以Ⅲ型和Ⅳ型细胞为主，肠道黏液细胞数量呈递增规律；花鲈（*Lateolabrax japonicus*）食道和肠道检测出Ⅰ型、Ⅱ型、Ⅲ型、Ⅳ型黏液细胞的存在，以后肠黏液细胞密度为最大。食道和肠道黏液细胞数量较多与肉食性鱼类肠道短、胃部发达的特性有关，另外，胃部含大量Ⅰ型黏液细胞是褐牙鲆和花鲈的共性，与该研究中四指马鲅胃部黏液细胞分布特征有所差异。黏液细胞在消化道的分布还受外界环境的变化、摄食水平等多方面因素的影响。据报道，南方鲇（*Silurus meridionalis*）幼鱼在正常摄食节律下摄食后与摄食前相比，其肠道各部位黏液细胞总数均有一定程度减少，并发现在短时间饥饿胁迫恢复摄食条件下，Ⅰ型和Ⅲ型黏液细胞对其反应较敏感，而长时间饥饿胁迫恢复摄食条件下，Ⅱ型和Ⅳ型对其反应较为敏感。有文献认为温度升高加速了大菱鲆（*Scophthalmus maximus*）体表皮肤Ⅱ型和Ⅳ型黏液细胞的发育过程，是其应对环境变化的一种策略。亦有研究报道认为稀土元素如镧（$La^{3+}$）作为饲料添加剂，可明显诱导鲤（*Cyprinus carpio*）肠道黏液细胞的增殖。

（二）四指马鲅消化道各段分泌能力差异及消化生理

鱼类消化道各段黏液细胞的分泌能力存在种属间和部位的差异并与其结构功能相联系。稚鱼、幼鱼、成鱼三者之间消化道各段的分泌能力除幽门盲囊外，均呈递增规律，均为食道最高，其次是后肠。幼鱼和成鱼食道以Ⅱ型和Ⅳ型黏液细胞为主，即以分泌酸性黏液物质为主，食道连接口咽腔，直接接收食物并往胃部输送，富含酸性的黏液物质有润滑食物减少对食道的机械损伤，幼鱼食道还分布一定数量的Ⅰ型和Ⅲ型黏液细胞，而中性和偏中性黏液细胞在食物消化吸收方面有重要作用，表明四指马鲅食道已具备初级消化的功能，与黄斑篮子鱼（*Siganus oramin*）食道特征相似，四指马鲅食道黏液细胞具有极高的分泌能力表明其功能的重要性，一方面润滑食物，确保有效吸收并进行一定程度的机械消化同时保护上皮免受随食物而进入机体的病原微生物的侵害。胃部是消化道最为膨大的部分，主要功能是消化食物中的蛋白质，不少种属的鱼类胃部被检测出分布大量Ⅰ型黏液细胞，如欧洲鳗鲡（*Anguilla anguilla*）、黄鳍鲷（*Sparus latus*）、平鲷（*Rhabdosargus sarba*）等，Ⅰ型细胞能分泌中性黏液，一方面满足胃上皮柱状细胞的嗜酸性以中和胃酸，以免上皮受损，同时中性黏液细胞常与碱性磷酸酶共存，因此具有消化食物的功能。该研究中四指马鲅幼鱼贲门部、胃体部和盲囊部除了Ⅰ型黏液细胞外还含有Ⅲ型和Ⅳ型黏液细胞，成鱼胃贲门和胃体胃腺区域存在Ⅳ型黏液细胞，Ⅰ型、Ⅲ型黏液细胞的存在，分泌大量中性和偏中性的黏液物质以保证胃部发挥对食物的消化吸收作用，同时酸性黏液还有稳定消化酶、调节蛋白质及其残基转运、润滑食物和形成免疫屏障等作用，因此认为四指马鲅胃部黏液细胞的分布特征与其结构及在消化吸收方面执行的功能密切联系，同时体现肉食性鱼类靠发达的胃部、胃腺以及大量的黏液细胞形成一个功能强大的区域以弥补肠道短的不足而实现消化道空间区域功能的有效分化。肠道是食物消化吸收的主要场所，肠道除具有发达的绒毛和纹缘状结构，黏膜上皮还具备密集的黏液细胞，鱼类肠道黏液细胞的分布特征体现与种属及食性的相关性。肉食性鱼类如卵形鲳鲹（*Trachinolus ovatus*）前肠、中肠均以Ⅲ型偏中性黏液细胞为主，后肠以Ⅱ型黏液细胞为主且密度为最大；驼背鲈（*Cromileptes altivelis*）肠道含大量Ⅱ型黏液细胞，前、中、后段黏液细胞密度呈递增规律；而鲇（*Silurus asotus*）肠道以酸性和偏酸性黏液细胞为主，呈不规律分布，以中肠最高，其次是后肠，前肠则最低；哲罗鱼（*Hucho taimen*）肠道中的黏液细胞从前向后呈递增趋势。鱼类后肠与肛门相连，除了参与食物消化吸收外还负责排出食物残渣并抵御外界病原微生物入侵，后肠黏膜上分布较多的黏液细胞有利于其功能的实现，褐牙鲆、花鲈、卵形鲳鲹、驼背鲈和哲罗鱼后肠黏液细胞密度具有最大值就充分证实这一观点。而酸性黏液在润滑和软化食物、保护消化道黏膜层，促进食物残渣排出这些方面提供功能性协助，卵形鲳鲹后肠含大量的Ⅱ型黏液细胞，与其功能负荷相协调，与匀斑裸胸鳝（*Gymnothorax reevesii*）相似。鱼类对食物的消化主要发生在胃、幽门盲囊和肠的前部，如淀粉和脂肪的消化主要发生在幽门盲囊和前肠。有些杂食性鱼类如重口裂腹鱼（*Schizothorax davidi*），其前肠均以Ⅰ型黏液细胞为主，即分泌与二糖和短链脂肪酸的吸收有关的中性黏液物质，因此推断前肠具有强大的吸收脂肪的功能。该研究中四指马鲅稚鱼、幼鱼和成鱼肠道黏液细胞均以后肠密度最大，符合肉食性鱼类后肠结构功能特征；另外，与花鲈和匀斑裸胸鳝相似的是，三者前肠均以分泌偏中性黏液物质的Ⅲ型黏液细胞为主，推测四指马鲅前肠具有较为强大的吸收脂肪的功能。

（三）四指马鲅消化道黏液细胞发育差异

鱼类消化道随着幼苗的生长发育表现逐渐完善的规律，黏液细胞作为消化道的功能组分，细胞内黏蛋白成分在细胞发育分化的不同阶段存在差异性而具有AB-PAS染色过程中着色深浅程度不一的性质，因此根据黏液细胞所含成分差异可以反映鱼体不同的发育阶段。如泥鳅（*Misgurnus anguillicaudatus*）和点带石斑鱼（*Epinephelus malabaricus*）仔稚鱼消化道黏液细胞发育呈以Ⅰ型和Ⅱ型黏液细胞为主的幼稚型向以

Ⅲ型和Ⅳ型黏液细胞为主的成熟型发展的规律，且黏液细胞数量逐渐增多。该研究中，四指马鲅稚鱼消化道以Ⅰ型黏液细胞为主，在食道和肠道偶见Ⅱ型黏液细胞，显示这阶段稚鱼消化道黏液细胞发育还处于幼稚型，Ⅱ型黏液细胞的出现可分泌酸性黏液使食道和肠道具备一定的防御随食物而带入的有害微生物的能力。幼鱼和成鱼黏液细胞数量明显增多，黏液细胞成分逐渐复杂，与黄姑鱼（*Nibea albiflora*）与哲罗鱼的研究结果相似，体现四指马鲅黏液细胞在稚鱼、幼鱼和成鱼之间呈幼稚型向成熟型发展的趋势。幼鱼食道、前肠、中肠均含四种类型黏液细胞，其余各段含两种或三种类型的黏液细胞，其中，Ⅲ型和Ⅳ型黏液细胞数量显著增多，成鱼消化道幼稚型黏液细胞数量明显减少，成熟型黏液细胞数量明显增多。幼鱼消化道结构分化发育和成鱼基本一致，但处于快速生长发育的阶段，摄食能力加强，相应的消化吸收能力也加强，其消化道分化出种类丰富的黏液细胞以协助食物的消化吸收以及形成更为牢固的防御屏障；而成鱼消化道结构功能处于完备和稳定的状态，消化道维持足够数量成熟型的黏液细胞，有利于机体营养物质同化–异化作用的协调和平衡以维持机体稳定生长。

# 第七节　四指马鲅胃肠道内分泌细胞免疫组织化学的定位

鱼类消化道对食物的消化和吸收直接关系到鱼类生长、发育和繁殖的重要生命活动，内分泌细胞能产生多种具有调节胃肠功能的胃肠激素，具有影响胃肠对营养物质的消化与吸收，控制摄食行为、调控消化道运动等功能，随着免疫组织化学技术的发展，多种鱼类消化道内分泌细胞的形态和分布特征被揭晓。该节利用SABC免疫组织化学技术检测6种胃肠激素样［5-羟色胺（5-hydroxytryptamine，5-HT）、生长抑素（somatostatin，SS）、胃泌素（gastric，GAS）、胰高血糖素（glucagon，GLU）、神经肽（neuropeptide Y，NPY）、胆囊收缩素（cholecystokinin，CCK-8）］内分泌细胞在其消化道的分布，为深入了解四指马鲅的消化生理，科学配制该鱼营养与专用饲料提供生理生化依据。

## 一、免疫阳性细胞的分布

据二氨基联苯胺（DAB）显色结果，以含有棕黄或黑色沉淀或整个细胞染成棕黄或黑色的为免疫阳性细胞（immunoreactive cell，IR cell）。按形态可分开放型内分泌细胞（呈长锥形或棱形，有明显胞突深入消化腔中）和封闭型内分泌细胞（不具有胞突）。

该次试验共使用6种兔抗胃肠激素样抗体，而四指马鲅食道内未检测出任何一种IR细胞。胃部只检测出GAS和SS阳性细胞，但GAS细胞仅限在幽门部，密度较少，只有10.38±3.34个/毫米$^2$，前肠道只检测到GAS细胞，密度为40.18±5.78个/毫米$^2$。胃部各区域分布极多的SS阳性细胞，细胞被染成棕黑色，其密度在贲门部、幽门部、胃体部、盲囊各部位分别是48.35±9.83个/毫米$^2$、23.02±10.23个/毫米$^2$、234.50±23.45个/毫米$^2$、37.33±8.34个/毫米$^2$，但胃腺腺泡内的SS细胞数量不如贲门部多。幽门盲囊同样只检测出SS细胞，密度为47.02±14.81个/毫米$^2$，中肠未检测出任何IR细胞，后肠则有GAS和SS细胞的分布，GAS细胞密度为40.44±2.76个/毫米$^2$，SS细胞密度为22.73±3.91个/毫米$^2$（表6-13）。而在整个消化道均未检测出5-HT、GLU、NPY和CCK-8 4种阳性反应的细胞。

表6-13　四指马鲅消化道免疫阳性细胞的分布特征

单位：细胞/毫米$^2$

| 部位 | GAS-IR细胞密度 | SS-IR细胞密度 |
|---|---|---|
| 食道 | – | – |
| 贲门部 | – | 48.35±9.83[e] |
| 幽门部 | 10.38±3.34[a] | 23.02±10.23[b] |
| 幽门盲囊 | | 47.02±14.81[d] |
| 胃体部 | – | 234.50±23.45[f] |
| 盲囊部 | – | 37.33±8.34[c] |
| 前肠 | 40.18±5.78[b] | – |
| 中肠 | – | – |
| 后肠 | 40.44±2.76[c] | – |

注：上标不同字母表示部位间差异显著（$P<0.05$）。

## 二、免疫阳性细胞的形态特征

### （一）GAS-IR细胞

幽门部和前肠的GAS细胞主要分布在黏膜上皮，细胞多为圆形，为封闭型细胞，靠近黏膜下层可见少量长锥形开放型阳性细胞（图6-13-a、b、c）。后肠的GAS细胞主要定位于较为细长的绒毛黏膜上皮间，为长梭状的开放型细胞（图6-13-d、e、f）。

### （二）SS-IR细胞

贲门部胃腺组织不如胃体部丰富，腺泡封闭型SS细胞数量较少，也有少量开放三角锥形细胞（图6-14-a）。幽门部缺乏胃腺，SS细胞分布在黏膜上皮层（图6-14-b），卵圆形和长锥形细胞数量相当。胃体部SS细胞密度最大，由胃腺与黏膜上皮交织呈网状结构的区域分布极为多量的SS细胞，在胃腺腺泡上的主要为封闭的卵圆形细胞，腺泡上还可见2个或2个以上的SS细胞聚集成团，而在黏膜上皮的多为开放锥形细胞（图6-14-c）。盲囊部SS细胞分布和形态与贲门部相似（图6-14-d），均为封闭型内分泌细胞，呈圆形，主要分布在靠近黏膜下层的黏膜上皮细胞间（图6-14-e）。分布在上皮基底层细胞之间，呈梭形，为开放型细胞，高倍镜下，伸出肠管的胞突清晰可见（图6-14-f）。后肠的SS细胞多位于较为细长的绒毛黏膜上皮间，均为长梭状的为开放细胞（图6-14-d、e、f）。

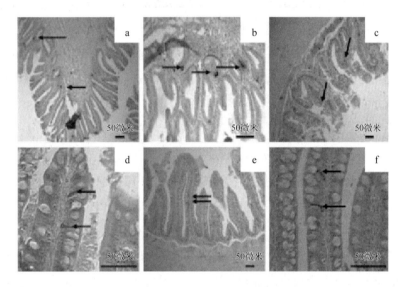

图6-13　四指马鲅消化道的胃泌素免疫阳性细胞

a、b.幽门部；c、d.前肠；e、f.后肠

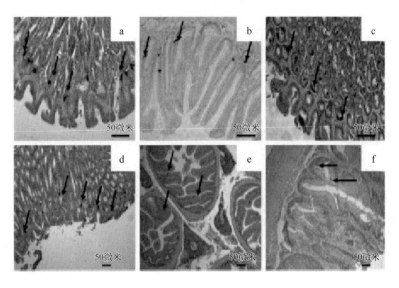

图6-14　四指马鲅消化道的生长抑素免疫阳性细胞

a.贲门部；b.幽门部；c.胃体部；d.盲囊部；e.幽门盲囊；f.后肠

## 三、综合分析

### （一）四指马鲅消化道内分泌细胞分布特征

该试验中，四指马鲅消化道只检测出两种免疫阳性细胞的分布，分别是GAS和SS细胞，而在整个消化道均未检测出5-HT、GLU、NPY和 CCK-8阳性反应的细胞。与其他种属鱼类内恩米细胞分布模式有较大的差异，如大黄鱼（*Larimichthys crocea*）、褐篮子鱼（*Siganus fuscessens*）、褐牙鲆（*Paralichthys olivaceus*）消化道各段均有5-HT免疫阳性细胞的分布；大弹涂鱼（*Boleophthalmus pectinirostris*）在食道、贲门胃和直肠有5-HT细胞的分布，在幽门胃和小肠也发现NPY的存在；GLU细胞在黑鲷（*Sparus macrocephlus*）、褐牙鲆和花鲈（*Lateolabrax maculatus*）前肠和中肠均有少量分布，而GLU细胞在大黄鱼消化道各段也未检测出。胃部分布较多的SS细胞则是多种鱼类的共性，如大黄鱼、褐篮子鱼、褐牙鲆、黄鳝（*Monopterus albus*）、黄鳍鲷（*Sparus latus*）、遮目鱼（*Chanos chanos*）等，与该研究结果相似。另一方面，在无胃鱼类鲤（*Cyprinus carpio*）肠道也有SS细胞的分布。鲻（*Mugil cephalus*）胃肠黏膜中检测有5-HT、SS、GAS细胞的存在，而胰高血糖素则未检测出。有报道在大颚小脂鲤（*Salminus brasiliensis*）幽门部和幽门盲囊观察到大量的CCK-8和GAS细胞，而NPY细胞则只在中肠检测到；克林雷氏鲇（*Rhamdia quelen*）肠道上皮也被检测出有CCK和NPY细胞分布。内分泌细胞在消化道的分布模式不仅与鱼类种属特性有关，还与内分泌细胞本身性质以及机体生长发育的因素有关。如不少有胃鱼类能检测胃泌素GAS细胞的存在，而在1～3龄细鳞鲑鱼（*Brachymystax lenok*）胃肠各部位均未检测到，斜带石斑鱼（♀）×鞍带石斑鱼（♂）杂交子代幼鱼肠道和幽门盲囊均有GAS细胞的分布，但在食道和胃中则未发现；在牙汉鱼（*Odontesthes bonariensis*）前肠可检测到大量GAS、CCK-8和NPY细胞的存在。由于内分泌细胞所分泌的物质通过不同机制影响鱼体的消化生理，推测该研究中四指马鲅消化道内分泌细胞的分布特点还受试用鱼当时的生理、摄氏和外界因素的影响。

### （二）内分泌细胞的功能

不少研究证实鱼类消化道内分泌细胞分泌的内分泌激素或单独作用或通过调节其他激素的分泌等作用来调控机体的消化吸收和生长代谢过程。胃泌素生理作用主要是促进胃酸分泌，如日本鳗鲡（*Anguilla japonica*）胃部、幽门部和前肠、中肠均存在GAS细胞，大黄鱼GAS分布于胃幽门部和前肠、中肠、后肠，而四指马鲅除幽门部、幽门盲囊和肠道检测有GAS细胞外，其余均未检测出，推测因该鱼幽门部缺乏胃腺，而由GAS细胞分泌胃酸起一定的协助食物消化的作用。5-HT细胞能分泌激素促进胃肠蠕动，有胃鱼类如大黄鱼、褐篮子鱼、褐牙鲆消化道各段均有5-HT免疫阳性细胞的分布；大弹涂鱼在食道、贲门胃和直肠有5-HT细胞的分布、无胃鱼类如鲢（*Hypophthalmichthys molitrix*）、鳙（*Aristichthys nobilis*）、团头鲂（*Megalobrama amblycephala*）、银鲫（*Carassius auratus gibelio* var Songpu）、草鱼（*Ctenopharyngodon idellus*）、青鱼和鲤等的前肠也有5-HT细胞的分布，5-HT细胞在多种鱼类消化道存在的特点说明其分泌的激素在调控机体消化吸收有不可替代的作用。SS是抑制性激素，能抑制胃泌素的释放，四指马鲅胃部分布大量的SS细胞，而GAS细胞较少，推测可能是SS细胞存在而导致的结果。CCK细胞能抑制胃排空和酸的排出，NPY细胞可促进胃肠道血管收缩，使胃肠道的平滑肌收缩，进而引起胃容受性收缩，黏膜下层的NPY能直接调节肠上皮的吸收，不同种属鱼类胃肠道内分泌细胞的分布模式各异，由其分泌不同激素对机体消化吸收和生长代谢活动进行精细的调控，而四指马鲅内分泌细胞在早期发育阶段的发生分布以及各种激素的作用规律，作用机制还有待进一步研究。

# 第八节　人工培育四指马鲅鳃的组织结构及其早期发育

鳃是鱼类重要的呼吸器官，与外界水体环境直接接触，能最先感知水体溶氧的变化。同时还是渗透压、离子调节及氨氮排泄器官，其功能主要与鳃小片上的线粒体丰富细胞有关。研究表明，广盐性鱼类的线粒体丰富细胞适应低渗环境和高渗环境时分别表现出淡水型线粒体丰富细胞和海水型线粒体丰富细胞。鳃的基本结构和功能研究主要集中在波纹唇鱼（*Cheilinus undulatus*）、大黄鱼（*Pseudosciaena crocea*）、黄颡鱼（*Pelteobagrus fulvidraco*）、怒江裂腹鱼（*Schizothorax nukiangensis*）、梭鱼（*Liza haematocheila*）、斑马鱼（*Danio rerio*）等。有关鱼类鳃组织发育分化，也有较多报道，在对卵形鲳鲹（*Trachinotus ovatus*）鳃的分化发育研究中，将其分为原基期、鳃丝分化和发育期以及鳃器官生长发育完善期共三个时期，并发现鳃的分化和发育是与鱼的生长、形态发育、呼吸、运动、代谢等以及身体各部位功能的完善相一致。在对花鲈（*Lateolabrax maculatus*）鳃的组织学研究中，将鳃的发育分为鳃原基出现、鳃丝分化、鳃小片分化和鳃器官完善四个时期，并发现鳃发育与其呼吸和渗透调节功能关系成正相关。目前有关四指马鲅鳃的基本组织结构，鳃早期发育和分期及其鳃小片上线粒体丰富细胞的类型研究资料较少。通过观察线粒体丰富细胞的类型结构，以便更好地分析其对水体盐度的适应性变化，对阐明鱼类渗透压调节以及其适盐范围的研究有重要意义。该节采用组织切片和透射电镜技术，对人工培育四指马鲅鳃的基本结构、鳃的发育和分期以及线粒体丰富细胞类型进行系统研究，以期更好地了解四指马鲅鳃组织基本结构以及鳃早期发育分期特征与呼吸和渗透调节功能的关系。为养殖技术的改进以及养殖水体的选择和调控提供理论参考。

## 一、四指马鲅鳃基本结构的观察

### （一）四指马鲅鳃的组织结构

四指马鲅全长27.84±0.06厘米，体质量198.48±0.18克，全鳃4对，鳃弓表面粗糙，鳃弓的外缘着生着鳃片，鳃耙位于鳃弓的内缘，呈列齿状排列，鳃耙的数量13～15个（图6-15-a），鳃丝整体呈梳状排列在鳃弓上（图6-15-b），末端为膨大的盲囊，有血管分布，由鳃丝软骨支持（图6-15-c）。鳃小片相互平行且与鳃丝纵轴垂直，基部与鳃丝相连（图6-15-d）。每侧鳃丝具鳃小片110～120片，平均长度为58.83±7.53微米。鳃小片相互平行，鳃小片上可见扁平上皮细胞、柱细胞、血细胞、线粒体丰富细胞和黏液细胞（图6-15-e）。

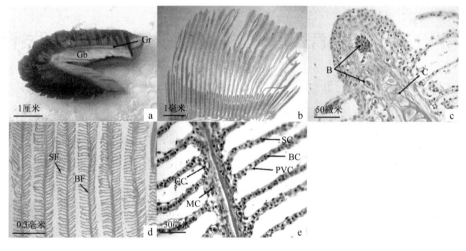

图6-15　四指马鲅鳃的显微结构

a.鳃的解剖结构；b.鳃的横切面；c.鳃丝顶端；d.鳃丝和鳃小片整体；e.鳃小片；Gr.鳃弓
Gb.鳃耙；SF.鳃小片；BF.鳃丝；B.血管；C.软骨细胞；MC.线粒体丰富细胞；PVC.扁平上皮细胞；
BC.血细胞；SC.柱细胞；CC.黏液细胞

### （二）四指马鲅鳃小片的超微结构

四指马鲅鳃小片主要由扁平上皮细胞、柱细胞、血细胞、线粒体丰富细胞、黏液细胞以及未分化细胞组成。

扁平上皮细胞呈长棒状，内有内质网、线粒体和高尔基体等细胞器，主要分布在鳃小片外侧，每片鳃小片上有扁平上皮细胞15～20个（图6-16-a）。鳃小片中有大量分布微血管网，内部血细胞组成（图6-16-a）。鳃小片上扁平细胞和微血管内皮中间形成基膜，微血管内皮延伸至柱细胞，在柱细胞和基膜之间有较多的胶原纤维束（图6-16-b）。柱细胞主要分布于鳃小片中部，数量较少，每片鳃小片上有柱细胞10～15个，细胞呈圆柱形（3.05±0.59微米），细胞核较大（2.05±0.62微米），细胞质电子密度大（图6-16-b）。在鳃小片基部可见到线粒体丰富细胞、黏液细胞以及未分化细胞（图6-16-c）。根据线粒体的特征和细胞器的密度，将线粒体丰富细胞分为两类，分别是Mc Ⅰ型（图6-16-d）和Mc Ⅱ型（图6-16-e）。Mc Ⅰ型主要排列在鳃小片基部与鳃丝相连处。胞体和核都比较大（胞体8.26±1.97微米，细胞核4.36±0.82微米），细胞核位于基部，呈圆形或卵圆形，细胞器致密，内含有大量的线粒体、内质网和囊泡。细胞内的线粒体表现出多种形状特征，包括椭圆形、长条形以及弯曲的条形等，长椭圆形是其主要类型（图6-16-d）。Mc Ⅱ型主要排列在鳃小片上，胞体呈长椭圆形（长径11.04±0.53微米，短径3.96±0.28微米），细胞核位于中部（长径3.26±0.84微米，短径1.27±0.33微米），胞内细胞器稀少。线粒体主要呈圆形，微管系统不发达。黏液细胞主要分布在鳃小片的基部，和线粒体丰富细胞对生存在，细胞呈圆形（3.88±0.60微米），胞内充满黏液泡，细胞器较少，只有少量内质网和线粒体，并被黏液泡挤到细胞基部。在鳃小片的基部可见少量未分化细胞（3.53±0.41微米），是上皮细胞、线粒体丰富细胞等其他功能细胞的母体，细胞核较大（2.70±0.20微米），呈圆形。

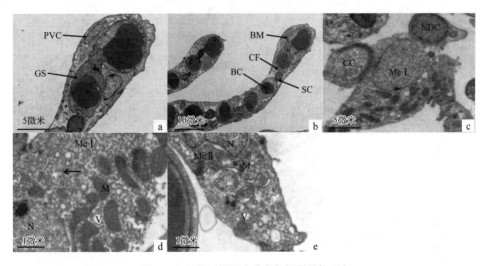

图6-16　四指马鲅鳃小片内部超微结构观察

a.鳃小片顶部结构；b.柱细胞和窦状隙；c.鳃小片底部结构；d.Ⅰ型线粒体丰富细胞（←微管）；
e.Ⅱ型线粒体丰富细胞

PVC.扁平上皮细胞；GS.微血管；BC.血细胞；SC.柱细胞；BM.基膜；CF.胶原纤维束；Mc Ⅰ.Ⅰ型线粒体丰富细胞；Mc Ⅱ.Ⅱ型线粒体丰富细胞；CC.黏液细胞；NDC.未分化细胞；M.线粒体；N.细胞核；V.囊泡；（←微管）

## 二、四指马鲅鳃结构发育的组织学观察

### （一）鳃原基发生

1日龄仔鱼出现口咽腔原基，其鳃原基呈半椭圆形排列（图6-17-a）。3日龄仔鱼出现原始鳃弓，其上皮细胞形成鳃丝原基，开始出现血管系统，血管中有血细胞（图6-17-b）。

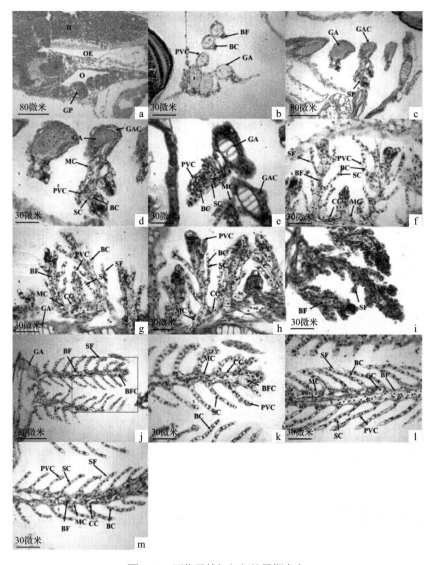

图6-17　四指马鲅鳃组织的早期发育

a. 1日龄仔鱼；b. 3日龄仔鱼；c. 5日龄仔鱼；d. 5日龄仔鱼（3放大）；e. 7日龄仔鱼；f. 9日龄仔鱼；g. 16日龄仔鱼；h. 17日龄仔鱼；i. 18日龄；j. 22日龄；k. 22日龄（j的部分放大）；l. 30日龄；m. 35日龄
B. 脑；OE. 食道；O. 口咽腔；GP. 鳃原基；BF. 鳃丝；BC. 血细胞；PVC. 扁平细胞；GA. 鳃弓；GAC. 鳃弓软骨；SF. 鳃小片；MC. 线粒体丰富细胞；SC. 柱细胞；CC. 黏液细胞；BFC. 鳃丝软骨

## （二）鳃结构分化、发育

5日龄仔鱼出现鳃弓软骨，并出现鳃小片结构，鳃丝短，鳃丝上有1～2片鳃小片，其基部有线粒体丰富细胞，细胞核着色较深，胞质染色较浅，细胞形状不规则。柱细胞出现在鳃小片上，细胞质为淡红色，胞核着色较深。扁平上皮细胞分布在鳃小片边缘（图6-17-c，d）。7日龄鳃弓软骨呈横向生长，鳃小片数量增多并逐渐变长。在鳃丝基部可观察到与线粒体丰富细胞相邻的黏液细胞，细胞呈长椭圆形，细胞核呈长棒状（图6-17-e）。9日龄鳃丝两边的鳃小片数量增加，长度变长。黏液细胞内可观察到较多的黏液颗粒，细胞核被挤到细胞基部（图6-17-f）。16日龄鳃弓软骨明显，骨质致密。鳃丝软骨进一步发育，每根鳃丝上有5～10片鳃小片，鳃小片长度为13.04±3.06微米（图6-17-g）。17日龄鳃丝呈梳状排列，末端膨大。鳃小片排列紧密，鳃丝软骨明显致密，基本结构逐渐完整（图6-17-h）。

## （三）鳃结构完善

18日龄鳃丝软骨发育完全，形态完整，鳃结构已经基本形成（图6-17-i）。22日龄鳃进一步发育完善，鳃丝上鳃小片数量增多，每根鳃丝上有16～20片鳃小片，扁平上皮细胞和血细胞呈规则相间紧密排列在鳃小片上。在鳃小片的基部可见形态规则的线粒体丰富细胞和黏液细胞（图6-17-j，k）。30～35日龄鳃小片平行紧密排列，鳃结构和成鱼的结构基本相同（图6-17-l，m）。

鳃发育期间鱼体全长、鳃小片数量和鳃小片长度变化情况如表6-14所示。

表6-14 四指马鲅鳃发育时鱼体全长、鳃小片数量和鳃小片长度变化

| 日龄/天 | 鱼体全长/毫米 | 鳃小片数量/片 | 鳃小片长度/微米 |
|---|---|---|---|
| 1 | 4.2±0.21 | — | — |
| 3 | 4.33±0.03 | — | — |
| 5 | 4.54±0.02 | 1～2 | 11.99±1.49 |
| 7 | 5.38±0.11 | 1～4 | 12.81±1.46 |
| 9 | 6.41±0.06 | 3～7 | 13.02±3.29 |
| 16 | 10.15±0.03 | 5～10 | 13.04±3.06 |
| 17 | 12.09±0.03 | 5～12 | 13.06±3.08 |
| 18 | 13.18±0.02 | 7～14 | 15.02±1.84 |
| 22 | 17.23±0.13 | 16～20 | 18.16±2.03 |
| 30 | 26.65±0.06 | 22～26 | 21.27±1.52 |
| 35 | 28.61±0.07 | 24～28 | 28.71±3.24 |

## 三、综合分析

### （一）四指马鲅鳃结构与功能的适应性

四指马鲅鳃的显微结构与大部分硬骨鱼类结构基本相似，主要由鳃弓、鳃耙、鳃丝和鳃小片组成。研究发现鳃丝的两侧靠近边缘处各有1条血管，并在鳃小片内分支形成毛细血管网。鳃小片上水血屏障的双层结构在很大程度上参与了水与血之间的交流，与鳃血管中的血红蛋白释放出氧并带走二氧化碳功能有着密切联系。扁平上皮细胞紧密连接，分布在鳃小片外围，起到保护鳃丝不受外界伤害的作用。四指马鲅鳃小片上微血管内皮和扁平上皮中间存在基膜，猜测基膜参与形成鳃小片上水血屏障的双层结构。四指马鲅鳃小片上柱细胞与和基膜之间存在较多胶原纤维束，使鳃小片具有一定的收缩性，这与纳氏鲟（*Acipenser naccarii*）的研究结果相同。柱细胞主要维持鳃小片的形状，起到一定支撑作用。鳃组织上黏液细胞数量较少，成熟的黏液细胞可以分泌黏液形成一个保护膜，以起到保护鳃组织的作用。

### （二）鳃小片线粒体丰富细胞的分类及其生理功能

硬骨鱼类鳃小片线粒体丰富细胞（泌氯细胞）具有进行渗透压调节、离子分泌和吸收的功能。根据线粒体丰富细胞在鳃丝上的位置分布、结构的区别以及淡海水适应时的变化，可以把线粒体丰富细胞分为两种不同类型：$\alpha$型和$\beta$型。$\alpha$型线粒体丰富细胞与该研究中四指马鲅Ⅰ型线粒体丰富细胞形态结构特点相一致，主要分布在鳃丝和鳃小片基部。$\beta$型线粒体丰富细胞与该研究中四指马鲅Ⅱ型线粒体丰富细胞形态相对应，主要存在于鳃小片上。在对遮目鱼（*Chanos chanos*）幼鱼鳃的研究中发现，在不同盐度条件下，遮目鱼幼鱼线粒体丰富细胞表现出两种不同的类型。四指马鲅兼备Ⅰ型和Ⅱ型线粒体丰富细胞，表明其对水体盐度的变化在生理结构上有较强的适应能力。

### （三）四指马鲅鳃发育分期及其功能完善

四指马鲅仔稚鱼鳃发育从组织学方面可以分为3个发育阶段：第1阶段（0～3日龄）为鳃原基的出现期。鳃原基初步形成，但没有进行分化。此阶段仔鱼运动能力较弱，主要漂流在水层中。仔鱼主要靠皮肤、鳍和卵黄囊丰富的微血管吸收水中的溶氧进行呼吸。未出现线粒体丰富细胞，仔鱼主要通过卵黄囊、皮肤、肾以及肠道等器官进行渗透调节来维持体内外渗透压的平衡。第2阶段（4～17日龄）为鳃结构的发育、分化期。其间鳃耙、鳃弓、鳃丝、鳃小片逐渐开始形成，鳃具备了基本的结构和形态特点。在第5日龄时鳃小片基部出现线粒体丰富细胞，与短盖巨脂鲤（*Piaractus brachypomum*）和条石鲷（*Oplegnathus fasciatus*）类似，与花鲈比相对较早。仔鱼开始摄食，从内源性营养过渡到外源性营养。丝上出现血管网，鳃开始行使呼吸功能，但主要还是以皮肤呼吸为主。鳃开始进行渗透压调节，但功能尚未完善。第3阶段（18～35日龄）为鳃结构的发育完善期。鳃的整体结构进一步发育和完善，此后，鳃组织的发育主要体现在数量形状的变化。此阶段，四指马鲅能进行完善的渗透调节功能，很好的维持体内外渗透压的平衡。鳃内血管系统发育完善，鳃的呼吸能力增强，成为四指马鲅的主要呼吸器官。线粒体丰富细胞随鳃小片数量增加不断增多，四指马鲅鳃的呼吸和渗透调节能力也逐渐增强，鳃小片及线粒体丰富细胞多少是决定鳃行使渗透和呼吸力强弱的决定性因素。不同鱼类鳃发育时期有所差异，可能与生活环境、生长繁殖季节以及种属差异有一定联系。

## 第九节　四指马鲅头肾和脾脏组织学研究

鱼类的免疫器官与组织包括胸腺、头肾、脾脏以及消化管淋巴组织、血液和淋巴，头肾和脾脏兼具免疫和造血机能。鱼类免疫器官结构和效应功能受多方面因素的影响，如摄食营养、栖息的水环境、养殖过程中可能遇到的不同应激胁迫、病毒、细菌及寄生虫危害等。许多研究报道证实日粮中蛋白质缺乏会导致免疫器官的脏器指数下降。免疫器官随着机体生长发育而呈现量和质方面的变化，以形成较为完善的特异性和非特异性免疫屏障，如头肾从胚胎时期的泌尿功能慢慢退化而往造血和免疫机能方面分化，另外硬骨鱼类头肾存在肾上腺，能释放应激类激素协助机体应对不良环境如环境污染、养殖过程中常出现的物理性操作胁迫等，因此，研究鱼类免疫器官有助于认识鱼类免疫系统结构与功能的联系以及特异性、非特异性免疫屏障在机体中的作用，以在养殖中如何选择配合饲料、人工驯化以及防病方面提供理论依据。

目前，我国四指马鲅人工育苗生产刚刚起步，在幼苗培育和成鱼养殖过程中未能及时了解鱼体随着生长发育营养需求发生变化以及外界如水温气温变化、寄生虫感染等不良环境的应激处理方法，常出现仔稚鱼变态期大量死亡以及成鱼生长不均、病态多发，越冬困难等现象。石蜡组织切片和H.E染色技术作为研究生物组织器官结构与功能联系的经典方法，而国内外有关四指马鲅免疫器官的组织结构尚未见相关研究报道，该节试从头肾、脾脏入手研究，初步分析其免疫器官的结构和功能，掌握该鱼免疫系统的效应特征，以期丰富四指马鲅基础生物学方面的资料，同时在仔鱼培育和成鱼养殖中饲料的选择以及应对不良环境方面提供一定参考依据。

## 一、四指马鲅头肾和脾脏基本生物学特性

### （一）头肾

四指马鲅头肾和脾脏基本生物学特性见表6-15。

表6-15　四指马鲅头肾和脾脏生物学特性

| | 被膜厚度<br>（毫米） | MC密度<br>（毫米²） | MC长径<br>（毫米） | MC短径<br>（毫米） |
|---|---|---|---|---|
| 头肾 | $0.026 \pm 0.006$ | $13.044 \pm 1.326$ | $0.031 \pm 0.001$ | $0.016 \pm 0.001$ |
| 脾脏 | $0.0126 \pm 0.002$ | $43.718 \pm 2.659$ | $0.064 \pm 0.003$ | $0.053 \pm 0.003$ |

四指马鲅肾脏在鱼体背部，外形呈长条状位于脊椎处，分左右两叶，肾体前端分叉膨大部分为头肾，与心脏位置直线相对，肾体中部狭窄而后端膨大，呈深褐色，肾质柔软表面粗糙（图6-18）。低倍镜观察其整体结构最外层为胶原纤维（图6-19-a），平均厚度$0.026 \pm 0.006$毫米。实质中无肾单位而由大量的淋巴细胞、血细胞和粒细胞填充并靠底部的网状支架相互连接成巨型的"网状淋巴组织"，中部或边缘区域分布有由大量淋巴细胞聚集在一起形成的淋巴细胞集合中心，其形态很不规则，内部大部分为大淋巴细胞，细胞核较大位于偏中央，颜色为浅蓝色，周围分布一些细胞核较小颜色为深蓝的小淋巴细胞；此外，淋巴细胞边缘还含有一些粒细胞，粒细胞呈深蓝色，胞核可见分为2叶和3叶（图6-19-c）。头肾实质内部含丰富的造血组织，由红细胞填充以底部网状组织为支撑而形成，高倍镜下可见成熟的红细胞和未成熟的红细胞两类，前者近圆形，核比较大呈玫红色，后者外形大小与前者相当，但胞核为蓝紫色。不同的红细胞相互排列连接呈索状，红细胞索之间为丰富的血窦结构（图6-19-d）。仅在有些血窦附近分布由巨噬细胞聚集形成的黑色素-巨噬细胞中心（melano-macrophage centers，MC）（图5-19-e），平均密度$13.044 \pm 1.326$毫米²，MC多为椭圆形，平均长径$0.031 \pm 0.001$毫米，平均短径$0.016 \pm 0.001$毫米，每个MC内平均含有13~15个巨噬细胞。造血组织附近分布有比较大的静脉、动脉血管，前者管腔很大，后者则很小（图6-19-b）。在血管周围或实质的中部存在肾间组织，形态不规则，由索状细胞群构成，其边缘有红细胞和一些胞核很大，但胞质呈空泡状的细胞（图6-19-f）。

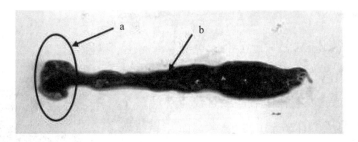

图6-18　四指马鲅肾脏解剖学结构

a. 头肾；b. 体肾

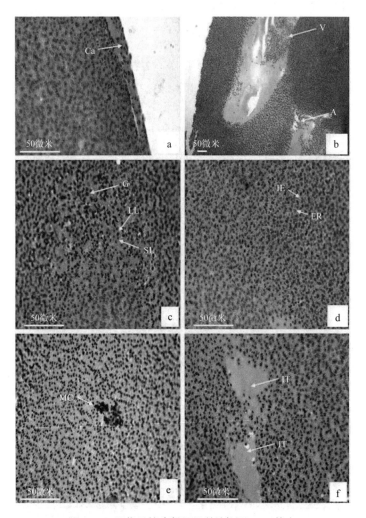

图6-19　四指马鲅头肾组织学结构图，H.E染色

a. 被膜（400×）；b. 大动脉核大静脉（100×）；c. 淋巴细胞集合中心（400×）；d. 红细胞集合中心
（400×）；e. 黑色素巨噬细胞中心（400×）；f. 肾上组织（400×）

C. 被膜；ER. 成熟红细胞；G. 粒细胞；LL. 大淋巴细胞；IE. 未成熟的红细胞；IT. 肾间组织；SL. 小淋巴
细胞；MC. 黑色素巨噬细胞中心；V. 静脉；A. 动脉；ST. 肾上组织

## （二）脾脏

脾脏衬贴于胃部后端与肠弯曲交界处的系膜内，棕黑色，呈三角形，体积很大（图6-20）。光镜观察脾体最外层有较薄的被膜，平均厚度0.0126±0.002毫米，由单层扁平上皮细胞组成，其表面有间皮的分布（图6-21-a），被膜结缔组织分布很密集并往脾体内延伸成很多外形较为粗大的小梁结构，有些脾小梁结构内可见动

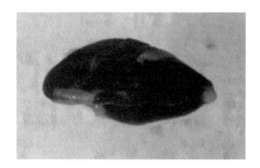

图6-20　四指马鲅脾脏解剖学结构

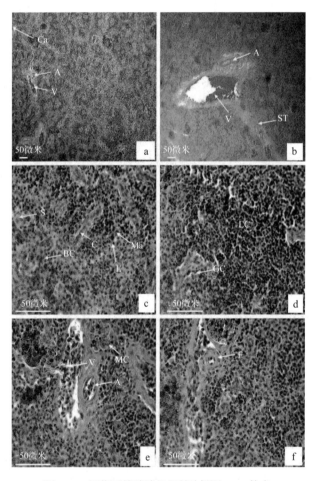

图6-21　四指马鲅脾脏组织学结构图，H.E染色

a.被膜与动脉、静脉（100×）；b.脾小梁与伴随的动脉、静脉（100×）；c.红髓区域（400×）；d.白髓区域（400×）；e.黑色素巨噬细胞中心和伴随的血管（400×）；f.椭圆体（400×）

Ca.被膜；A.动脉；V.静脉；E.椭圆体；LC.淋巴细胞聚集区；MC.黑色素巨噬细胞中心；G.粒细胞；C.脾索；S.脾窦；ST.脾小梁

脉和静脉血管口，静脉血管管腔尤为大，并含大量红细胞（图6-21-b）；被膜以下由红髓和白髓交替分布成较为密集的"网状"结构组成脾脏的实质，其中占脾体实质绝大部分的是红髓区域内，内部分布大量的红细胞，高倍镜下可观察到由红细胞相互连接成索状，称为脾索。其内还分布有淋巴细胞和巨噬细胞，脾索之间可见形态不规则的脾窦，间隙比较大，其外以分散形式分布很多呈淡黄色的巨噬细胞（图6-21-c）。白髓区域面积比较小，内有密集的淋巴细胞但并未形成清晰可见的脾小体结构，即淋巴细胞集合中心，内部除堆积密集的淋巴细胞外，还含有较多粒细胞（图6-21-d）。红髓内部核近白髓区域密集分布密集呈近圆形、椭圆形或不规则形的MC结构，平均密度$43.718 \pm 2.659$毫米$^2$，较大的MC（平均长径$0.064 \pm 0.003$毫米，平均短径$0.053 \pm 0.003$毫米）内含$20 \sim 30$个不等的巨噬细胞，胞内可见密集的颗粒物质，部分MC伴有小静脉核小动脉血管（图6-21-e），有些动脉血管附近可见由毛细血管构成的椭圆体结构（图6-21-f）。

## 二、综合分析

### （一）四指马鲅头肾、脾脏的结构与功能

大部分鱼类脾脏都包被一层薄薄的结缔组织膜，并与网状组织一起形成脾脏支架，由结缔组织往实质延伸形成的脾小梁并未像哺乳动物的明显及粗大，如鲻（*Mugil cephalus*）、条石鲷（*Oplegnathus fasciatus*），其小梁结构均不明显，该节中四指马鲅脾小梁结构比较明显，其间富含网状组织构成海绵状多孔隙的细微支架，并有血管分布，脾小梁结构的特征是支撑脾实质和调节脾血量。由于鱼类脾实质白髓中淋巴小结不明显而使红髓白髓分区不明显，而四指马鲅脾脏白髓区域淋巴细胞数量多常聚集于一起但并形成明显的淋巴小结，其内还有中央动脉分支穿过，这有利于淋巴细胞的成熟与迁移，与鲻和条石鲷相似。白髓是产生淋巴细胞、粒细胞中心场所，如T细胞、B细胞、巨噬细胞等，T细胞作为抗原呈递介质在细胞免疫起重要作用，而B细胞可产生抗体进行免疫应答。大多数鱼类成体头肾无肾单位，由网状淋巴组织填充，是重要的造血器官和免疫细胞生发场所，类似人类骨髓。四指马鲅头肾富含血细胞并组成密集呈网状的血窦结构并在中部伴随有动脉血管穿过，为造血组织的一种特征，淋巴细胞集合区域常分布在头肾的中部，而MC比较少，在脾脏则密集分布。黑色素巨噬细胞中心遍布于真骨鱼脾脏、头肾和肝脏中，有储存铁血黄素的作用并参与了红细胞的凋亡过程，有研究结果认为淋巴细胞、单核细胞和粒细胞分布在血管和黑色素-巨噬细胞周围，对头肾的非特异性免疫力和抗原呈递、免疫记忆及抗体产生等特异性免疫力有一定促进作用，且黑色素-巨噬细胞的吞噬能力会随着环境改变而

变化，是头肾和脾脏抗应激的策略或表现。四指马鲅头肾和脾脏淋巴细胞密集，造血组织发育完善，脾脏内黑色素-巨噬细胞中心结构多量分布的特征表明两器官具备强大的造血和免疫功能。许多研究表明硬骨鱼类免疫器官早期发育顺序以及淋巴化顺序体现种属特异性和环境适应的相关性。如淡水鱼类细鳞鲑（*Brachymystax lenok*）免疫器官发生及其淋巴化顺序为胸腺、头肾和脾脏，海水鱼类如卵形鲳鲹（*Trachinotus ovatus*）、大菱鲆（*Scophthalmus maximus*）脾脏、胸腺，淋巴化顺序均与细鳞鲑相同，而长体多锯鲈（*Polyprion oxygeneios*）免疫器官出现及淋巴化次序为均为头肾、脾脏、胸腺，与大西洋庸鲽（*Hippoglossus hippoglossus*）不同。鱼类胸腺、头肾、脾脏原基出现顺序与淋巴化顺序存在差异，多表现为胸腺最早获得淋巴细胞，头肾次之，而脾脏则最迟，体现胸腺作为鱼类的中枢免疫器官在维系机体早期发育阶段的免疫机能的重要性，脾脏是鱼类红细胞、粒细胞产生、贮存和成熟的主要器官，与头肾相比，脾脏在体液免疫中处于相对次要地位。该研究认为四指马鲅头肾和脾脏的造血、免疫机能充分发育成熟，而免疫器官发育、淋巴化和免疫功能的建成以及免疫器官的抗应激生理、免疫球蛋白的种类和发生有待进一步研究。

（二）营养物质和环境胁迫对免疫器官的结构及功能的影响

营养物质与鱼类对疾病的抵抗力及特异、性非特异性免疫防御、免疫器官生长发育及其结构完整性等密切相关。由于免疫器官淋巴细胞密集，其正常代谢过程和免疫应答中能产生大量活性氧簇（reactive oxygen species，ROS），因此保护免疫器官免受或减少氧化损伤同样是提高免疫力的关键。目前，已有研究报道发现异亮氨酸、胆碱、牛磺酸、维生素E、蛋氨酸羟基类似物（MHA）能降低免疫器官的氧化损伤。如饲料中添加适量维生素E对云纹石斑鱼（*Epinehelus moara*）血清中免疫球蛋白M和溶菌酶活性的影响显著，维生素E对血浆丙二醛（MDA）含量、白细胞吞噬指数有显著影响，一定程度上提高机体器官抗氧化能力。另外，维生素C为脯氨酸羟化酶的辅酶，直接影响胶原蛋白的合成，对鱼体生长、免疫器官生长和非特异性免疫有显著影响。影响鱼类生存生长的应激源如水温、气温、pH、氨氮、重金属，生产过程中的运输、拥挤、离水、捕捞等操作胁迫以及生物因素如细菌、病毒入侵等，应激反应过程中免疫器官结构机能和神经内分泌系统机能会发生相应变化，研究发现操作胁迫对圆口铜鱼（*Coreius guichenoti*）头肾的影响主要表现为黑色素-巨噬细胞数量显著增多、肾间组织增生、不规则红细胞增多以及部分白细胞减少。随着众多种类的营养素其生理作用和作用机理被揭晓，表明四指马鲅人工养殖过程中也可通过选择和改善配合饲料以促进机体生长发育的同时形成完善、强大的免疫系统，而有关该鱼在环境应激方面的研究有待开展，尤其人工养殖过程难免出现操作上对鱼群产生的胁迫，另外冬季低温及病虫害增加的应对措施也是该鱼健康养殖要解决的难题之一。

# 第十节 四指马鲅淋巴器官发育组织学观察

鱼类的淋巴器官主要包括胸腺、头肾、脾脏以及黏膜相关的淋巴组织，黏膜相关淋巴组织包括鼻咽相关淋巴组织、内脏相关淋巴组织、鳃相关淋巴组织和皮肤相关淋巴组织，它们通过细胞和体液介导途径参与继发性淋巴免疫反应。胸腺是大多数鱼类最早发育的中枢淋巴器官，它在鱼类胚胎发育早期就已经形成并发挥作用，胸腺为T细胞的增殖、成熟和抗原受体库的生成提供了适宜的微环境，同时产生促淋巴细胞生成素以促进其他淋巴器官的淋巴细胞生成。头肾和脾脏是主要的免疫及造血器官，含有丰富的血管、血窦和免疫细胞。其免疫细胞介导并参与免疫反应，尤其吞噬细胞（黑色素-巨噬细胞和粒细胞）是免疫系统的重要组成部分，具有趋化、吞噬、细胞因子分泌、抗原处理以及通过多种机制表达来清除病原体的作用。免疫淋巴器官是鱼类防止病原入侵的第一道防线，研究免疫淋巴器官的发生发育可了解机体免疫活性建立的时间节点，对优化养殖条件、完善苗种培育和健康养殖技术具有重要意义。近年来，越来越多的国内外学者对鱼类免疫淋巴器官的发生发育开展研究，如在大西洋白姑鱼（*Argyrosomus regius*）、考氏鳍竺鲷（*Pterapogon kauderni*）、斑马鱼（*Barchydanio rerio* var）、牙鲆（*Paralichthys olivaceus*）、草鱼（*Ctenopharyngodon idellus*）、斜带石斑鱼（*Epinephelus coioides*）等多种淡水和海水鱼类已见报道。

该节对四指马鲅淋巴器官发育进行研究，试从免疫器官发育的角度了解机体免疫活性建立的时间，并观察淋巴器官发育过程中组织形态学特点，以丰富四指马鲅的基础生物学资料，为其苗种培育和成鱼健康养殖提供理论参考。

## 一、胸腺

3 DPH（days post hatching），胸腺原基开始形成，位于鳃盖骨背上角处，由4~6层未分化干细胞和淋巴母细胞样的细胞组成，细胞较大，圆形或椭圆形，嗜碱性，核大且深染，原基外缘上皮鞘尚未形成（图6-22-a）。6 DPH，胸腺个体增大，呈椭圆形，胸腺细胞增多，染色加深，出现小淋巴细胞，呈紫红色，上皮鞘形成（图6-22-b）。18 DPH，胸腺外包结缔组织被膜，淋巴细胞增多，密度增大（图6-22-c）。20 DPH，结缔组织开始向胸腺实质伸展把腺体分成若干小叶，小叶间结缔组织形成的小梁将其分成数个小结（图6-22-d）。25 DPH，胸腺与头肾有结缔组织连接（图6-22-e），胸腺分区明显，皮质区位于胸腺外层，淋巴细胞密集，着色较深，有许多微血管分布；髓质区位于胸腺内层，着色较浅，淋巴细胞数量较少。胸腺小叶明显，由于小叶间隔不明显，小结不完全隔开（图6-22-f）。胸腺主要由着色较深的淋巴母细胞和淋巴细胞所填充，偶见少量红细胞。

另外，在早期发育过程中，胸腺外周有一些分散的淋巴细胞，胸腺与头肾有细胞"桥"连接（图6-22-b），到发育基本完成，细胞"桥"衍变成结缔组织，胸腺与头肾独立分开。

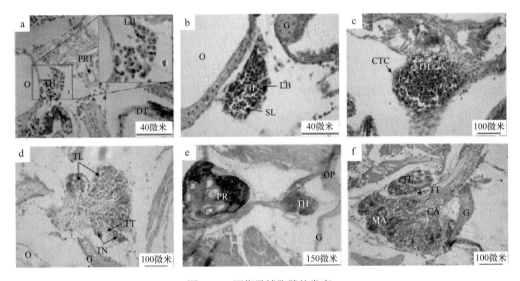

图6-22　四指马鲅胸腺的发育

a. 3 DPH（days post hatching），胸腺淋巴母细胞（400×）；b. 6 DPH，胸腺淋巴母细胞和小淋巴细胞（400×）；c. 18 DPH，胸腺淋巴细胞和结缔组织被膜（200×）；d. 20 DPH，胸腺小叶、小梁及小结出现（200×）；e. 25 DPH，头肾和胸腺（100×）；f. 25 DPH，胸腺皮质区、髓质区、小叶、小梁（400×）

CTC. 结缔组织被膜；CA. 皮质区；DT. 消化道；G. 鳃弓；LB. 淋巴母细胞；MA. 髓质区；O. 耳囊；OP. 鳃盖骨；PR. 头肾；PRT. 前肾管；SL. 小淋巴细胞；TH. 胸腺；TL. 胸腺小叶；TT. 胸腺小梁；TN. 胸腺小结

## 二、头肾

1 DPH，头肾原基尚未形成，见原肾管沿脊椎直抵躯干后部，开口于肛门。3 DPH，原肾管前端分化成若干个前肾管，前肾管的管壁由单层上皮细胞组成，前肾管间有少量未分化的造血干细胞，此时头肾原基形成（图6-23-a）。5 DPH，前肾管由外向内集中且管径增大，头肾外围有红色髓性细胞分布，边缘出现淋巴样组织，呈紫红色（图6-23-b）。7 DPH，前肾管管径增大，管壁细胞红色深染，细胞核偏位，肾管外缘出现淋巴母细胞和圆形的粒细胞，管间组织开始填充，前肾管之间有少量红细胞分布（图6-23-c）。15 DPH，头肾的淋巴细胞分化明显，淋巴细胞逐渐增多，前肾管之间的填充细胞增多，红细胞数量增加（图6-23-d）。18 DPH，前肾管开始退化，管壁细胞出现凋亡现象；淋巴细胞增多，着色加深，出现淋巴细胞集中区（图6-23-e）。20 DPH，头肾内出现肾上腺，有少量圆形、紫红色的肾上腺细胞分布，淋巴细胞集中区明显，粒细胞增多，在肾管外缘偶见黄褐色的巨噬细胞（图6-23-f）。25 DPH，大量前肾管退化，淋巴细胞比例增大，并出现大量嗜铬细胞团，呈黄褐色，分布于头肾外缘（图6-23-g）。30 DPH，前肾管减少，肾上腺增大，肾上腺细胞及嗜铬细胞团增多（图6-23-h）。35 DPH，头肾中央静脉出现，只有少数前肾管和退化残留的小肾管（图6-23-i）。40 DPH，头肾内部红细胞活跃，淋巴细胞和粒细胞相间分布，偶见着色较深的淋巴细胞集中区和着色较浅粒细胞集中区（图6-23-j）。53 DPH，前肾管完全退化，仅有少量退化后的前肾管残留（图6-23-1），静脉腔直径增大，内有较多的血细胞（图6-23-k），此时与成鱼头肾的组织结构接近。头肾外缘由被膜包围，实质由大量的淋巴细胞、血细胞和粒细胞填充，仅见少数黑色素巨噬细胞聚集中心，淋巴细胞集中区和粒细胞集中区比较明显，其形态很不规则。

### 三、脾脏

7 DPH，脾原基出现，位于肠壁背侧，并被胰脏组织包围，卵圆形，由疏松的间充质细胞索和毛细血管组成（图6-24-a）。16 DPH，脾原基增大，梨形，内含少量嗜碱性细胞或造血干细胞，并开始淋巴化（图6-24-b）。20 DPH，脾体积增大，淋巴细胞与红细胞相间排列，可见活跃的红细胞生成；着色较深的嗜碱性细胞、成纤维细胞与红细胞排列较疏松，成索状结构（图6-24-c）。25 DPH，脾外缘由浆膜包裹，淋巴细胞密度增大，毛细血管增多，偶见黑色素巨噬细胞聚集中心（图6-24-d）。30 DPH，脾脏增大，小淋巴细胞增多，巨噬细胞出现，黄褐色，形状不规则；毛细血管增多，椭圆体结构出现（图6-24-e）。35 DPH，黑色素巨噬细胞聚集中心数量增多，体积增大；淋巴细胞和红细胞增多，着色加深，出现明显的淋巴细胞集中区（图6-24-f）。45 DPH，结缔组织被膜伸入脾实质内形成脾小梁，脾小叶开始形成，着色较深的白髓和着色较浅的红髓开始区分，红细胞增多，巨噬细胞明显（图6-24-g）。53 DPH，淋巴细胞数量增加，着色加深，呈紫红色（图6-24-h），红髓与白髓交错排列，脾窦较明显（图-24-i）。此时脾组织发育基本完成，但尚未成熟，随后继续增大，脾细胞继续淋巴化。脾的内皮系统较头肾发达，其发育速度较胸腺和头肾慢，淋巴细胞明显少于胸腺和头肾。

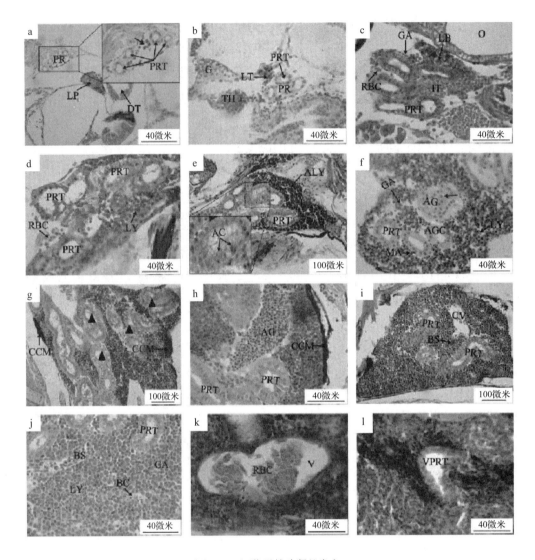

图6-23　四指马鲅头肾的发育

a. 3 DPH，头肾的造血干细胞（↑）和前肾管（400×）；b. 5 DPH，增大的前肾管和淋巴组织（400×）；
c. 7 DPH，继续增大的前肾管，管间组织，淋巴母细胞，粒细胞，红细胞（400×）；d. 15 DPH，前肾
管，淋巴细胞，红细胞（400×）；e. 18 DPH，淋巴细胞集中区和退化的肾管，凋亡细胞（200×）；
f. 20 DPH，肾上腺细胞，前肾管，粒细胞，淋巴细胞，巨噬细胞（400×）；g. 25 DPH，大量前肾管退化
（▲），嗜铬细胞团（200×）；h. 30 DPH，前肾管，肾上腺，嗜铬细胞团（200×）；i. 35 DPH，中央静
脉，血窦，前肾管（200×）；j. 40 DPH，前肾管，血窦，血细胞，淋巴细胞，粒细胞（400×）；k. 53 DPH，
静脉（400×）；l. 53 DPH，已退化的前肾管（400×）

AC. 凋亡细胞；AG. 肾上腺；AGC. 肾上腺细胞；ALY. 淋巴细胞集中区；BC. 血细胞；BS. 血窦；CCM:
嗜铬细胞团；CV. 中央静脉；DT. 消化道；G. 鳃弓；GA. 粒细胞；IT. 管间组织；LP. 肝原基；LT. 淋巴
组织；LB. 淋巴母细胞；LY. 淋巴细胞；MA. 巨噬细胞；ND. 肾管；PR. 前肾；PRT. 前肾管；RBC. 红细
胞；V. 静脉；VPRT. 退化的前肾管

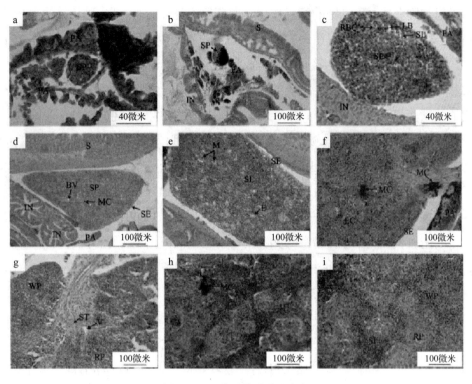

图6-24 四指马鲅脾脏的发育

a. 7 DPH，脾脏原基和胰脏（400×）；b. 16 DPH，脾脏体积增大，细胞开始淋巴化（200×）；c. 20 DPH，淋巴母细胞，小淋巴细胞和红细胞（400×）；d. 25 DPH，示黑色素巨噬细胞聚集中心，浆膜，血管（200×）；e. 30 DPH，小淋巴细胞增多，示巨噬细胞，椭圆体（200×）；f. 35 DPH，示中央静脉，淋巴细胞聚集区（200×）；g. 45 DPH，示脾小梁，红髓，白髓（200×）；h. 53 DPH（200×）；i. 53 DPH，脾窦，红髓，白髓（200×）

BL. 血管；E. 椭圆体；IN. 肠；LB. 淋巴母细胞；LC. 淋巴细胞聚集区；M. 巨噬细胞；MC. 黑色素巨噬细胞聚集中心；PA. 胰脏；RBC. 红细胞；RP. 红髓；S. 胃；SE. 浆膜；SP. 脾脏；SL. 小淋巴细胞；ST. 脾小梁；SI. 脾窦；V. 静脉；WP. 白髓

## 四、综合分析

在许多硬骨鱼类发育过程中，胸腺是第一个发育成熟的淋巴器官，如斑马鱼在4 DPH时其胸腺在其他淋巴器官开始发育之前就已经形成。该研究结果显示，四指马鲅胸腺原基及头肾原基均在3 DPH出现，但胸腺原基发育较快，25 DPH基本发育完成，而头肾淋巴化速度较慢；脾脏原基则在7 DPH形成，发育过程较为缓慢。四指马鲅淋巴器官淋巴化的顺序是胸腺、头肾、脾脏，可见胸腺作为鱼类中枢免疫器官在维系机体早期发育阶段的免疫机能具有重要作用。这与斜带石斑鱼、军曹鱼（*Rachycentron canadum*）等海水鱼类的报道结果一致。四指马鲅的胸腺与鳃咽腔由组织被膜相隔，与咽上皮密切相关，这有利于口咽腔和鳃组织抵抗病原入侵，促进和调节淋巴细胞和非淋巴细胞的相互作用，发挥免疫防御功能。胸腺组织结构的分化在硬骨鱼类中是高度可变的，在许多鱼类中胸腺的皮质和髓质没有明显的分化。25 DPH 胸腺皮质和髓质区分明显，髓质可以看成是一个次级淋巴器官，因为它可以被外源性抗原和淋巴细胞所利用。不同鱼类的免疫能力存在差异可能与胸腺的组织结构特征有一定的关系。

该研究发现，在四指马鲅早期发育过程中，胸腺外周有一些分散的淋巴细胞；胸腺与头肾互相靠拢，有细胞"桥"连接。同样，在金头鲷（*Sparus aurata*）、罗非鱼（*Oreochromis* spp）、虹鳉（*Poecilia rticulatus*）、鲽（*Pleuronectes platessa*）等鱼类中也有关于胸腺与头肾存在细胞"桥"相连的报道；3 DPH 时四指马鲅头肾原基中未分化的造血干细胞在形态特征与胸腺的干细胞相似，此时胸腺和头肾均未开始淋巴化；5 DPH 胸腺淋巴细胞有往头肾迁移的迹象，此时头肾的造血干细胞开始分化，出现淋巴样组织。这为"头肾的淋巴细胞是从胸腺迁移而来"这一观点提供佐证。但这与斜带石斑鱼及卵形鲳鲹（*Trachinotus ovatus*）的研究结果不尽相同，可见不同的鱼类其头肾淋巴细胞的起源存在差别。四指马鲅头肾在发育早期有较多的肾小管，随着鱼体的生长，淋巴细胞增多，18 DPH 肾小管开始退化，直到 53 DPH 肾小管才完全消失，后来主要由淋巴细胞、粒细胞和血细胞等填充，此时头肾形成了具有免疫和造血功能的淋巴样器官。这与牙鲆、斜带石斑鱼、草鱼、鳜（*Siniperca chuatsi*）、黄颡鱼（*Pelteobagrus fulvidraco*）等多种鱼类的研究结果类似。20 DPH 头肾开始出现少量巨噬细胞和肾上腺细胞，巨噬细胞可吞噬和消灭入侵的病原体，还有助于释放对宿主免疫应答启动起重要作用的促炎细胞因子，说明此时四指马鲅的头肾可能开始具有免疫防御功能。25 DPH 头肾淋巴细胞增多，边缘出现大量黄褐色或黑色的嗜铬细胞团，而成熟的嗜铬细胞和肾上腺细胞可分泌儿茶酚胺类激素和皮质类固醇激素，从而参与水盐代谢及应激反应。脾脏原基在 7 DPH 时出现，淋巴化的时间点最迟，30 DPH 有黑色素巨噬细胞聚集中心出现，往后不断增多，因其有从循环系统中清除可溶性和颗粒物质的作用，常被广泛用作监测水质和鱼体健康状况的生物标记。53 DPH 红髓与白髓相间排列，区分不明显，此时脾脏尚未具备强大的造血和免疫功能，需要继续发育完善。在脾脏发育过程中红细胞较为活跃，数量明显增长，血管系统发达，说明脾脏具有很强的造血、血液过滤以及储存功能。相对于胸腺和头肾，脾脏淋巴化过程较为缓慢，淋巴细胞也明显少于胸腺和头肾，可见脾脏在体液免疫中处于相对次要地位。

对于脊椎动物而言，免疫活性的建立依赖于免疫淋巴器官的发育成熟。研究表明，鱼类淋巴细胞的出现并不代表其功能成熟，而淋巴细胞的功能成熟往往比淋巴器官的迟，一般要到幼鱼期以后发育完成，而免疫功能的完善则更迟。此外，鱼类淋巴器官的形态及功能发育受营养及环境的影响较大，如环境温度会影响胸腺形态结构的发育以及淋巴细胞的生成，矿物质缺乏（如铁、磷、硒）会损害幼鱼免疫器官的功能和结构完整性；拥挤应激会对鱼类的非特异性免疫反应产生负面影响，增加脾脏的不适当凋亡，使鱼类更易受到病原体的侵袭，最终影响鱼类的生存。相对其他鱼类而言，四指马鲅淋巴器官原基出现的时间较早，胸腺淋巴化也较迅速，但头肾和脾脏发育较滞后。四指马鲅从出膜经过仔鱼期、稚鱼期再到幼鱼期需要较长时间过渡。从稚鱼到幼鱼这一变态发育阶段，鱼体的形态结构与器官的发育尚处于演变和完善过程，加上环境因子和营养因素对免疫淋巴器官结构及功能发育的影响，导致其免疫防御机能较弱，这可能是变态期间鱼苗脆弱，容易患病，死亡率高的主要原因。针对该问题亟待进一步向免疫调控机制方面深入研究，这对苗种培育和成鱼健康养殖具有重要意义。

## 第十一节 四指马鲅泌尿系统胚后发育组织学研究

脊椎动物泌尿系统的主要器官是肾脏，其功能单位可以清除代谢废物，维持体液渗透压平衡，称做肾单位，其中的肾小球与血管系统相结合，起血液滤过作用。在哺乳动物中，胚胎发生过程中有三种逐渐复杂的肾脏结构（前肾、中肾和后肾），而鱼类只有前肾和中肾发育。前肾是脊椎动物首先形成的泌尿器官，随后中肾才开始发育形成。前肾在鱼类自由游动的胚胎中起着渗透调节作用，其功能齐全对存活至关重要。研究表明，斑马鱼（*Barchydanio rerio* var）在10 DPH（days post hatching）从仔稚鱼向幼鱼过渡，这涉及许多器官和组织的变化，包括鳞片和鳍的形成，性腺、肠道和神经系统的重塑，中肾同样在这一时期出现，是为了应对体质量增加带来的更高的渗透调节需求。中肾的发生和发育遵循一种立体的典型模式：间充质细胞团上皮化形成肾小泡并与集合管相接合，并通过"S"形小体期延长发育成一个新的肾单位。近年来中国学者对淡水鱼类的泌尿系统研究较多，如南方鲇（*Silurus meridionalis*）、西藏墨头鱼（*Garrakem pihora*）、贝氏高原鳅（*Triplophysa bleekeri*）、红唇薄鳅（*Leptobotia rubrilaris*）、大鳞副泥鳅（*Paramisgurnus dabryanus*）等，而海水鱼类仅卵形鲳鲹（*Trachinotus ovatus*）等少数鱼类有相关报道。研究鱼类肾脏乃至泌尿系统组织结构及发育对了解其排泄与渗透压调节具有重要意义。

该节应用石蜡组织连续切片和H.E染色技术对人工培育的四指马鲅泌尿系统胚后发育进行研究，了解其组织形态发育及其结构特征，以丰富四指马鲅的基础生物学资料，为阐明排泄及渗透压调节特点提供理论依据，从而为苗种培育和淡化养殖提供理论参考。

## 一、前肾

3 DPH，可观察到原肾管前端发生扭曲，是为前肾区域，3～4个前肾小管分散排列，管壁为立方上皮，细胞排列疏松，呈粉红色，管径较小，管间分布有少量着色较深的未分化干细胞（图6-25-a）。7 DPH，前肾左上方有淋巴样组织形成，前肾小管数量增多，管径增大，管壁细胞增厚，细胞界限不清晰，管腔游离面具淡红色刷状缘，前肾小管间有较多的红细胞填充（图6-25-b）。15 DPH，前肾后端及脊索腹面有较多的黑色素-巨噬细胞中心出现，淋巴组织往前肾小管周围填充，管径继续增大，管壁细胞界限较清晰，核深染，发育中的前肾小管周围有较多的红细胞分布（图6-25-c）。18 DPH，前肾淋巴组织增多，淋巴类细胞填充小管间隙（图6-25-d）。20 DPH，前肾主要由淋巴组织和前肾小管组成，此时少数前肾小管开始模糊退化，说明泌尿机能开始衰退（图6-25-e）。30 DPH，观察到大量的前肾小管出现结构模糊或溶解的现象，部分前肾小管已经退化，淋巴组织向内填充（图6-25-f）。往后前肾小管完全退化，前肾主要由淋巴组织组成，此时发育为具有免疫和造血功能的头肾。未观察到前肾在发育过程中有肾小球等肾单位结构形成，在前肾小管退化之前主要由前肾小管行使泌尿功能。

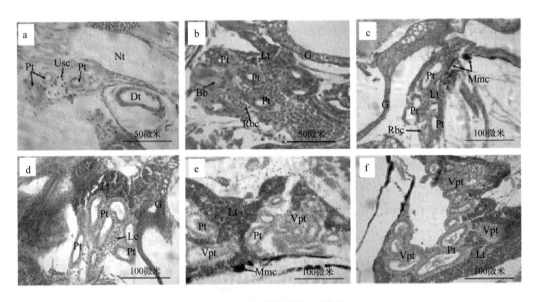

图6-25 四指马鲅前肾胚后发育

a. 3 DPH（400×），前肾小管和未分化干细胞；b. 7 DPH（400×），淋巴组织、前肾小管、红细胞；c. 15 DPH（200×），黑色素-巨噬细胞中心、前肾小管、淋巴组织、红细胞；d. 18 DPH（200×），前肾小管、淋巴组织、淋巴类细胞；e. 20 DPH（200×），少数前肾小管退化；f. 30 DPH（200×），大量前肾小管退化或溶解
Bb. 刷状缘；Dt. 消化道；Lc. 淋巴类细胞；Lt. 淋巴样组织；Mmc. 黑色素-巨噬细胞中心；Nt. 脊索；Pt. 前肾小管；Rbc. 红细胞；Usc. 未分化干细胞；Vpt. 退化的前肾小管

## 二、中肾

4 DPH，中肾区域仅观察到原肾管，结构简单，周围尚未有嗜碱性细胞等出现（图6-26-a）。7 DPH～16 DPH，中肾导管管壁细胞增厚，嗜碱性增强，细胞核深染，呈紫红色；紧贴中肾导管由头先至尾先后出现若干嗜碱性致密的生中肾细胞团（肾小管原基）；导管背侧红细胞出现并逐渐增多；间充质细胞零星分布；导管腹侧出现较多的黑色素-巨噬细胞团（图6-26-b）。20 DPH，中肾前端已有3～5个肾小管形成，管壁细胞排列疏松，嗜碱性强，呈紫红色，管间有较多的间充质细胞分布；肾小管末端有嗜碱性细胞团聚集，形成内生的细胞团，为早期肾小体；周围有较多黑色素-巨噬细胞团分布（图6-26-c）。25 DPH，中肾后端也开始出现早期肾小体；肾小管背侧有嗜碱性细胞团分布，类似生中肾细胞团，或将分化成次级肾小管；肾小管芽垂直于中肾管向背侧延伸弯曲，细胞高柱状（图6-26-d）。30 DPH，中肾背侧淋巴组织形成并向内延伸；可观察到亚成熟的肾小体，其肾小球增大，细胞嗜碱性减弱，核质比减小，肾小囊与肾小球的间隙变小；肾小管数量明显增多，基本布满肾体；肾小管管壁细胞嗜碱性减弱，核质比减小，呈红色；近端小管与远端小管开始有区分，近端小管管壁细胞其核多呈低柱状或梭形，细胞紧密排列，管腔面具有浓密的强嗜伊红的刷状缘将管腔闭锁；远端小管管壁细胞其核多呈椭圆形，管腔面的纤毛已逐渐减少或已消失（图6-26-e）；另外，远端小管与集合管的结合处开始贯通，且周围有较多红细胞分布（图6-26-f）。40 DPH，中肾淋巴组织增多，从周围慢慢向内部填充；肾小管数量继续增多，小管间有较多的淋巴类细胞分布；肾小体数量有所增加，开始在中肾内部发育（图6-26-g）。45 DPH，肾小管数量继续增加，其管壁细胞增厚，着色加深，小管间有较多的血窦分布，红细胞聚集（图-26-h）；第一近端小管和第二近端小管开始区分，第一近端小管细胞高柱状，嗜碱性较强，核质比高，细胞界限不清楚，腔面具较厚的刷状缘；第二近端小管细胞柱状，嗜碱性较弱，核质比较低，细胞界限较清晰，腔面刷状缘较矮；二者与远端小管对比明显，管间由淋巴类细胞填充，亦有较多黑色素-巨噬细胞中心分布（图6-26-i）。50 DPH，淋巴组织及红细胞充满肾小管间隙（图6-26-j）；肾小管管壁增厚，管径增大；早期肾小体、亚成熟肾小体以及成熟肾小体均有分布于中肾边缘或内部，总数量并不多；第一近端小管、第二近端小管及远端小管区分明显，未观察到第一远端小管和第二远端小管区分（图6-26-k～l），此时中肾组织结构或与成鱼相接近。

## 三、输尿管和膀胱

4 DPH～7 DPH，中肾区域仅观察到原肾管，由1～2层管壁细胞组成，肾管逐渐

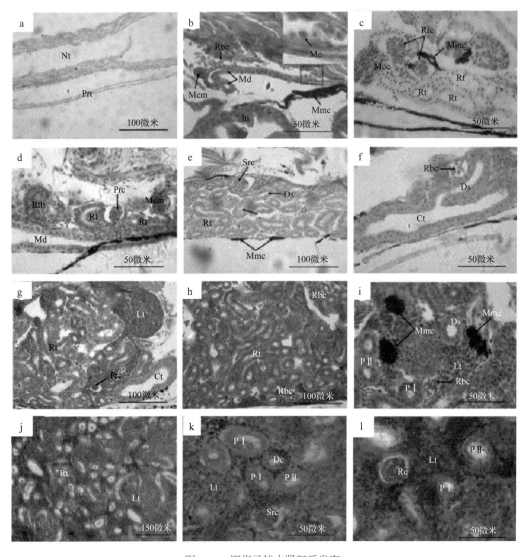

图6-26 四指马鲅中肾胚后发育

　　a. 4 DPH（200×），原肾管；b. 7 DPH（400×），中肾管、生中肾细胞团及红细胞；c. 20 DPH（400×），中肾前段，早期肾小体及肾小管形成；d. 25 DPH（400×），中肾后段，早期肾小体及肾小管芽形成；e. 30 DPH（200×），亚成熟肾小体、近端小管和远端小管；f. 30 DPH（400×），远端小管与集合管结合处贯通；g. 40 DPH（200×），肾小管和淋巴组织；h. 45 DPH（200×），肾小管和红细胞；i. 45 DPH（400×），第一近端小管、第二近端小管、远端小管和黑色素-巨噬细胞中心；j. 50 DPH（100×），肾小管和淋巴组织；k. 50 DPH（400×），亚成熟肾小体、第一近端小管、第二近端小管、远端小管、淋巴组织；l. 50 DPH（400×），成熟肾小体、第一近端小管、第二近端小管及淋巴组织
Ct. 集合管；Ds. 远端小管；Lt. 淋巴样组织；Md. 中肾管；Mcc. 间充质细胞；Mcm. 生中肾细胞团；Mmc. 黑色素-巨噬细胞中心；P. 近端小管；P Ⅰ. 第一近端小管；P Ⅱ. 第二近端小管；Prc. 早期肾小体；Prt. 原肾管；Rbc. 红细胞；Rc. 肾小体；Rt. 肾小管；Rta. 肾小管原基；Rtb. 肾小管芽；Src. 亚成熟肾小体

增大，管壁细胞增高，未观察到膀胱形成（图6-27-a）。8 DPH～9 DPH，中肾管增大，后端膨大形成原始膀胱，仅由1～2层细胞组成，是为典型的输尿管膀胱（图6-27-b）。18 DPH，中肾管管壁增厚，外层有结缔组织薄膜包裹，可称输尿管；膀胱紧贴后肠，内腔增大，膀胱壁增厚，黏膜层形成，向腔面伸长（图6-27-c）。30 DPH，输尿管管壁继续增厚；膀胱壁由黏膜层、肌肉层和浆膜层组成，此时黏膜层为变移上皮，肌肉层明显，浆膜层为结缔组织被膜（图6-27-d）。50 DPH，中肾后端可观察到两输尿管并行后合二为一，后接膨大的膀胱。此时输尿管管壁增厚，由2～3层立方上皮组成，肌肉层不明显，外被较厚的结缔组织被膜，中间有小血管分布（图6-27-e）。膀胱壁仍由黏膜层、肌肉层及浆膜层组成，各层均有明显增厚（图6-27-f）。

观察发现，出膜早期仔稚鱼主要以前肾行使泌尿机能，前肾管充当输尿管；当前肾衰退，中肾形成后则以中肾管为输尿管，始于中肾后端，并行向后合并膨大为典型的输尿管膀胱。

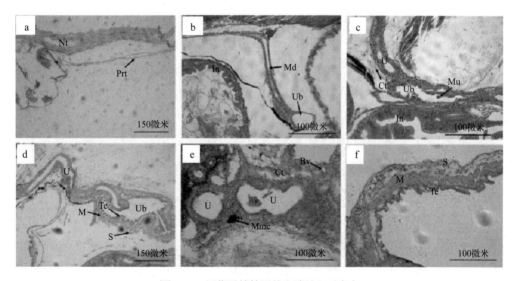

图6-27　四指马鲅输尿管和膀胱胚后发育

a. 4 DPH（100×），示原肾管；b. 9 DPH（200×），示中肾管和膀胱；c. 18 DPH（200×），输尿管和膀胱；d. 35 DPH（100×），输尿管和膀胱；e. 50 DPH（200×），输尿管并行处；f. 50 DPH（200×），膀胱壁

Bv: 血管；Ct: 结缔组织；In: 肠道；M: 肌肉层；Md: 中肾管；Mu: 黏膜层；Mmc:黑色素-巨噬细胞中心；Prt: 原肾管；S: 浆膜；Te: 变移上皮；U: 输尿管；Ub: 膀胱

## 四、综合分析

鱼类新陈代谢产生的代谢废物，特别是含氮化合物及各种盐离子主要由泌尿系统排出体外，它是鱼类维持生命活动不可或缺的重要系统。硬骨鱼类泌尿系统主要包

括前肾（胚胎及仔稚鱼时期）、中肾及输导管。肾脏是鱼类泌尿系统的主要组成部分，具有维持水盐平衡、造血、免疫以及分泌作用，是一个结构复杂、功能多样的器官。四指马鲅的肾脏发育分前肾和中肾两个阶段，与大鳞副泥鳅、贝氏高原鳅等大多数硬骨鱼类基本一致。四指马鲅在3 DPH观察到前肾小管已经形成，中间有未分化的干细胞分布，后经发育前肾小管增大，数量增多，干细胞分化形成各类型细胞及淋巴组织，说明其在胚胎时期及胚后早期前肾行使泌尿机能，这与南方鲇、卵形鲳鲹等多数鱼类基本类似。7 DPH前肾小管腔面出现游离纤毛，说明前肾小管的泌尿机能有所增加。仔稚鱼在发育过程中未观察到前肾有肾小体或血管球等结构形成，说明四指马鲅在发育初期代谢废物主要经前肾管排出体外，故滤尿效能低下。然而鲇鱼（*Silurus asotus*）和南方鲇在2 DPH就形成前肾小体，贝氏高原鳅在6 DPH～8 DPH开始形成前肾小体，可见淡水鱼类前肾的泌尿机能在发育早期比海水鱼类更高效，这可能是由于生长环境不同所致。四指马鲅在20 DPH前肾小管开始退化，不同的鱼类其前肾管退化的时间差别较大，如卵形鲳鲹在14 DPH～15 DPH就已经开始退化，草鱼（*Ctenopharyngodon idellus*）在17 DPH开始退化，鳜（*Siniperca chuatsi*）在22 DPH开始退化，斜带石斑鱼（*Epinephelus coioides*）则在50 DPH才开始退化，前肾小管的退化和减少说明前肾开始由泌尿器官向免疫器官转变，此时泌尿功能开始减弱，中肾逐渐行使泌尿功能。

鱼类的中肾发育主要研究肾单位的发育过程，有研究文献将软骨鱼类猫鲨（*Chiloscyllium punctatum*）亚成体的肾单位发育划分为肾原基期、"S"形小体期、发育期和幼稚期4个阶段；将南方鲇中肾发生发育过程分为间充质细胞聚集、中肾小泡出现、肾小管芽形成、肾小体发生、初级肾单位形成、初级肾单位成熟及第二、三级肾单位发生等时期，把中肾肾单位的发育包括分化前期、分化期、发育期、成熟期4个时期；等将贝氏高原鳅中肾单位的发生分为肾小管原基、肾小管芽、幼稚肾单位和亚成熟肾单位4个阶段。肾小管在不同的时间点分化出功能上不同的节段，近端分为近曲小管（第一近端小管）和近直小管（第二近端小管）两段，远端分为远端早期（第一远端小管）和远端晚期（第二远端）两段。该研究发现，7 DPH～16 DPH四指马鲅中肾区由前至后先后形成肾小管原基；20 DPH～25 DPH肾小管芽和早期肾小体（幼稚肾单位）形成；30 DPH亚成熟肾小体形成，近端小管和远端小管开始区分；45 DPH～50 DPH，第一近端小管与第二近端小管开始区分，成熟肾小体开始形成。因而把四指马鲅肾单位的发育分成肾小管原基、肾小管芽、早期肾单位、亚成熟肾单位、成熟肾单位等5个阶段。与淡水鱼类相比，四指马鲅肾小体数量较少，主要分布在中肾边缘区域。淡水鱼处于低渗环境，主要通过肾脏将过多的水分排出体外，所以肾小体发达，排尿量也比较多；而四指马鲅属海水鱼类，生活于高渗环境，需要不断补水，必须减少排尿保留水分，因而肾小体数量较少。直至50 DPH，四指马鲅中肾小管分化为第一近端小管、第二近端小管、远端小管以及集合管4部分，尚未区分颈段、第一远端小管和第二远端小管等，与卵形鲳鲹、南方鲇、大鳞副泥鳅、西藏墨头鱼等结果类似。该部位或本已缺失，需对成体中肾进行观察验证。此外，四指马鲅中肾在发育过程中可观察到较多的黑色素-巨噬细胞中心、淋巴细胞和红细胞，因此推测四指马鲅发育早期中肾兼具造血、免疫、渗透压调节以及泌尿功能。

　　肾脏过滤的新陈代谢废物由肾小管汇集到输尿管，从而贮藏于膨大的膀胱便于排出体外。该研究结果表明，四指马鲅在出膜后早期，仔稚鱼主要以前肾行使泌尿机能，前肾管充当输尿管将废物排出体外，膀胱尚未形成；当前肾衰退，中肾形成后则以中肾管为输尿管，符合一般硬骨鱼类的发育规律。中肾管沿肾脏腹面偏两侧下行，沿途有集合管汇入，输尿管始于肾脏后端，并行向后合并膨大为膀胱，属典型的输尿管膀胱，与红唇薄鳅等大多数硬骨鱼类一致。输尿管在发育过程中管壁和外被的结缔组织不断增厚，至50 DPH肌肉层仍未明显，仅由立方上皮和结缔组织组成。膀胱壁先是一层上皮组织，后发育出黏膜层和浆膜层，至30 DPH肌肉层明显，往后各层均逐渐增厚。四指马鲅膀胱的组织结构与多数鱼类一致，其发达程度较高，膀胱内腔比短体副鳅（*Paracobitis potanini*）等淡水鱼类要大，黏膜层变移上皮较明显，说明其具有较强的重吸收能力。

　　综上所述，鱼类泌尿系统的发育与其生长环境及生活习性相适应。该研究仅阐述了四指马鲅泌尿系统发育的一般规律。亟待进一步研究不同环境条件对其泌尿系统渗透调节功能的影响，以揭示养殖过程中病态多发的原因是否与之有关，这对指导苗种培育、淡化驯养及工厂化健康养殖具有重要意义。

## 第十二节　四指马鲅视网膜早期发育的组织学研究

　　视觉在硬骨鱼类的摄食、定位、集群、垂直移动、洄游、躲避敌害等行为学上发挥着重要作用。尤其是在仔鱼阶段，视觉是占据主导地位的感觉系统，甚至是摄食的唯一感官。硬骨鱼类种类繁多、生存环境复杂多样，且在大多数鱼类生长发育的不同阶段，视觉器官在形态学和细胞学等方面呈现高度多样性，以适应不同的生态和行为习性。视网膜位于眼球壁的最内层，是鱼类形成视觉的生理基础。因而深入了解硬骨鱼类视网膜的发生和发育机制，研究视觉结构和视觉特性在不同生长发育阶段的生态适应性，有利于阐明其行为机制，为提高渔获量、资源保护及健康养殖模式的选择提供理论依据，也为脊椎动物视觉器官的进化研究提供参考。

目前关于动物视网膜形态、结构及其功能的研究已有许多报道。国外的相关研究较多，主要集中在显微结构观察、视网膜在细胞学上的适应性变化、新视觉元素的再生和处理、视觉器官的起源和进化等方面。而国内的相关研究较少，主要集中在视觉器官的早起发育与摄食行为的关系、视网膜结构的比较组织学研究、感光细胞在视网膜上分布的定量研究等方面。

该章采用常规石蜡组织切片及H.E染色的方法对四指马鲅仔鱼和稚鱼视网膜的组织结构、细胞种类及组成比例进行观察研究，比较视网膜在不同发育阶段的差异，分析各发育阶段视觉器官结构和功能的关系及视觉器官的生态适应性，以期为该鱼的种苗生产和健康养殖提供参考，同时也为该鱼早期生活史及鱼类视觉特性和动物视觉器官的进化研究积累基础资料。

## 一、不同发育时期四指马鲅视网膜主要层次的形态结构

四指马鲅视网膜主要是由三级神经元构成的10层结构，由内向外依次为视网膜色素上皮层（retinal pigment epithelium，PEL）、感光层（即视锥视杆层）（photoreceptor layer，RCL）、外界膜（external limiting membrane，OLM）、外核层（outer nuclear layer，ONL）、外网层（outer plexiform layer，OPL）、内核层（inner nuclear layer，INL）、内网层（inner plexiform layer，IPL）、神经节细胞层（ganglion cell layer，GCL）、神经纤维层（nerve fiber layer，NFL）和内界膜（inner limiting membrane，ILM）。但在四指马鲅发育的不同时期，其视网膜在形态和结构上存在明显差异。

四指马鲅的胚胎发育历时13小时52分钟，在受精后的8小时54分钟，胚胎发育进入器官形成期，视杯和晶状体已经十分明显。随着胚胎发育，视杯快速生长，体积变大。历经14小时30分钟，受精卵孵化出膜，此时，视网膜分化并不完全，大部分细胞呈长梭形（图6-28-a）。1日龄四指马鲅仔鱼全长2.25毫米，眼球直径0.16毫米，视网膜细胞分化，但分层不明显（图6-28-b）。2日龄四指马鲅仔鱼全长2.51毫米，眼球直径0.18毫米。色素上皮层中出现黑色素颗粒，并且可以清晰地分辨出外核层、内核层和神经节细胞层。外核层为视锥细胞和视杆细胞的细胞核，呈细长的杆状并排排列（图6-28-c）。3日龄四指马鲅仔鱼全长2.59毫米，眼球直径0.22毫米。色素上皮层明显增厚，因色素颗粒大量增多使色素上皮层染色较深。内核层较厚，且已经分化出3种细胞，最外侧的为水平细胞的胞体，呈细长梭形，与视锥细胞和视杆细胞的细胞核成垂直关系，中间层为双极细胞的胞体，有4~5层，胞体呈圆形或椭圆形，

形状较小且染色较深，内层为无长突细胞的胞体，有3~4层，胞体较大且染色较浅。神经节细胞层主要为神经节细胞的胞体，呈椭圆形，有6~7层，胞体较大染色较浅。视锥视杆层和外网层较薄且染色较浅，内网层相对较厚（图6-28-d）。4日龄四指马鲅仔鱼视网膜内可见神经纤维层（图6-28-e），至此，其视网膜10层结构完整（图6-28-f~i）。1~9日龄四指马鲅仔鱼视网膜视锥视杆层内主要为视锥细胞，10日龄开始视杆细胞增多。

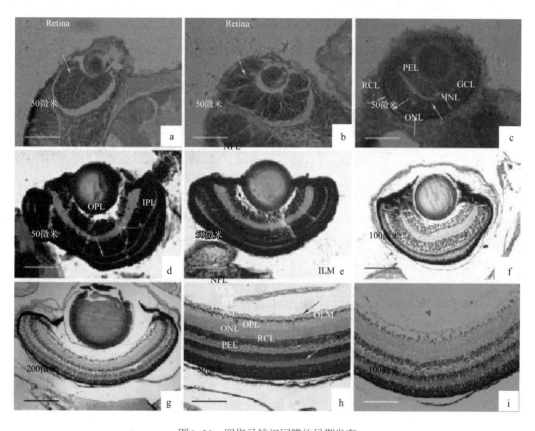

图6-28　四指马鲅视网膜的早期发育

a. 初孵1h仔鱼视网膜（400×）；b. 1日龄仔鱼视网膜（400×）；c. 2日龄仔鱼视网膜（400×）；d. 3日龄仔鱼视网膜（400×）；e. 4日龄仔鱼视网膜（400×）；f. 10日龄仔鱼视网膜（200×）；g. 15日龄仔鱼视网膜（100×）；h. 23日龄仔鱼视网膜（400×）；i. 30日龄仔鱼视网膜（200×）

Retina. 视网膜；PEL. 色素上皮层；RCL. 视锥视杆层；OLM. 外界膜；ONL. 外核层；OPL. 外网层；INL. 内核层；IPL. 外网层；GCL. 神经节细胞层；NFL. 神经纤维层；ILM. 内界膜

## 二、视锥视杆层、外核层、内核层、神经节细胞层厚度的变化

随着四指马鲅个体的生长，视网膜总厚度及各层厚度均在增长，但增长的幅度并

不相同，因此，为了能更加准确的反应视网膜各层在生长发育中的变化趋势，该文利用每层厚度与总厚度的比值来反映这种变化趋势，进而了解视网膜关键层在生长发育过程中结构和功能的变化。视锥视杆层、外核层、内核层、神经节细胞层占视网膜总厚度的百分比见图6-29。

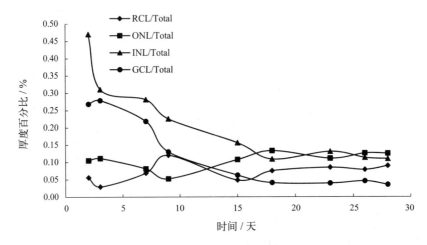

图6-29 四指马鲅视网膜早期发育阶段主要层占总厚度的百分比

RCL/ Total：视锥视杆层占视网膜总厚度的百分比；ONL/ Total：外核层占视网膜总厚度的百分比；INL/ Total：内核层占视网膜总厚度的百分比；GCL/ Total：神经节细胞层占视网膜总厚度的百分比

　　神经节细胞层和内核层厚度随四指马鲅的发育而减小，且两者均在2～18日龄期间急剧减少，在18～28日龄期间变化幅度很小。神经节细胞层占视网膜总厚度的比例由2日龄的26.84%降低至18日龄的4.08%，内核层由2日龄的46.99%降低至18日龄的10.88%。外核层厚度四指马鲅的发育呈现先减少后增加的趋势，由2日龄的10.51%减少到9日龄的5.23%，再增加到18日龄的13.30%。而视锥视杆层则与外核层相反，其厚度随四指马鲅的发育呈先增加后减少的趋势，即由2日龄的5.58%增加到9日龄的12.01%，再降低到15日龄的4.84%。但两者在18～28日龄期间变化幅度均很小。

　　2日龄四指马鲅仔鱼视网膜内核层厚度占比最高，其次是神经节细胞层和外核层，最低的是视锥视杆层，分别占46.99%、26.84%、10.51%和5.58%。到18日龄时，厚度百分比最高的是外核层，其次是内核层、视锥视杆层和神经节细胞层，所占百分比分别为13.30%、10.88%、7.51%和4.08%。而18～28日龄厚度百分比变化平缓，依次为外核层12.52%、内核层10.97%、视锥视杆层8.94%和神经节细胞层3.53%。

### 三、神经节细胞胞核、内核层胞核和外核层胞核的数目比

为了了解早期发育阶段的四指马鲅视网膜处理和传递信息的能力，该研究测量了神经节细胞胞核、内核层细胞核和外核层细胞核的数目，其比值在早期发育阶段内的变化见图6-30。

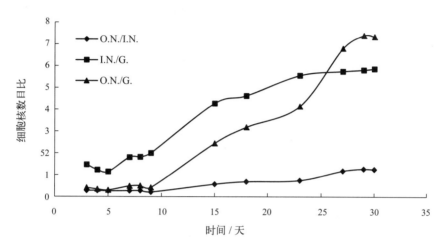

图6-30　四指马鲅视网膜横切片100微米长度上主要细胞核的数量比值变化

由图6-30可以看出随着四指马鲅的生长发育外核层细胞核数与内核层细胞核数之比、内核层细胞核数与神经节细胞数之比和外核层细胞核数与神经节细胞数之比均呈增高趋势，外核层细胞核数与神经节细胞数之比增长的幅度是最大的，从3日龄的0.41增长到30日龄的7.34，其次是内核层细胞核数与神经节细胞数之比，由3日龄的1.47增加到30日领的5.87，而外核层细胞核数与内核层细胞核数之比的增长幅度是最平缓的，由3日龄的0.28增加到30日龄的1.25。9～23日龄是内核层细胞核数与神经节细胞数之比增长幅度较大的时期，其比值由2增加到5.56，9～29日龄是外核层细胞核数与神经节细胞数之比增长幅度较大的时期，其比值由0.41增加到7.39。

### 四、四指马鲅早期发育阶段眼球直径、头长和全长之间的关系

在孵化后近1个月的时间内，四指马鲅全长增长了10倍，头长增长了8倍，而眼球直径则只增长了3.5倍（图6-31）。

在孵化后近1个月的时间内四指马鲅眼球直径随着生长发育与头长成正相关增长（$R^2=0.994$，$P<0.01$）（图6-32）。

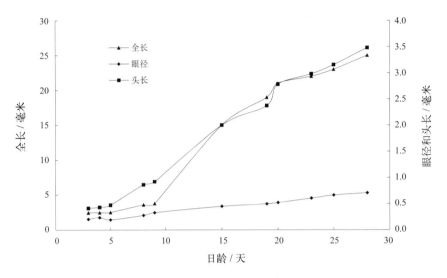

图6-31　四指马鲅早期发育阶段眼径、头长和全长

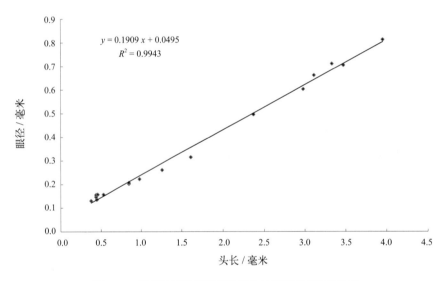

图6-32　四指马鲅早期发育阶段头长和眼球直径的关系

## 五、综合分析

### （一）不同发育时期四指马鲅视网膜主要层次的形态结构

四指马鲅视网膜的组织学研究表明，其视网膜形态结构与其他硬骨鱼类的大致相似，主要是由三级神经元构成的10层结构，但在四指马鲅发育的不同时期，其视网膜在形态和结构上存在明显差异。初孵仔鱼视网膜分化不完全，既没有色素颗粒，也没

有分化好的视觉细胞，2日龄仔鱼已经能够清晰辨认出外核层、内核层和神经节细胞层。3日龄仔鱼内核层已分化出水平细胞、双极细胞和无长突细胞，且色素上皮层明显增厚，色素颗粒大量增加。色素颗粒的主要作用是防止光的散射和反射，使视网膜成像清楚。同时色素上皮细胞为感光细胞新陈代谢提供了所需的物质和稳定的理化条件，并且色素上皮细胞的吞噬功能对感光细胞外节的更新和维持正常视觉至关重要。已有研究表明，视觉是大多数硬骨鱼类开口摄食的第一感觉，因此，在仔鱼卵黄囊耗尽之前完成视网膜功能细胞的分化对仔鱼开口摄食至关重要。根据该研究的观察，四指马鲅仔鱼在孵化后第3天开始摄食，而从实验结果可以看出，四指马鲅从初孵仔鱼到3日龄，其视网膜部分功能细胞已完成快速分化，为仔鱼开口摄食提供了必要的条件。有研究发现，海水鱼类与淡水鱼类相比，视网膜完全分化为10层结构的时间相对较短，如真鲷（*Pagrosomus major*）和黑鲷（*Sparus macrocephlus*）的视网膜在3日龄就分化为10层，而南方鲇（*Silurus meridionalis*）则在18日龄才分化为10层，四指马鲅属海水鱼类，其视网膜在4日龄分化为10层，与海水鱼的研究结果相似。

（二）四指马鲅视网膜结构与视觉特性

视网膜的主要功能是把外界的光信号转化成能被大脑识别的电信号并将此电信号进行初步的整合再通过视觉通路传递给大脑。视锥视杆层为视锥细胞和视杆细胞的外节，主要是识别外界的光信号并将光信号转换成电信号，其胞体位于外核层。神经节细胞主要负责电信号的整合和传导，其胞核位于神经节细胞层。双极细胞起着联络感光细胞和神经节细胞的作用，水平细胞和无长突细胞则可使视网膜的功能协调一致，双极细胞、水平细胞和无长突细胞的胞体位于内核层。不同核层的胞核比值在一定程度上反映了视网膜处理和传递信息的能力。一般认为，内核层胞核数大于外核层胞核数，外核层胞核数大于神经节细胞数时，即由少数视锥细胞和视杆细胞转化的电信号经过多个双极细胞、水平细胞和无长突细胞分析整合的电信号集合到一个神经节细胞上，这种神经节细胞具有较大的感受域。这种视网膜结构对外界的弱光较为敏感，但视觉的精确度却较低。结合该研究的实验结果，在四指马鲅早期发育阶段，虽然其视网膜内核层和神经节细胞的相对厚度都在降低，但其内核层相对厚度始终高于神经节细胞层，且在数目比方面，内核层胞核数与神经节细胞的比值一直在升高，表明四指马鲅的视网膜在早期发育过程中，视网膜的光敏感性随着其生长而增高，但视觉的精确度却在降低。从9日龄到14日龄期间，是内核层胞核数与神经节细胞数之比显著增加的时期，在对四指马鲅培育过程中其行为的观察可以发现，9日龄到14日龄是四指马鲅的活动和摄食从中上层转为在中下层的过渡时期，四指马鲅视网膜结构的这一变化，体现出四指马鲅视网膜的发育与其在不同发育时期的行为和生态习性的转变是相适应的。

　　研究了两种不同习性鱼类的视网膜，结果发现具有较好视觉的鱼类，其视网膜感光细胞与神经节细胞数目之比在10∶1，而视觉系统不发达的鱼类该比值高达数十倍甚至上百倍。由该研究的实验结果可以看出，在四指马鲅早期发育阶段，其感光细胞与神经节细胞的比值最高为7.39∶1，这表明四指马鲅仔稚鱼适应在光照充足的环境下生存。而有研究表明，四指马鲅常栖息于水深23米以内的沿海浅水区和江河入海口地区，喜泥沙质底质环境，该研究的结果与此是相吻合的。另有研究表明，动物种属不同以及栖息环境和生活方式不同，其视网膜内核层的3种细胞（水平细胞、双极细胞和无长突细胞）、神经节细胞的密度以及各类细胞之间的比值都存在差异，而这种差异体现了不同种属的鱼类具有不同的视觉特性，如在水体中上层活动的鱼类其内核层内水平细胞、双极细胞和无长突细胞分化非常明显，且水平细胞高达4层，而视觉甚发达的底栖鱼类其水平细胞仅1或2层。而根据研究，四指马鲅常于水深23米内泥沙底浅海区活动，该鱼具有4条游离的丝状鳍条，其上具有发达的触觉感受细胞，四指马鲅利用这种丝状鳍条来感知海底的食物，视觉已经不是该鱼摄食的主要感觉器官。根据该研究的实验结果，在四指马鲅的早期发育阶段，视网膜内核层3种细胞（水平细胞、双极细胞和无长突细胞）分化明显，但水平细胞仅有1层。这些表明四指马鲅视网膜的结构与其在浅海中下层和泥沙质海底捕食的行为习性是相适应的。

　　以上研究结果表明，四指马鲅初孵仔鱼适应于光照良好且充足的地方生存和发育，同大多数中下层游泳和底栖鱼类一样，四指马鲅在完成了早期视网膜的迅速发育后，光敏度和视敏度降低，视觉在其行为和摄食活动中不具有主要作用，而这种变化与其仔鱼浮游到幼鱼、成鱼浅海中下层和泥沙质海底活动的生态迁移和捕食方式的变化相适应。

# 第七章
# 四指马鲅的养殖技术

## 第一节　新建标准化池塘养殖场的设计要点

### 一、场址选择与规划布局

科学选址是搞好池塘养殖场的前提。应选择在政府养殖水域滩涂规划的养殖区范围内建场。新建池塘养殖场要充分考虑当地的自然与气候条件，才可决定养殖场的建设规模、建设标准。如考虑利用地势自流进排水，以节约动力提水的电力成本。设计进排水渠道、池塘堤埂、房屋等建筑物时应考虑台风、洪涝等灾害因素的影响，夏季高温天气对养殖设施的影响等。养鱼先养水，水源是建设养殖场的首要条件，要选择水源充足、清澈、无污染的地方建场。选择养殖水源时还应考虑工程施工等方面的问题，如利用河流作为水源时需要考虑是否筑坝拦水，利用山溪水流时要考虑是否建造沉砂排淤等设施。水产养殖场的进水口应建在上游部位，排水口建在下游部位，防止养殖场排放水流入进水口。养殖用水的水质必须符合《渔业水质标准》（GB11607—1989）的规定。其次，应选择电力供应较稳定、交通运输便利、饲料来源充足、建设材料取材方便的地方新建池塘养殖场。

### 二、水源及处理

在不少养殖区域，刚开始建养殖场、修建池塘时，水源水质是合格的，但随着养殖生产的进行，养殖密度的增加以及农业污水甚至生活污水的排放，养殖水源受到不同程度的影响。因此，在养殖池塘进水的时候，有些水源水必须进行一些预处理，才能用于养殖，处理方法有以下几种：

（1）处理水源水中悬浮的有机质，可以通过物理沉降5~7天，配合使用生石灰的方法来沉淀。

（2）处理水源水中的悬浮的胶体，可以使用明矾或者聚合氯化铝成分的净水剂絮凝。

（3）处理水源水重金属超标时，对于溶解在水体中，无法自然沉降，处于溶解状态的重金属离子，可以使用硫代硫酸钠或者EDTA。

（4）种植水生植物处理养殖水源。在池塘循环水养殖净化区和湖泊网围养殖区域中，种植水生植物是处理养殖尾水、保障水源安全、提高养殖效益的重要方法，水生植物对水产养殖水源的实际处理效果见表7-1。

表7-1　净化水域种草对水质效果比较

单位：毫升/升

| 种草水域 | 数量 | pH | COD | 氨氮 | 总磷 | 总氮 | 亚硝酸盐 |
|---|---|---|---|---|---|---|---|
| 池塘 | 6 | 6.90±0.14 | 41.79±1.58 | 0.73±0.19 | 0.21±0.08 | 2.14±0.85 | 0.18±0.08 |
| 沟渠 | 4 | 7.43±0.12 | 40.95±1.26 | 0.33±0.04 | 0.09±0.04 | 1.48±0.27 | 0.01±0.01 |
| 围网 | 3 | 7.66±0.20 | 34.37±2.85 | 0.00±0.00 | 0.07±0.03 | 1.23±0.24 | 0.16±0.15 |
| 小计 | 13 | 7.24±0.12 | 39.82±1.29 | 0.44±0.12 | 0.14±0.04 | 1.73±0.40 | 0.12±0.05 |

从表7-1结果可见，不同的种草水域中，pH值网围组高于池塘组，差异极显著，沟渠组高于池塘组，差异显著；化学需氧量网围组显著低于池塘组与沟渠组；氨氮网围组显著低于池塘组；总磷、总氮网围组最低，亚硝酸盐沟渠组最低，但各组差异均不显著。

（5）蓄养滤食性水生动物。在进水渠（沟）吊养牡蛎、蚌、螺等贝类，蓄养浮游生物食性和草食性鱼类，这些水生动物就像小小的生物过滤器，昼夜不停地过滤着水体，既能充分利用养殖水体中的营养物质，又可减少环境污染。

（6）利用微生物制剂处理水源水。水源水经曝气沉淀净化初步处理后进入净化池，通过机械增氧，同时增加微生态制剂与水生植物种植综合净化处理，处理后的水质达到养殖水质标准。

# 第二节　池塘养殖水生态治理

从事水产养殖应当保护水域生态环境，科学确定养殖密度，合理投饵和使用药物，防止污染水环境。

## 一、池塘养殖水治理流程

根据养殖尾水排放或循环利用需要，可分为标准处理工艺和简化处理工艺两种类型。

（1）标准处理工艺：处理后水质达到排放标准，可循环使用或达标排放。主要包括养殖池塘—排水渠（管道）—沉淀池—过滤坝（池）—曝气氧化池—生态净化池—外部河道（养殖池塘）等处理流程。

（2）简化处理工艺：可减少池塘污染，池塘养殖尾水处理后循化使用。主要包括养殖池塘—排水渠（管道）—生态循环池—养殖池塘的内部循环流程。

## 二、池塘养殖水治理设施占比面积

（1）采用标准处理工艺的水治理设施总面积为养殖总面积的5%～10%。

（2）采用简化处理工艺搭配的生态循环池，其水治理设施总面积需达到养殖总面积的2%以上。

## 三、池塘养殖水治理设施与设备

（一）标准处理工艺

池塘养殖水治理标准处理工艺如图7-1所示。

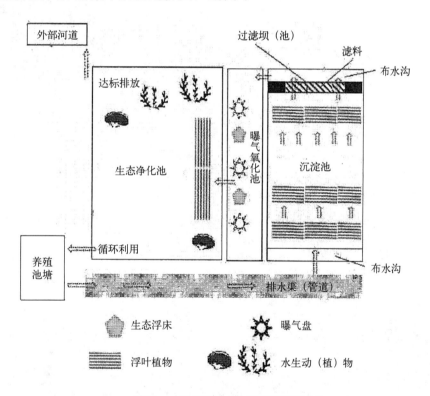

图7-1 池塘养殖水治理标准处理工艺

1.排水渠（管道）

若养殖场已有生态渠道，可通过适当拓宽和挖深等方式，提高渠道储排水的能力，改造后的排水渠道可种植适量水处理能力较强的水生生物进行水质初步净化；最终将初步处理的养殖水汇集至沉淀池。养殖区域内若无可利用的渠道，可通过管道将池塘串联起来，将养殖排放水汇集至沉淀池。规格大小可根据养殖阶段和尾水排放量适时调整。

常见的水生生物有以下几种。

沉水植物：如轮叶黑藻、苦草、伊乐藻等。植物体的各部分都可吸收水分和养料，通气组织特别发达，有利于在水中缺乏氧气的情况下进行气体交换。在生长过程中会吸收水体中的营养物质，包括氮、磷等，对缓解水体富营养化起到积极作用（图7-2）。

图7-2　沉水植物

左：轮叶黑藻；右：苦草

浮叶植物：如睡莲、雍菜、水鳖、荇菜等。浮叶植物生于浅水中，根长在水底土中的植物，性喜在温暖、湿润、阳光充足的环境中生长。浮水植物在净化水体中起着重要的作用。有研究表明，睡莲根能吸收水中的汞、铅、苯酚等有毒物质，还能过滤水中的微生物，是难得的水体净化的植物材料，所以在水体净化、绿化、美化中备受重视（图7-3）。

图7-3　浮叶植物

左：睡莲；右：雍菜

挺水植物：如芦苇、蒲草、荸荠、水芹、荷花、香蒲、茭白、鸢尾等。挺水植物因其在水体中的生态功能，在水污染防治中具有重大应用价值。在对8种挺水植物对污染水体的净化效果比较研究中发现，挺水植物在水体中停留5天，绝大部分对COD有明显的去除效果，达90%以上；停留7天，各植物对水体中NH4$^+$-N、总氮、总磷均有较显著的去除效果。其中以宽叶香蒲、茭白和黄花鸢尾尤为突出（图7-4）。

图7-4 挺水植物

左：荷花；右：茭白

## 2. 沉淀池

主要用于去除养殖水体中的悬浮物质、排泄物、残渣等。沉淀池需布水均匀，在沉淀池前后各设置一条布水沟，增加水的缓冲，保证沉淀池布水均匀，防止出现短路流和死水区。同时在池中种植浮叶植物，或布设生态浮床，稳定期覆盖面积不低于沉淀池面积的60%。沉淀池面积占治理设施总面积的30%～40%。

尽量设置在养殖场交通相对方便的位置，便于捞取处理沉淀物。

## 3. 过滤坝（池）

在沉淀池与曝气池之间建设过滤坝，在坝体中填充大小不一的滤料，滤料可选择碎石、棕片、陶瓷珠等多孔吸附介质，进一步滤去水中的悬浮物。过滤坝可采用两排空心砖结构搭建外部结构，间隔不少于2米，空心砖孔方向与水流方向保持一致。可结合景观效果种植部分植物（图7-5）。

## 4. 曝气氧化池

用于增加水体中的溶氧量，加快有机污染物氧化分解。在曝气氧化池内铺设曝气盘或微孔曝气管。若底泥较厚，应铺设地膜作为隔绝层，防止底泥污染物的释放。同时布设生态浮床。面积不小于曝气氧化池的10%。曝气池面积占治理设施总面积的10%左右。

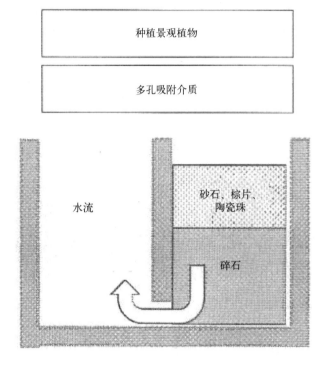

图7-5　过滤坝（池）

上：平面图；下：截面图

5. 生态净化池

生态净化池主要利用不同营养层次的水生生物最大程度的去除水体污染物，池内底部种植沉水植物和浮叶植物，四周种植挺水植物，以吸收净化水体中的氮、磷等营养盐（覆盖面积不小于生态净化池的40%），可适当放养滤食性水生动物。生态净化池面积占治理设施总面积的40%~50%。

（二）简化处理工艺

池塘养殖水治理简化处理工艺如图7-6所示。

生态循环池通过去除水体污染物，增加水体溶解氧，实现养殖水体的高效率循环利用。建设独立的处理池，池中配置喷泉式曝气机等活水设备，种植各种挺水、沉水和漂浮植物（或安置生物浮床）。稳定期水生植物覆盖面积及覆盖度达到水面的60%，同时投放滤食性水生动物。

## 四、池塘养殖水治理要求

池塘养殖水经处理后循环再利用或达标向外排放。采用池塘养殖水治理标准处理工艺的，治理后对排入河湖的养殖水的COD、总氮、总磷等主要指标不低于受纳水体的水质目标。采用池塘养殖水治理简化循环工艺的，各项相关水质指标要达到养殖水质要求，循环再利用。

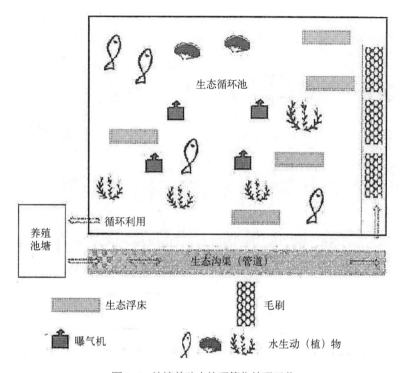

图7-6　池塘养殖水治理简化处理工艺

## 五、配套池塘原位处理设施设备

池塘水体净化设施是利用池塘的自然条件和生态坡、生物浮床以及增氧机等构建的原位水体净化设施。

### （一）生态坡

利用砂石、绿化砖、植被网等固着物铺设在池塘边坡上，并在其上栽种植物，通过生态坡的渗滤作用和植物吸收作用去除养殖水体中的氮磷等营养物质，达到净化水体的目的（图7-7）。

图7-7　生态坡

### （二）生物浮床

在池塘水面设置浮床，种植水生植物或改良的陆生植物。通过植物根系的吸收、吸附作用消耗养殖水体中的氮、磷等有机物质，并为多种生物生息繁衍提供条件，从而改善水环境（图7-8）。

图7-8　生物浮床

### （三）增氧机

增氧机可以增加水体溶解氧，促进上下层水体交换混合。增加池塘底层溶解氧，有效改善池塘水质。增氧机主要有水车式增氧机、叶轮式增氧机、涌浪增氧机、射流式增氧机等。

## 第三节　池塘清整消毒

### 一、池塘清整

经过长年养殖，养殖鱼类排泄的粪便、死亡的生物体以及残饵沉积等造成淤泥层过厚，蓄水量减少，导致池塘水体净化能力弱，致病菌增多病害频发，故应利用冬闲时节清除过厚的淤泥层。具体做法：排干池水，让池塘彻底暴露在阳光下，通过冬季冷冻和阳光曝晒1个月左右，促进池底有机质、有毒有害物质分解、挥发，降低有害生物、寄生虫存活率。使用人工或机械，清除池底过多的淤泥，保持淤泥层约20厘米，有效蓄水水深达1.5～2米。注意不要破坏淤泥下的硬土层，以避免池底渗漏。清淤时排水口处要适度加深形成池底向排水口倾斜便于排水。清淤结束后应搅拌底泥充分疏松，释放被底泥吸附的氮、磷、钾等营养物质，充分进行二次暴晒，利用紫外线对底泥消毒，杀灭病原体（图7-9）。

图7-9　池塘清整

## 二、养殖设施检修

### （一）检查养殖设施

在池塘清塘前，需要检查养殖场的进水管道设施，检查进水渠是否出现裂缝和渗漏、进水渠沿线的池塘进水口的闸门是否完好，一旦发现有进水管渗漏和闸门的破损缺失，要及时进行修补。同时，应及时清理进水渠内的杂物，以免影响池塘的进水。

### （二）避免水泵堵塞、烧毁

目前大部分养殖场使用抽水进池，利用地势差和水的重力自然进池的养殖场较少，在抽水时，需要在水泵的泵头外面安装金属框架和筛网，避免水源水中的杂物和野杂鱼等进入水泵，造成水泵的堵塞，故障。

### （三）防止敌害生物进池

如果没有专门水源水处理池，直接抽取水源水进养殖池，需要在养殖池的进水管口使用80目的滤网对水源水进行过滤，防止野杂鱼、青蛙、水母等敌害生物进池。

### （四）避免冲坏池埂、超过预定水位

如果池埂是土质的，需要在进水管道下面垫一块雨布或者帆布，一直延伸到池塘底部。让进水管的水经过帆布流到池塘底部，避免进水过程冲坏池埂。进水的时候还要随时观察进水的速度，避免池塘进水超过预定水位所带来的不必要的麻烦。

### 三、清塘消毒

池塘清整之后，进行清塘消毒，选择消毒药物时有如下几种。

（1）生石灰。生石灰的化学成分为（氧化钙）（CaO）遇水后发生化合反应，生成氢氧化钙[ $Ca(OH)_2$ ]，并释放出大量的热。氢氧化钙为强碱，其氢氧根离子（ $OH^-$ ）在短时间内能使池水的pH值提高到11以上，从而杀死野杂鱼和蛙卵、蝌蚪、水生昆虫以及鱼类寄生虫、病原菌等敌害生物。

（2）漂白粉。漂白粉是氢氧化钙[ $Ca(OH)_2$ ]、氯化钙（ $CaCl_2$ ）、次氯酸钙[ $Ca(ClO)_2$ ]的混合物，其主要成分是次氯酸钙，有效氯含量为30%～38%。漂白粉遇水之后，分解出次氯酸，不稳定的次氯酸会立即分解释放出氧原子，具有强烈的杀菌和杀死敌害生物的作用。

（3）茶粕。又称菜籽饼，是野山茶油果实榨油后剩下的渣，含茶皂素（ $C_{57}H_{90}O_{26}$ ）12%～18%，是一种溶血性毒素，能使鱼的红细胞溶解，故可杀死野杂鱼类、泥鳅、螺蛳、河蚌、蛙卵、蝌蚪和一部分水生昆虫。茶粕作为一种绿色药物，它能自行分解，对虾、蟹幼体无副作用，无毒性残存，使用安全，对人体无影响。

消毒方法有干法清塘和带水清塘两种：

（1）干法清塘。 排干池水，把生石灰化浆全池泼洒，每亩使用生石灰60～75千克，用搂扒把底泥与生石灰浆充分搅拌均匀。一天之后加水。

（2）带水清塘。

①生石灰消毒。每亩用生石灰75千克，如果塘泥较多的酌情增加用量。清塘的方法是先将池水排至5～10厘米深，在池底四周挖数个小坑，将生石灰倒入坑内，加水熟化，待生石灰块全部熟化成粉状后，再加水溶成石灰浆向水中泼洒。泼洒要均匀，全部池底都要泼到。鱼池中央可用耐腐蚀的小木船装熟化好的石灰倒入池中泼洒。第二天再用带把的泥耙将池底推耙一遍，使石灰与底泥充分混合。以便改良池底淤泥的酸碱度，提高药物清塘的效果。生石灰消毒，7天后药性消失（图7-10）。

图7-10 生石灰消毒

②漂白粉消毒。要求漂白粉含有效氯28%以上。每亩水面水深1米用75千克。如果将池水降至5～10厘米时，每亩用量为30～50千克。将漂白粉加水溶解后，立即全池泼洒。漂白粉消毒，3～5天药性消失。

③生石灰+茶粕消毒。按每亩30～50千克的用量，将茶粕浸泡一整天后，连水带渣全池均匀泼洒。大池茶粕可不用浸泡，粉碎后均匀干撒于池塘中，但干撒的药效释放较慢。用茶粕消毒一般15天左右毒性消失，即可进水放苗。

二次消毒中，如生石灰清塘之后引入外源水，应用60目的滤网过滤，以防止野杂鱼与蚂蟥等敌害生物进入。同时，在苗种放养前7天左右，应用漂白粉兑水全池泼洒对池塘水体消毒（每米水深15千克/亩），等毒性消失后用试水鱼测试，安全之后再投放苗种。

### 四、清塘消毒注意事项

（1）清塘消毒宜在晴天进行。阴雨天气温低，影响药效，一般水温升高10℃药效可增加一倍。水温3～5℃时要适当地增加用量30%～40%。

（2）使用质量好的药物。质量好的生石灰是块状、较轻、不含杂质、遇水后反应剧烈、体积膨大明显；最好现买现用，因生石吸收空气中的水分和二氧化碳会生成碳酸钙，导致药物失效。漂白粉极易挥发和分解，放出初生态氧，并能与金属起作用，应密封保存，放在阴凉干燥处，以防失效。

（3）消毒时要注意安全。漂白粉的腐蚀性强，不要沾染皮肤和衣物。泼洒时人要站在上风头，顺风泼洒。

## 第四节 基础饵料生物的培养

鱼苗放养前施肥是池塘养鱼的一项重要技术措施。施肥可以提高养殖水质的肥度，培养大量的天然饵料，节省人工饲料，同时弥补人工饲料中某些营养物质的不足，提高养殖鱼的成活率和生长速度。同时，饵料生物特别是浮游植物对净化水质，吸收水中的氨氮、硫化氢等有害物质，减少鱼病，稳定水质将起到重要作用，是养殖生产程序中的一个不可缺少的生产环节。海水鱼塘通常比淡水鱼塘的水质要瘦些，因此，清塘毒性消失后，要施基肥，应争取早施，施足量，使其促使饵料生物的生长，鱼苗入塘后，就可以摄食到较多的天然饵料。

目前培养饵料生物的方法，一般是在清池3天后进水50～60厘米，然后逐渐添加新水，并视水色情况适时适量施加肥料，使放苗时的水深和透明度都达到放苗要求。

放苗后仍可根据情况继续施肥肥水。施肥的种类和方法：新建鱼池以施有机肥料（如禽、畜粪、绿肥和混合堆肥等）为好（图7-11），这些肥料有的鱼苗可以直接摄食，或者通过肥效的作用繁殖饵料生物，而且有机肥营养全面，耐久性强。施肥时，将发酵有机肥装入纤维编织袋，堆放到池塘周边的浅水处，经常翻动，以利于肥液释出。待池塘水体达到一定肥度，浮游微藻大量繁殖起来，再把肥料袋捞出池外。切勿将有机肥直接撒入池塘，否则容易导致池塘底部黑化污染，对养殖鱼类有害。基肥的种类可根据各地具体情况而定，常用的肥料有发酵好的有机肥，以发酵鸡粪为例，施用量为100~200千克/亩，分2~3次投入。也可以每亩施用氮肥2~4千克、磷肥120~400克，或者施用市售配置好的水体营养素。然后，视池水肥瘦和肥料种类再调节水质。

图7-11　有机肥发酵

旧塘的底泥有机物较多，可施肥或不施基肥。化肥的种类多用硝酸铵、硫酸铵、碳酸氢铵、磷酸二铵、尿素、复合磷肥等。施肥量应根据池水的肥度、饵料生物种类组成而定，一般每次施氮肥2毫克/千克（以含氮量计），磷肥0.2毫克/千克（以含磷量计），前期每2~3天施肥一次，后期每7~10天施肥一次。当池水透明度低于30厘米时，应停止施肥。若肥水后水又变清，或出现异常水色，则可能是由于原生动物、甲藻等大量繁殖所致，应排掉池水，重新纳水引种肥池，也可以从浮游生物种类和生长状态良好的蓄水池或临近鱼池内引种。

另外，在鱼苗放苗前和养殖初期，还可将从海滩、盐场贮水池中采捕的螺蛳蜓、钩虾、沙蚕、拟沼螺等饵料生物移植入池，使其在鱼池内繁殖生长，为养殖鱼类提供优质饵料。要注意采捕环境，避免移入携带病毒的生物饵料。

施基肥应在鱼苗入池前10～15天进行，使池水变肥后能繁殖较多的饵料生物，为下塘的鱼苗准备丰富的饵料，这样鱼苗入池后便能迅速生长。鱼苗下塘时水的透明度最好在30厘米左右。

鱼苗对水质的要求比较严格。如何掌握施肥的时间及用量适度，一般经验是根据水色及透明度来决定，原则是及时追肥、少量勤施，以使肥度稳定。平常定性确定水质的优劣可用"一触、二尝、三闻、四观"法。即用手指捻水，滑腻感强的不是好水；口尝时苦涩不堪的不是好水，应是咸而无味的才是好水；鼻闻有腥臭味的不是好水；眼观水中的浮游种类组成缺乏，水色异常（发红、变暗），泡沫量大，且带杂色的不是好水（正常的海水泡沫为白色，泡沫量越大，表示海水的富营养化越严重）。理想的水色是由绿藻或硅藻所形成的黄绿色或黄褐色。这些绿藻或硅藻是池塘微生态环境中一种良性生物种群，对水质起到净化作用。

# 第五节　鱼苗放养及培育

## 一、制订合理放养方案

鱼苗放养的个体大小和密度，主要与养殖者自身管理水平、喂养方式、出池时间及商品鱼的要求规格等有直接关系。注意：同一批鱼苗要求规格整齐，不同日龄的仔鱼尽量不要放养于同一培育池，否则会引起大鱼压小鱼的"高峰秩序"现象，或在培育后期导致大鱼吃小鱼的同类相残的现象。另外，放养密度要适当，这样可以充分利用养殖水体的空间和天然饵料的资源。

## 二、严把鱼苗品种质量关

在购买苗种时一定不能掉以轻心，最好选择有生产许可证、信誉度好的苗种生产单位，争取采购到优质的苗种。苗种质量要求是：规格一致，体质健壮，色泽鲜明，鳞片完整无损，游泳活泼正常，无病害。

## 三、鱼苗鱼种运输计划

鱼苗的异地运输是水产养殖生产的重要环节。运输要安全、高效，应保证和提高运输成活率。运输苗种时应注意运输前制定周密的运输计划，准备好消毒工具和药物。运输密度要根据鱼的种类、规格、水温、水质、运输时间、运输方法和供氧设备等综合确定。宜选择气温较低的晴天运输鱼种，起运前应停止喂食1天。

## 四、鱼苗下塘

鱼苗下塘前应先检查清塘后药效是否已过，早春水温低，毒性消失慢，可在池塘一角设一个网箱，放入少量的仔鱼试水。若无异常情况，可选择晴好天气，于池塘上风处放入已在培苗室内水池开口摄食轮虫的孵化后5~6天的仔鱼，参考放养密度为20万尾/亩左右。

## 五、注意池塘水温温差

下塘时要注意装苗容器的水与池塘水的温差不要过大（相差不宜超过3℃以上），避免鱼苗产生应激反应，特别是小规格鱼苗，容易造成死亡。应在池塘的上风处顺风放养，以免鱼苗被风吹到岸边。鱼苗下塘后应轻轻搅动池水，以免鱼苗集中在一起，操作时应特别小心。

## 六、鱼苗消毒，防止鱼病

生产实践证明，鱼苗消毒可有效防止鱼病发生。早春水温低，鱼苗在过池、起运、装卸等过程中难免有擦伤，如不及时消毒容易得病。消毒时要注意3点：药物应现配现用；药物剂量要准确，避免药量不足或用药过量；浸浴时间要适当。

## 七、日常管理和饲养

鱼苗培育期间，每天清晨和傍晚应巡池，仔细观察鱼苗的活动与生长情况，以便确定施肥与投饵的数量及预防鱼病的发生。观测水温、盐度、透明度、溶解氧、氨氮、pH等。掌握池塘水质的变化情况，溶解氧应保持5毫克/升以上。定期缓慢添换水，保持水质清新，注水时要用密网过滤，以防止野杂鱼及其鱼卵、其他污物随水流进入池中。经常检查池塘水中的生物饵料密度，发现生物饵料密度不足时，可增施豆浆，并可适量补充轮虫与桡足类等天然饵料，注意切不可大量施用化肥。在稚鱼后期，可适量添加搅碎的贝肉、鱼糜，也可结合投喂部分粉状配合饲料。在一般情况下，经过15~25天的培育，鱼苗全长可达18~25毫米时，可捕苗出池。

## 八、拉网锻炼和出池

捕苗宜选择晴朗的上午（9:00-10:00）进行，如有浮头，应待恢复正常后进行，如遇暴雨等恶劣气候，不论正在扦捕与否，均应停止。每次拉网前均需停止投喂饲料。拉网时应小心操作，避免损伤鱼体。

# 第六节  饲料与投饵

有关四指马鲅的饲料，目前国内已有一些专利报道。

公开了一种绿色健康的营养型四指马鲅育成配合饲料，由以下重量比的组分构成：国产鱼粉15%～35%、豆粕10%～30%、花生饼5%～15%、乌贼膏1%～5%、高筋面粉10%～25%、啤酒酵母1%～10%、血球粉1%～5%、玉米蛋白粉1%～10%、大豆磷脂油1%～5%、鱼油1%～5%、豆油1%～5%、维生素预混料0.1%～0.5%、微量元素预混料1%～3%、磷酸二氢钙1%～4%、氯化胆碱0.05%～0.5%、维生素C磷酸酯0.05%～0.3%、维生素E0.01%～0.1%、防霉剂0.02%～0.1%，各组分之和为100%。

公开了一种四指马鲅促生长营养饲料，由以下按重量份计的原料制成：20～30份蒸汽鱼粉，15～25份发酵花生粕，10～15份大豆浓缩蛋白，5～10份猪肝粉，5～15份膨化玉米粉，5～10份海藻酸钠，3～5份羧甲基纤维素，1～3份大豆卵磷脂，3～5份啤酒酵母，5～8份深海鱼油，4～6份鱼骨粉，0.3～0.5份丁基羟基茴香醚，0.2～0.3份双乙酸钠，0.3～0.5份复合维生素，0.3～0.6份复合矿物质，2～4份复合诱食剂，1～3份中草药免疫增强剂，1～2份促生长剂。

公开了一种四指马鲅低鱼粉环保饲料，由以下按重量份计的原料制成：10～15份蒸汽鱼粉，20～25份发酵花生粕，10～15份大豆浓缩蛋白，10～15份血蛋白粉，10～15份膨化玉米粉，3～8份海藻酸钠，5～10份谷朊粉，1～3份大豆卵磷脂，3～6份深海鱼油，3～5份动物骨粉，0.2～0.4份脱氢醋酸钠，0.2～0.4份丁基羟基茴香醚，0.3～0.6份复合维生素，0.4～0.8份复合矿物质，1～3份复合诱食剂，0.5～1份复合酶制剂，0.5～1份复合微生物制剂。

公开了一种四指马鲅幼鱼营养饲料及其制备方法，由以下按重量份计的原料制成：45～55份蒸汽鱼粉，8～12份发酵豆粕，5～8份猪肝粉，5～15份膨化玉米粉，3～5份羧甲基纤维素，5～8份罗望子胶，3～4份大豆卵磷脂，3～5份啤酒酵母，4～8份深海鱼油，3～5份鱼骨粉，0.3～0.4份脱氢醋酸钠，0.2～0.3份丁基羟基茴香醚，5～8份东海海参匀浆液，0.5～0.8份复合维生素，0.3～0.6份复合矿物质，5～8份复合诱食剂，1～2份中草药免疫增强剂。

据了解，目前在我国台湾地区公布的"饲料成分规范"中，尚无马鲅饲料这个项目的规范。饲料厂以往是采用鳗鱼浮料或是鲈鱼浮料应用在马鲅养殖，由于原物料涨价，各饲料厂所推出的"午仔鱼专用饲料"大多是鳗鱼浮料为基础，配合成本考虑所改订的饲料，粗蛋白含量44%以上。因此，仍然有许多的饲料厂商还是采用"鳗鱼浮料"的包装和营养规格来生产喂食马鲅鱼的饲料。目前马鲅饲料在我国台湾地区所生产的高级饲料中名列第二，仅次于鲈鱼饲料。

我国台湾地区从业者多半采用"午仔鱼专用饲料"，采用自动喷料机投喂，一般选择在清晨及傍晚气温较低时喷料，也有全天喷料。养殖后期一般投喂量在2000台斤（约1200千克），鱼一天投1包20千克饲料（为体质量的1.68%），如果只让鱼吃八分饱的话，则3000台斤（约1800千克）鱼投1包料（为体质量的1.11%）。

越南Trần T M等（2013）用海水网箱试养四指马鲅，幼鱼体质量4.21克/尾，放养密度为8尾/米²。投喂3种不同的饲料：CN（100%的含粗蛋白35%的商业颗粒饲料）；CN&CT（50%的含粗蛋白35%商业颗粒饲料+50%新鲜下杂鱼）；CT（100%新鲜下杂鱼）。试验为期60天，试验期间水温、溶解氧、盐度、pH及氨氮均处于合适的变化范围内。结果显示：投喂三种不同饲料，各组的生长率和成活率没有显著差异（$P>0.05$），CN组的饲料系数（FCR）和个体差异（CV）低于其他两组，分别为2.40和9.81%（$P<0.05$）。结果表明，粗蛋白含量为35%的商业颗粒饲料可以取代新鲜小杂鱼成为四指马鲅成鱼养殖早期阶段的饲料（图7-12）。

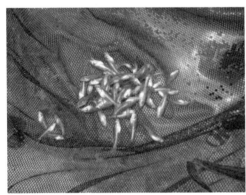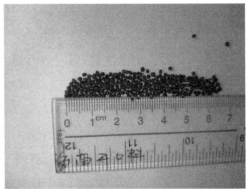

图7-12　成鱼养殖早期阶段的饲料

左：新鲜小杂鱼；右：颗粒饲料

# 第七节　日常管理

成鱼养殖除了良好的养殖技术之外，日常管理也非常重要，制定严格的鱼塘管理制度可以规范鱼池管理，确保操作规范，从而获取最大的养殖经济效益。

## 一、换水

（1）换水的频率：根据水质的实际情况而定，每次换水间隔控制在1～2周。

（2）换水过程的时间：可根据换水速度适当调整，控制在半小时左右。

（3）完成换水后应加入"净水剂"、适量硝化细菌等，起到净水灭菌的作用。

（4）秋冬季节换水时，需实时观察水温高低，水温过低可导致鱼的不适。

## 二、鱼的喂养

（1）喂养原则：少量多餐，防止污染。

（2）具体方法：根据养殖池中鱼的数量，每天分2次投食，投食量以鱼每次能马上吃完为准，因为吃剩的饲料可导致水质的污染（图7-13）。

图7-13　投喂颗粒饲料

上：人工投喂；下：自动投料

## 三、鱼塘管理办法

（一）养殖周围环境管理

（1）控制和杀死病原菌。根据季节发病情况，在鱼塘闲置或鱼病暴发前期进行清塘或消毒。清塘一般在鱼塘闲置情况下进行，主要清除鱼塘内和池边的杂草，将池底整平，或使用药物。药物使用一般为生石灰。

（2）清除鱼塘内的大型敌害生物。4月下旬至5月是蛙类大量繁殖和产卵的季节，蛙类多选择鱼塘进行繁殖产卵，这个时期也是鱼塘下苗和养殖鱼类大量摄食的时候。因此，在鱼塘进、排水口要设置密目网并随时捞除蛙卵等大型敌害生物。

（3）池塘的维护。平时检查池埂坚固性、鱼塘渗漏水情况，做好防逃工作。不乱丢弃塑料袋等污染水体和环境的杂物。

（4）建立鱼池档案，做好日志。记录每个鱼塘投放和起捕量以及生长状况、饲料、药物的使用等，以便总结经验，改进工作。

（二）投入品的管理

（1）少数养殖户不注重投喂，形成一种粗放理念，造成鱼体瘦弱，疾病侵袭，使养殖的鱼类品质下降。其次，有些人为节省饲料成本，投喂变质、腐败、低价饲料或营养单一，因此，要按照"四定"投喂营养全面符合鱼类阶段生长需求的饲料。

（2）不能盲目使用渔药。要根据药物的特性、养殖对象、水环境、天气等情况合理使用，用药要以改善环境和保护环境的环保药为主。杀虫选用的药物要有针对性，不能滥用杀虫药，以免刺激病鱼，加重病情。杀虫时要尽量选用药性温和、对鱼类和水体副作用较小的药物，以减少对鱼体的刺激和保护鱼塘水质。

（3）投喂药饵量要准确、定时，一般要求在投喂后30～45分钟内吃完为好。食台消毒外用的消毒药物需泼洒均匀，食台周围和池边病原菌较多的地方可适当多泼。在暴发性疾病流行的高温季节，可定期在鱼塘食台周围泼洒一亩用量的1/5～1/6的药量，在投食区搅匀泼洒，再投食引鱼进行药浴。

（三）养殖对象的管理

（1）冬季计划好每个鱼塘的生产计划，在翌年开春做好鱼药、饲料、鱼苗的购进计划，在初春选择好鱼苗厂家，抓好鱼苗的调运。

（2）初春时节要细心观察当地的水温变化和鱼类活动情况做好开食计划。随水温的升高开始少量投喂精饲料，以利于恢复越冬鱼体的体质，饲料应视具体情况添加一些抗菌药物来预防疾病。在春季还要预防出现倒春寒，致使气温剧烈变化而使水温大幅度波动，造成鱼苗冻害。

（3）夏季把握好鱼类充分生长时期，适时调节好养殖水质，加大饲料投喂量。同时，要注意避免因投喂量大防止水质败坏和疾病的发生。

（4）在秋末冬初要适时停食，防止鱼体的抵抗力因越冬降低。进入冬季前不过早停食，视水温情况和天气情况投喂能量含量高的饲料，按照平时"四定"原则正常投饵，强化营养平衡，保证鱼的摄食需要，提高鱼的肥满度。

（5）做好越冬的管理，及时监控水中溶解氧等水质参数，对于渗漏水严重的鱼塘适时进行补水，补水应换取鱼塘水的1/3，防止换水过大。

（四）产品的管理

做好产品的检疫，认真贯彻《中华人民共和国渔业法》和《水产苗种管理办法》等法律法规的有关规定，出售水产苗种与水产品前，要报当地渔业主管部门进行检疫，检疫合格者方能出售和运输。

# 第八节　室内循环水养殖

## 一、养殖装置的建造和准备

（1）养殖桶结构。养殖桶为圆形，直径6～10米，桶高1.2米。

（2）养殖桶材料。养殖桶由聚乙烯帆布做成，有利于减少对鱼体的摩擦和刮伤。养殖桶外用不锈钢丝进行横向和纵向缠绕固定，以稳定养殖桶壁。

（3）养殖桶颜色。采用蓝色作为养殖背景色，可以减少鱼的应激。

（4）气泵和微孔增氧盘。在养殖桶内安放一个三环结构的微孔增氧盘，可以形成3个向上的气流，均匀供氧；同时增加了鱼的环游空间，可以降低鱼苗互相残杀；颗粒物质易悬浮，利于颗粒废物的排出。配备罗茨鼓风机作为气源供应。

（5）进水管。进水管距桶底1米，桶内连接一根0.4米长、直径5厘米的水管，该管与桶底成45°角，连续的进水可以在养殖桶内形成定向环流，有利于将颗粒物质向排水孔处汇集。

（6）排水管。在进水管的正对面处，距离桶底1米，桶内排水管部分30厘米长；排水管套一个塑料筐，筐外围用3毫米孔径的软网遮住，增加过水面积，有效防止软网阻塞；颗粒物质可以通过微孔，防止鱼苗逃逸，容易清除网上的颗粒物质。

（7）沉淀池。沉淀池的体积为50立方米，养殖尾水经排水管到排水渠，再泵入到沉淀池中进行沉淀净化。沉淀池内放置蜂巢斜管填料（40立方米），增加颗粒物质的附着面积，提高沉淀净化效率。

（8）生化池。生化池的体积为100立方米，内放流化床填料（50立方米），并根据水质定期追加生化细菌（硝化细菌等），保持水体质量稳定。

（9）防应激网。在四指马鲅体质量大于12克时，其应激和运动能力增强，在桶的上方加盖防应激网片，防止其应激跳出桶外，空留部位（20厘米×30厘米）进行定点投料。

## 二、养殖装置的消毒处理

配制200毫克/升的强氯精溶液，对养殖桶、沉淀池、生化池、微孔增氧系统、室内车间进行彻底消毒。

## 三、养殖用水的配制

（1）将自来水泵入到沉淀池和生化池，曝气和晾晒7天。

（2）采用海盐和自来水配置成盐度为12的养殖用水。

（3）充分曝气和循环7天，每12小时监测水质，待水质稳定后，再进行放苗。

## 四、放苗处理

将鱼苗运输袋放入与养殖桶相同温度的水体中适应15分钟，然后将鱼苗转移到纱网内，用碘液消毒10分钟，再转移到养殖桶内。

## 五、日常养殖管理

（1）水质管理。养殖水体的水质指标：盐度11~13，pH值为7.5~7.9，温度为29.6~32 ℃，亚硝碳氮浓度小于0.02毫克/升，氨氮浓度小于0.2毫克/升。

（2）投喂管理。养殖初期每天投喂3次，后期每天投喂2次，日投喂量为鱼体质量的3%~6%，以1~2小时吃完为宜。根据四指马鲅的不同生长规格，投喂粒径不同的饲料。

## 六、捕鱼措施

（1）捕获规格大于200克。
（2）全桶一次性捕获。

# 第九节 养殖实例

### 实例一：珠海养殖实例

2015年5月作者等在珠海养殖场开展试验，池塘面积为7.5亩，长方形，养殖最大水深2米，池底淤泥厚约10厘米，配备2台水车式增氧机。

5月2日投放1.5万尾0.8厘米罗氏沼虾苗，10日投放马鲅鱼苗，体长2~3厘米，共2.3万尾。前期用鳗鱼开口料，后期用加州鲈鱼料，初期每天投喂3~4次，日投喂量为鱼体质量的9%，后期每天投喂2次，日投喂量为鱼体质量的3%~6%。

2016年1月3日收获马鲅5021千克和罗氏沼虾151千克，产值分别为20万和1.5万元，共收入21.5万元（表7-2和表7-3，图7-14）。

表7-2 养殖产量情况

| | 产量（千克） | 产值（万元） | 平均体质量（千克） | 饲料系数 | 成活率（%） |
|---|---|---|---|---|---|
| 马鲅 | 5021 | 20 | 0.32 | 1.43 | 68 |
| 罗氏沼虾 | 151 | 1.5 | 18尾/千克 | | 18 |

表7-3　马鲅养殖成本和利润情况表（万元）

| 鱼苗 | 饲料 | 水电 | 人工 | 租金 | 消毒及其他 | 合计 | 利润 |
|------|------|------|------|------|------------|------|------|
| 1.8 | 7.2 | 0.9 | 2.8 | 0.9 | 1 | 14.6 | 6.9 |

图7-14　马鲅商品鱼捕捞和装运

## 实例二：台山养殖实例

作者等于2018年在广东省台山市开展马鲅工厂化人工配制海水循环水养殖共用12个有效体积为5立方米/个的圆形养殖水槽，进行了大规格苗种培育和成鱼养殖2个阶段的试验。

（1）大规格苗种培育：6月23日投放全长为0.73～1.25厘米，平均体质量为0.013克的四指马鲅后期仔鱼1万尾。至7月27日全长范围为4.5～5.1厘米，体质量范围为0.36～0.56克，培育期34天，成活率70%。

（2）成鱼养殖：7月27日投苗7000尾，12月24日现场验收确认养成数量约为3600尾。全长范围为24.5～27.7厘米，体质量范围为135.1～216.9克，养殖期151天，养殖产量9.0千克/米³，养殖成活率51.4%（图7-15）。

图7-15　马鲅工厂化养殖

上左：养殖车间；上右：投放种苗；下左：投喂饲料；下右：适时监控

## 实例三：中山养殖实例

2016年，广东中山一养殖公司在两个鱼塘共40亩试养马鲅，总产量约1万千克，亩产250千克。

据悉，该公司2019年6月在两口8亩的池塘中放养规格2.5～3厘米的鱼苗，苗价0.2元/尾，放养密度为7000尾/塘。2020年5月收获，养殖成活率80%。每口池塘收获商品鱼0.8万～1万千克，亩产1000～1250千克。收获的马鲅规格平均重量为380克/尾。商品鱼塘头价58元/千克，直供市场售价为80元/千克，250克以下规格为50元/千克。扣除水电、饲料等成本（26～28元/千克），每亩净利润3万～3.75万元。

## 实例四：福清养殖实例

2012年，福建福清在一个1300多亩养殖基地试养马鲅。鱼苗刚投放时仅0.5厘米长，两个多月的生长，已长达7～8厘米，养殖4个月左右达到上市规格。

## 实例五：东莞养殖实例

2001年，南海水产研究所在东莞从新加坡购进马鲅鱼苗，在虎门威远试验养殖。第一批进苗1000尾，第二批10万尾鱼苗，苗价1～1.1元/尾。放养在土池中，放养密度为0.5万尾/亩。养殖时间6～7个月，存活率70%，出售时规格300克，售价20元/斤。

## 实例六：孟加拉国养殖实例

2011年，用6个100平方米（10米×10米）、水深1.5米的土池试验养殖四指马鲅，试验鱼初始体质量36.14克，放养密度为0.5尾/米$^2$，池中有活饵。养殖期45天，期间3个池的试验组投喂切碎的海鳗，每天上、下午各投喂一次，投喂率为体质量的5%。试验结束时：试验组平均体质量75±5.6克，3个池的对照组（不投喂海鳗鱼肉）体质量为65±3.57克，饲料系数（FCR）为2.3，成活率为70%～80%（表7-4和表7-5）。

表7-4 养殖池水的理化条件

|  | 养殖初始 | 15天后 | 30天后 | 45天后 |
|---|---|---|---|---|
| 水温（℃） | 24 | 20 | 22 | 19.5 |
| pH | 6.8 | 6.9 | 6.7 | 6.8 |
| 盐度 | 20 | 23 | 24.5 | 26 |
| 溶解氧（厘米/升） | 7.1 | 6.9 | 6.5 | 6.8 |
| 透明度（厘米） | 19 | 24 | 30 | 28 |
| 总悬浮颗粒（毫克/升） | 512 | 438 | 562 | 533 |

表7-5 养殖池中四指马鲅的生长情况

|  | 对照池 | | 试验池 | |
|---|---|---|---|---|
|  | 平均 | 范围 | 平均 | 范围 |
| 特定生长率（%/天） | 1.19[a] | 1.08～1.42 | 2.9[b] | 1.54～4.35 |
| 平均日增长（克/天） | 1.14[a] | 0.56～1.77 | 1.92[ab] | 1.14～2.8 |
| 成活率（%） | 70 | 60～80 | 80 | 70～90 |
| 饲料系数（FCR） | − | − | 2.3 | 1.46～3.05 |
| 最终体质量（克） | 65[a] | 55.0～75.0 | 75[b] | 58～140 |

注：字母不同表示差异显著（$P<0.05$）。

### 实例七：我国台湾地区养殖实例

我国台湾屏东县林边、佳冬、枋寮等3个乡因地理环境及水质得天独厚，成为饲养马鲅的主要基地，养殖面积及年产值占全台湾的80%，台南市学甲区、高雄市永安、弥陀等地占20%。适合养殖马鲅的水质盐度为1~2，高雄市永安等地区水质盐度比较高，影响鱼的生长，该地区仅适合低密度养殖，不像屏东县可高密度养殖。每年有两个阶段放养时间，一是3-4月，另一个是7-8月。以屏东县来说，第一段时间点放养面积超过100公顷、第二段时间点只有数十公顷；可收成的马鲅鱼是在第二段时间饲养的，由于要越冬，提高了养殖成本。当鱼长到6两（225克）以上时开始收成，一直到翌年1-2月，届时每尾约半台斤（300克），收成期才全部结束。估计利润高于60%。

# 第八章
# 马鲅鱼类疾病的防治

## 第一节　海水养殖鱼类的病害防控措施

防治养殖鱼类病虫害，应着重强调"防重于治"。鱼类生活在水中，一般情况下其体质状况不易观察到，及时发现患病个体并进行防治有一定困难；其次，当鱼类患病之后，大多数失去食欲，不吃食，药物很难进入其体内。因此，防治养殖鱼类病害的工作重点应放在预防和控制方面，药物治疗只是一种补救措施。

### 一、合理放养健壮和不带病原的苗种

合理放养健壮和不带病原体的种苗是养殖生产的成功基础。合理的放养密度是在有限的水体内使某一种类的养殖密度减少，这样便减少了同一种类接触传染的机会。

放养的种苗应体色正常，活泼健壮。种苗上不带有危害严重的病源。种苗生产应重点做好：①选用经检疫不带传染病的亲本，亲本入产卵池前要用消毒液浸洗，以消除携带的病原病菌。②外购受精卵要用水产EM菌液稀释液浸洗，以消除携带的病原。③育苗用水要经水产EM菌液消毒后再使用。④不投喂变质腐败的饵料。

### 二、保证充足的溶解氧

溶解氧在养殖生产中的重要性，除了表现为对养殖生物有直接的影响外，还会影响到水中微生物的生长，甚至对水中化学物质的形态有重要影响，进而又间接影响到养殖生产。保持养殖水体中溶氧在5毫克/升以上，不仅是预防养殖动物病害的需要，同时也是保护养殖环境的需要。

### 三、不滥用药物

滥用药物，主要表现在两方面，一是只要是表面上能提高养殖效益的药物都用，除杀虫剂抗生素外，个别养殖户擅自添加所谓促生长类药物；二是盲目加大用药剂量。滥用药物危害很大，先不说对环境、对人体的间接危害，对鱼体也会造成直接危害。我国水产养殖业产品质量安全建设的关键点之一在于控制"药残"并逐步减轻对药物的依赖。为此，需要一手抓监管创新"治渔"，一手抓水产养殖业基础改善和政策扶植"惠渔"，只有标本兼治"两手抓"，我国水产业才能够实现高质量、健康发展。

## 四、降低应激反应

鱼类的应激反应是其个体对各类环境因素的异常刺激所表现出的一种非特异性生理反应。应激本身不是一种病，但它可能成为一种或多种疾病的诱因。因此，养殖过程中，如何创造条件降低应激、增强养殖鱼类的抗应激能力是提高养殖效率和生产效益十分重要的技术要求，也是无公害养殖规范的重要内容，在生产中必须引起重视。

## 五、养殖过程中消毒灭菌的常用药物及施用

### （一）氯制剂

氯制剂的种类较多，主要是通过在水中形成的次氯酸的氧化作用而达到杀菌的效果。该类消毒剂易受环境因子影响，药效一般随着水温和pH的升高而加强。当水体中有机物含量过高时，药效显著下降；另一方面，氯制剂对水产养殖动物的刺激性也较大。

#### 1. 二氧化氯

二氧化氯是一种高效安全的氧化型消毒剂，其氧化能力强，不会产生有毒有害副产物，对水产养殖动物的多种病原菌、病毒均具有强烈的杀灭作用，在pH值为6～9范围内，随着pH值升高，杀菌效果也增强。使用浓度为0.1～0.3克/米$^3$，生产中较常使用。

#### 2. 二氯海因

二氯海因的活性氯含量高，气味较轻，作用温和，杀菌所需浓度较高，作用时间长，有效氯释放缓慢，一般施用浓度为0.2～0.3克/米$^3$，在生产中使用比较少。

#### 3. 三氯异氰脲酸

三氯异氰脲酸为白色晶体，具有强烈的氯气刺激味，是一种极强的氧化剂，具有高效、广谱、较为安全的消毒作用。不但能杀灭细菌、病毒、真菌、芽孢，对球虫卵囊也具有一定杀灭作用，一般施用浓度为0.1～0.3克/米$^3$，较为常用。

#### 4. 漂白粉

漂白粉的主要成分为次氯酸，白色粉末，施用时先用水溶解，滤去残渣，然后全池泼洒，以防止鱼类误吞漂白粉。使用浓度为1～1.2克/米$^3$，易与金属反应。

### （二）溴制剂

溴制剂产品在水体中形成次溴酸，破坏病原菌膜结构，使卤素结合蛋白质分子，从而达到杀菌效果。属广谱杀菌制剂，效果持久，不易挥发，对金属腐蚀性小，容易

分解，对环境污染小。

1. 二溴海因

二溴海因为纯溴制剂，白色或淡黄色，具广谱抗菌能力，杀菌力强，稳定性好，无毒低味，安全环保，不受pH等环境因子影响，使用浓度通常为0.2～0.3毫升/米³。

2. 溴氯海因

溴氯海因为白色或黄色粉末，轻微氯及溴味。在水体中生成溴酸和次氯酸并缓慢释放。使用时，如果加入表面活性物质，效果会更好，一般使用浓度为0.2～0.4毫升/米³。

3. 苯扎溴铵（新洁尔灭）

苯扎溴铵性质稳定，刺激性小，杀菌能力较强，对水体污染较小，一般施用浓度为0.5～1毫升/米³。

（三）碘制剂

碘制剂主要为季铵盐络合碘的形式。碘能氧化病原体胞浆蛋白的活性基团，并与蛋白质结合，使巯基化合物、肽、蛋白质、酶、脂质等氧化或碘化，从而达到杀菌目的。碘消毒剂为广谱消毒剂，能杀灭大部分细菌、真菌和病毒。

1. 聚维酮碘

聚维酮碘其有效碘在溶液中逐渐解聚、溶解，能保持较长时间的杀菌效果，属广谱消毒剂，对大部分细菌、真菌和病毒有不同程度杀灭作用，但对真菌孢子与细菌芽孢的杀灭作用较弱，全池泼洒浓度为0.1～0.3毫升/米³。

2. 双季铵盐

双季铵盐是一类阳离子表面活性剂，能吸附于菌体表面，其疏水基能渗入细胞的类脂层，改变细胞壁和细胞膜的通透性，使胞内酶和蛋白质变性，达到杀菌的效果，一般施用浓度为0.1～0.3毫升/米³。

（四）醛类

醛类主要为甲醛和戊二醛。其通过烷基化反应使病原体蛋白变性、酶和核酸功能失效。除了能高效杀灭细菌、真菌、病毒外，还能防治细菌性出血病、水霉病，施用浓度一般为30～50毫升/米³。但醛类消毒剂刺激性大，容易破坏水质，生产中较少使用。

（五）其他药品

1. 生石灰

生石灰为白色粉末状，使用浓度为20～30克/米³，化浆全池泼洒。施用前应注意观测水质，如果水体中氨氮和亚硝酸盐偏高，则应慎用。在生石灰本身的强氧化性和碱性的共同作用下，水体中的离子态铵极易转化成分子态氨，而分子态氨会损伤鱼类的鳃，甚至致鱼死亡。

2. 食盐（氯化钠）

在治疗鱼病时，"食盐"是不可或缺的常用品。其化学式是NaCl，将"食盐"溶于水则成为钠离子及氯离子。通常以治疗鱼病为目的使用食盐时，食盐水浓度应调整为3%～4%（与海水盐分浓度略同或稍高一点），最低为0.5%，药浴时间为5～15分钟，时间过久则鱼类会死亡。施行药浴时，必须考虑鱼类的健康状况来调整药浴时间。

（六）实施消毒措施

1. 苗种消毒

可用10～20毫克/升漂白粉或10～20毫克/升高锰酸钾或50毫克/升聚乙烯吡咯烷酮碘（PVP-I）等药浴10～30分钟。药浴的浓度和时间根据不同的养殖种类、个体大小和水温灵活掌握。

2. 工具消毒

各种生产工具，例如网具、塑料和木制工具等，常是病原体传播的媒介。因此，在日常生产操作中，特别是在疾病流行季节必须做到工具分池使用，如果工具数量不足，可用漂白粉或高锰酸钾等浸泡。然后用清水冲洗干净再使用。

3. 饲（饵）料消毒

投喂的配合饲料可以不进行消毒；如投喂鲜活饵料，应以100～200毫克/升漂白粉浸泡消毒5分钟，然后用清水冲洗干净后再投喂。

## 第二节　正确诊断鱼病和实施防治

随着水产养殖的集约化程度的逐步提高，水产养殖中病害时有发生。鱼病的发生不仅影响了养殖品种的品质，还制约了养殖的产量和效益。

在防治鱼病过程中经常遇到看似一种简单的病症，但在实际治疗过程中发现花费了大量的钱财和时间及精力，却总得不到应有的治疗效果。当然，有些鱼病本身顽固不好治愈，但有一些鱼病造成久治不愈多是人为因素促成，需加以重视和克服。

## 一、鱼病的误判

比如引起烂鳃病的原因有很多种，常见的有四类：①细菌性烂鳃。②寄生虫（如指环虫、车轮虫、杯体虫等）引起的烂鳃病。③其他疾病继发感染引起的烂鳃症状（如肠炎病、营养不良引起的烂鳃）。④其他因素引起的烂鳃症状（如水质恶化引起的烂鳃）等。

如果不能对病因做出准确的判断，仅凭病鱼鳃部表现出的腐烂症状就简单诊断为细菌性烂鳃，很有可能未达到满意的治疗效果，这是鱼病久治不愈的最重要的一个原因。

## 二、不分病情主次

在养殖生产中，很多种疾病，单一病症的很少，大部分都是几种病症混杂在一起，但一般都是以一种或两种疾病为主，其他表现出来的疾病症状大多都是因为主要疾病的继发感染引起的，比如指环虫病、锚头鳋病往往伴随着细菌性烂鳃病。如果治疗的先后顺序、侧重点产生偏颇，就会造成疾病的蔓延。多表现在一用药死亡量就下降，药一停死亡率就上升，反反复复，病情总是难见好转。

所以，在治疗过程中一定要分清主次，先治疗主要疾病，再治疗次要疾病。对其中比较严重的疾病得到基本控制后，再针对其余的鱼病用药。

## 三、药物选择不当

当前市场上渔用药物种类繁多，仅就治疗细菌性烂鳃病为例，就有氯制剂、二氯制剂、三氯制剂、二氧化氯、季铵盐类等。有些所谓的"新特药"仅仅是换了个名字，药物成分并无大的变化。建议最好选择自己熟悉和了解成分的药物；对于比较新颖的养殖品种的用药或者自己不了解的新特药，可实验性治疗进行尝试。

## 四、药物剂量不足

药物剂量偏低，病原也容易产生耐药性，并非只有高剂量才产生耐药性，沉于水体的虫卵更得不到彻底的杀灭，容易反复感染造成久治不愈。一般药物都有一定的作用剂量，药物说明书上的用量往往是在一般理化条件下的推荐剂量（多是低剂量），不能死板套用，要根据养殖鱼类、养殖条件（如有机质、水温等）和养殖方式等进行调整。

如果长期采用低的治疗剂量，仅能对致病菌起到抑制作用，达不到杀灭的效果，反而让细菌和寄生虫等病原对药物有了一定程度的适应，产生了耐药性。

## 五、用药疗程不够

用药疗程不够也会造成致病菌得不到彻底的杀灭，会反复感染鱼体，最终产生耐药性。很多疾病从开始用药治疗到治愈需要一个疗程或更长一段时间的连续用药。如果在病情稍有稳定后就停止用药是不能保证病不反复的，因此，用药后发现死鱼减少或停止，还应该继续用药以确保疗效，否则，病原菌就有可能在含有较低药物浓度的机体内顽强生长、繁殖，逐步产生耐药性，乃至发生变异。

## 六、轻易更换药物

大部分药物在杀灭病原的同时，对鱼体都有或多或少的刺激性作用，一些症状严重，濒于死亡的病鱼或者有个别鱼已经虚弱就应及时淘汰，在用药后可能还加速了它的死亡过程，很多人看到这种情况即认为所用药物没有治疗效果，一种药还没有见效，马上又换另一种药，其结果是鱼病没治好，成本又增加。因此，频繁换药，也会导致鱼病久治不愈。

# 第三节　水产养殖用药减量行动

为进一步推进以绿色发展为导向的水产养殖业健康可持续发展，有效减少水产养殖用药量，保障水产品质量安全和生态环境安全，各地应实施水产养殖用药减量行动。

减药技术路线如下：

（1）使用优质苗种减少用药。严格控制苗种质量，对于采购外来苗种，养殖企业要采购具有生产许可证且信誉好的单位的苗种，优先选用国家审定水产新品种且经当地验证具备优良性状的水产苗种，并经水产苗种产地检疫合格。对于自繁自育的苗种，养殖企业要严格按照育苗相关操作规范生产，做好亲本选育和病害防控等技术措施，保障苗种质量优质安全健康。

（2）控制病害发生减少用药。开展水产养殖病害监测，掌握病原分布、流行趋势和病情动态，科学研判防控形势，及时发布病害预警；强化疫病净化和突发疫情处置，避免药物滥用；推广应用疫苗免疫等预防技术，减少养殖户"乱用药"问题；强化苗种产地检疫，创建无规定疫病水产苗种场，从源头控制病害发生，降低滥用药风险。

（3）依法精准用药减少用药。建立规范用药制度。严格遵守《动物防疫法》《兽药管理条例》《水产养殖用药明白纸》等法律法规规章等，由执业兽医出具处方笺，并在其指导下使用，依照处方剂量和次数施药，避免盲目加大施用剂量、增加使用次数。开展水产养殖动物病原菌耐药性监测，编制适合当地的水产养殖用药抗菌谱，对症开方，依方用药。加大依法、科学用药技术的宣传与指导，把法律和技术送到养殖者手里，深入基层、深入池塘进行现场指导。

（4）推广生态养殖减少用药。以生态循环、质量安全、集约高效、节能减排为导向，集成和示范推广一批用药量少、质量可控、操作简便、适宜推广的用药减量技术模式。大力推广使用配合饲料替代幼杂鱼、尾水生态治理、以渔净水等生态减药关键技术。示范推广尾水处理、水体清洁过滤等养殖装备。因地制宜示范推广稻渔综合种养、集装箱养殖、池塘工程化循环水养殖、多营养层次养殖、深水抗风浪网箱养殖等先进养殖模式，提升水产养殖业的提质增效、防病减药水平。

（5）加强日常管理减少用药。指导养殖企业自身加强养殖管理，健全内部管理等各项制度，建立从苗种质量、养殖环境、水质监测、密度控制、病害防治、兽药使用、产品检测等贯穿生产全过程的质量安全监控体系，完善水产养殖生产和用药记录制度。地方各级渔业行政以及渔政监督管理机构要加大养殖生产的监管力度，监督投入品规范使用，依法开展监督检查，严肃查处违法用药行为。

# 第四节　海水鱼类常见疾病防治

## 一、病毒性疾病

### （一）传染性造血功能坏死病

病原：传染性造血功能坏死病毒；症状：主要感染幼鱼，病鱼体发黑，鳃变白，肝脏偏白，病鱼拒食；目前无有效的治疗药物，预防有一定的效果。参考预防方法：①20毫克/升的聚维酮碘浸泡5～10分钟；②聚维酮碘与抗病毒中药用黏合剂混合，拌入饵料中投喂。

### （二）淋巴囊肿病

病原：鱼淋巴囊肿病毒；症状：病鱼的头、皮肤、鳍、尾部及鳃上有单个或成群的念珠状物，病灶的颜色由白色、淡灰色至粉红色，成熟的肿物可轻微出血。对鱼的成活率影响不大，但会使商品价格降低。全年均可发病，水温10～25℃时为流行高峰期。目前尚无有效药物。参考预防方法：①20毫克/升的聚维酮碘浸泡5～10分钟；②聚维酮碘拌入饵料中投喂。

## 二、真菌性疾病

水霉病病原：水霉菌感染；症状：病鱼离群独游，不摄食，体表有一层"棉状物"，常见于不耐寒的品种。流行季节为12月至翌年4月。参考防治方法：①淡水浸泡5～10分钟；②氟哌酸50毫克/千克鱼。一日一次，连续投喂3～5天。

## 三、细菌性疾病

### （一）烂鳃病

病原：柱状屈挠杆菌；症状：病鱼体黑，拒食，离群独游，游动缓慢，鳃部黏液增多，鳃弓、鳃耙缺损，充血发炎，严重者鳃盖糜烂成一圆形或不规则的开口，俗称"开天窗"；病鱼7天内死亡。季节更换易发生，属常见病。防治方法：①季胺盐碘2～3毫克/升，淡水浸泡5分钟；②氟哌酸50毫克/千克鱼，严重者可使用恩诺沙星；连续投喂3～5天，一日一次。

### （二）肠炎病

病原：肠型点状气单胞菌；症状：病鱼食欲减弱，肛门红肿，肠道无食物，充血发炎；防治方法：①二溴海因、聚维酮碘等消毒养殖水体；②在饲料中拌入内服杀菌消炎药品（恩诺沙星或大蒜素等），连续使用5天；③消毒水体后2天泼洒EM菌、光合细菌或枯草芽孢菌等；④在养殖过程中，每隔10天左右，在饲料中添加酶微生物制剂投喂。

### （三）溃疡病

病原：主要是弧菌；症状：病鱼游动缓慢，独游，眼睛发白，皮肤溃烂，一般在鱼体的躯干部，病灶处开始发白，逐渐充血有炎症，后病灶变白色。属常见病，全年可见。防治方法：①聚维酮碘PVP-Ⅰ20～30毫克/升浸泡5～10分钟或季胺盐磺2～3毫克/升浸泡5分钟；②配合投喂四环素70～90毫克＋多种维生素10毫克/千克鱼；③氟哌酸50毫克＋多种维生素10毫克/千克鱼，连续投喂3～5天，一日一次。

### （四）烂尾病

病原：屈挠杆菌；症状：尾柄处开始有一小白点，后逐渐扩大，最后整个尾柄烂掉。高温季节常见。防治方法同溃疡病。

### 四、寄生虫性疾病

#### （一）孢子虫病

病原：黏孢子虫；症状：腹部膨胀，朝上，身体失去平衡，上游于水面，不能下潜。解剖病鱼，可见脾脏、肾脏肿大，性腺系统机能失调，使鳔内不同程度充满气体，膨大的鳔体压迫内脏，使肝脏、性腺等萎缩。组织切片观察，可见肾、脾、肝、消化道、神经等处存在数量不等的假胞囊和散在的孢子，寄生组织呈退行性病理变化。该病主要危害当年鱼和1龄鱼，死亡率高；2龄鱼亦可感染，但死亡率较低。防治方法：①严格执行检疫制度，病鱼及时隔离治疗，死鱼深埋或焚烧；②彻底清塘消毒，定期清洗浸泡网箱。

#### （二）海水小瓜虫病（又称刺激隐核虫病）

病原：刺激隐核虫；症状：刺激隐核虫寄生在鱼的鳃、鳍、皮肤、口腔等处，大量寄生时鳃部黏液增多，体表布满了小白点，也称白点病，传染快，死亡率高，3～5天可造成80%的死亡率。水温20～26℃常见此病。防治方法：①淡水浸泡10～15分钟；②硫酸铜与硫酸亚铁（5∶2）10毫克/升，淡水浸泡10～20分钟；③醋酸铜5～10毫克/升，淡水浸泡10分钟；④配合投喂抗菌素，氟哌酸50毫克/千克鱼；⑤土霉素100毫克/千克鱼，连续投喂2～4天。

#### （三）车轮虫病

病原：车轮虫；症状：车轮虫主要寄生在鱼的鳃部、体表；少量时无影响，大量寄生时，病鱼体呈黑色，瘦弱，摄食离群，鳃部黏液增多，游动缓慢，呼吸困难，有的又成群围绕池边狂游，常引起鱼苗、鱼种的大批死亡。广东、海南全年可见此病。防治方法：①硫酸铜和硫酸亚铁合剂（硫酸铜0.5毫克/升和硫酸亚铁0.2毫克/升），溶解后全池均匀泼洒，单用硫酸铜0.7毫克/升也可；②苦参碱溶液，一次用量0.4毫克/升，全池泼洒1～2次。

#### （四）瓣体虫病

病原：瓣体虫；症状：病鱼体黑，浮于水面离群缓慢游动，呼吸困难，鳃、鳍、皮肤黏液增多，体表出现不规则的白斑，病情严重时白斑连成一片，又称白斑病。高温季节常见。防治方法：①用淡水浸洗病鱼3～15分钟；②全池泼洒醋酸铜，至浓度为0.3～0.5毫克/升海水，连续用药3～4天，每天1次。

（五）指环虫病

病原：指环虫；症状：鱼沉在网箱下缓慢游动，呼吸困难，鳃丝肿胀，鳃组织受到破坏，很易引起烂鳃，危害较大。高温季节较易感染此病。主要寄生在5厘米以上的鱼种。防治方法：①将病鱼用0.6毫克/升的敌百虫或淡水浸泡5～10分钟，每2～3天处理一次；②在敌百虫药瓶底打两个小洞，在网箱对角挂两瓶敌百虫；③在30毫克/升的福尔马林溶液浸泡24小时。

（六）本尼登虫病

病原：本尼登虫；症状：该虫主要寄生于鱼的体表、鳃部；大量寄生时鱼体表现黏液增多，皮肤局部变白，游水失常，食欲下降，鳃丝缺损，体表皮出血，鳞片脱落，肌肉溃疡坏死，严重者鱼骨暴露。用淡水浸泡病鱼，有大量虫体脱落，数量有的甚至达上千只；传染快，死亡率高。流行水温为20～25℃。防治方法：①苗种放养或转换网箱、池塘养殖时用20～30毫克/升戊二醛浸浴5～10分钟，或淡水浸浴5～10分钟；②投喂新鲜饲料，定期添加维生素或益生菌；③病发时可使用30毫克/升戊二醛溶液浸泡10分钟，病情严重的隔日再浸泡1次。

## 五、藻类引起的疾病

淀粉卵鞭虫病。病原：眼点淀粉卵鞭虫（*Amyloodinium ocellatum*），属寄生鞭毛虫类。此病流行于夏、秋高温季节，营养体最适生长水温为23～27℃，硝酸盐含量高时对涡孢子发育有利。病鱼体表、鳃盖、鳍等处有许多小白点，鳃盖开闭不规则或难以闭合，呼吸频率加快，口不能闭合，有时喷水。鱼体瘦弱，游泳无力，有时在固体物上摩擦身体，使鱼体损伤，而感染细菌。防治方法：①繁殖用的亲鱼先用淡水或硫酸铜浸泡处理，以消灭病原；②苗种放养时，用硫酸铜或淡水先进行处理；③保持水质清新，勿使水中硝酸盐含量过高。鱼发病时，用硫酸铜全池泼洒，使水浓度为0.7～1毫克/升。第二天换水1/3～1/2，然后再用药，连续3天；④也可用10～12毫克/升的硫酸铜药液浸洗鱼10～15分钟，每天1次，连续2～3天；⑤也可用淡水浸洗鱼体3～5分钟，然后移入消毒处理过的水体中养殖，隔2～3天后重复1次。

## 六、营养性疾病

此病的特征为肝脏坏死、腐烂、胆囊膨大、胆汁颜色深且常渗出，与各种鱼类的肝病在病理上并无明显区别。引起鱼类肝病的病因主要有以下几类。

（1）养殖密度过大，水体环境恶化。当水体中的氨氮浓度过高时，鱼体内氨的代谢产物难以正常排出而蓄积于血液之中，引起鱼类代谢失衡引发肝胆疾病。

（2）饲料营养不适合鱼类营养需要。如蛋白质含量过高、碳水化合物含量偏高或长期使用动物性脂肪和高度饱和脂肪酸等，导致饲料能量蛋白比过高。高蛋白饲料易诱发肝脏脂肪积累，破坏肝功能，干扰鱼体正常生理生化代谢。碳水化合物含量过高，会引起鱼类糖代谢紊乱，造成内脏脂肪积累，妨碍正常的机能，其主要病变部位是肝脏，大量的肝糖积累和脂肪浸润，造成肝肿大，色泽变淡，外表无光泽，严重的脂肪肝还可引发肝病变，使肝脏丧失正常机能。

（3）饲料氧化、酸败、发霉、变质。脂肪是易被氧化的物质，脂肪氧化产生的醛、酮、酸对鱼类有毒，将直接对肝脏造成损害。

（4）滥用药物。如长期在饲料中添加高剂量喹乙醇、黄霉素等促生长药物造成鱼类肝脏损害。杀虫灭菌药物也容易蓄积在鱼体内，直接损害鱼体肝脏。

（5）维生素缺乏。如胆碱、维生素E、生物素、肌醇、维生素B等都参与鱼体内的脂肪代谢，缺乏上述维生素均会造成鱼体内脂肪代谢障碍，导致脂肪在肝脏中积累，诱发肝病。

（6）饲料中含有有毒有害物质。如棉粕中的棉酚、菜粕中的硫代葡萄糖甙、劣质鱼粉中的亚硝酸盐等有毒有害物质均能引发鱼类的肝胆类疾病。

一些营养性疾病可以导致养殖鱼类死亡，而某些营养性疾病虽不会直接导致养殖鱼类死亡，但由于鱼类抗病力下降而易受病原侵袭发病或影响商品价值，如常见的体色消退或呈花斑状的白化病、眼球灰白的白内障病、体态不匀称的短体病、背部肌肉减薄的滞长病等疾病均是当前常见的病症。

# 第五节　马鲅的常见病虫害

## 一、病毒性疾病

Seng等（2002）在发生大量死亡的养殖四指马鲅幼鱼中分离出一种病毒，该病毒在BF-2鱼细胞系中复制，产生一种噬菌斑状的细胞致病作用。电镜照片显示无被膜，二十面体的病毒颗粒直径约70～80纳米，具双层壳体。在感染的BF组织培养细胞中也观察到直径约为30纳米的病毒原质体和70纳米亚病毒颗粒。该病毒能耐受pH值为3～11的酸碱度、乙醚处理以及56℃3小时的条件，用碘苷（5-IUdR）无法抑制其复制。吖啶橙染色观察到典型的呼肠孤病毒状包涵体。提纯病毒的电泳显示有11个双链RNA片段，有5个主要的结构多肽，分别约为136 kDa、132 kDa、71 kDa、41 kDa和

33 kDa。根据上述结果，认为该病毒属于呼肠孤病毒Aguareorivus属，命名为马鲅呼肠孤病毒。用该病毒人工注射感染马鲅幼鱼，死亡率100%（图8-1）。

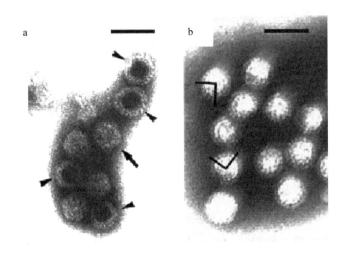

图8-1　马鲅呼肠孤病毒颗粒的电子显微镜照片

（a）大多数完整的病毒粒子（箭头所指）直径约70～80纳米，不完整的病毒颗粒则具双层壳体，内壳直径50～55纳米（箭头）；（b）病毒正在外壳分离衣壳体，每90°有5个衣壳体（扇形线），标尺为100纳米

在我国台湾地区，养殖马鲅也有感染虹彩病毒的案例，但病例数不多。目前感染虹彩病毒的死亡情况不严重，通常放养5万尾鱼，1天最高死亡数在10～30尾。

## 二、细菌性和真菌性疾病

马鲅养殖生产中比较常见的是细菌性肠炎，该病多半在气温骤变的情况下发生，吃饱的鱼因环境变化大而消化不良，以致发病。该病是马鲅感染最严重的疾病，泄殖孔有时会出现红肿出血，常发生于夏季高水温期，症状有体色变黑、浮游于池面、具神经症状样之异常泳姿、倦躺于池边等。治疗上可用阿莫西林（Amoxicillin）等药物。

近年来马鲅感染弧菌的案例明显增加，马鲅感染弧菌以皮肤感染为主，少数严重致全身性感染。弧菌症的感染可发生在任何季节，多发于季节交替等温度变化较大时，尤其在饲养环境不佳或伴随胁迫如高密度饲养、捕捞或换池。可采用氟甲喹（Flumequine）、奥索利酸（Oxolinic acid）治疗。

## 三、寄生虫性疾病

### （一）梭镖吸虫

李庆奎等（1998）在北部湾（北海市）采集到的四指马鲅肠内发现马鲅梭镖吸

虫，经鉴定，认为是独睾科Monorchiidae（Odhner，1911；Nicoll，1915）一新种
*Hurleytrema eleutheronmatis* sp. nov.，虫体大小（1.530～2.108）×（0.289～0.493）
毫米。前咽很长，0.204～0.289毫米。睾丸1个，在体后1/3处，生殖孔开口在腹吸盘
下。卵巢在睾丸前。卵（12～15）×（9～12）微米（图8-2）。

（二）指环虫

Ingram（1990）报道，1983年在澳大利亚昆士兰北部沿岸水域2尾四指马鲅（体
长203毫米和370毫米）的胃含物中发现2个指环虫标本（图8-3）。

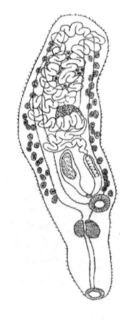

图8-2　马鲅梭镖吸虫，新种
*Hurleytrema eleutheronmatis* sp. nov.

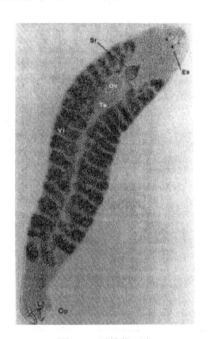

图8-3　马鲅指环虫
Es：眼点，Op：后吸器；Ov：卵巢；Sr："指环"；
Te：精巢；Vi：卵黄腺

虫体光滑，长920～1071微米，宽197～217微米，2对眼点，3对头器，具吸盘，
后吸器有2对锚钩、2个联结棒和14个小钩。精巢卵圆形，分叶，卵巢卵圆形。交配
器位于卵巢和咽之间的中部，卵黄腺充满虫体两侧，交配器附近有一个琥珀色指环状
物，盲囊和辅助交配器无法区分。

（三）单殖吸虫

Ha等（2012）报道越南四指马鲅一种单殖吸虫*Merlucciotrema praeclarum*
（Manter，1934）Yamaguti，1971（family Hemiuridae Looss，1899）新纪录，该吸虫

体外体发育良好，体表光滑，贮精囊位于前体，卵黄叶指状（图8-4）。

（四）单囊虫

Miller等（2013）报道一种尚未报道过的单囊虫*Unicapsula. andersenae* n. sp.，孢子近于球形，直径约 6.25微米，具一个极囊，孢质中有2个核，寄生在澳大利亚昆士兰东南沿海四指马鲅肌肉中（图8-5）。

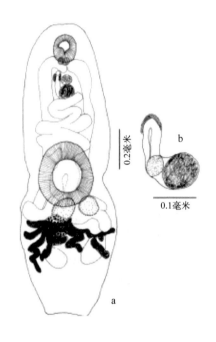

图8-4　单殖吸虫*Merlucciotrema praeclarum*（Manter，1934）

a. 虫体整体图；b. 贮精囊

图8-5　单囊虫 *Unicapsula andersenae* n. sp.

标尺：10微米

（五）马鲅拟噬子宫线虫

Moravec等（2016）报道，2014年在伊拉克南部（阿拉伯湾）巴士拉（Basrah）水域的一尾体长89厘米的四指马鲅卵巢中采集到一种线虫新种，采用光学显微镜和扫描电镜，主要根据虫的体长、食管和尾端的长度、结构以及宿主等做比较鉴定，命名为*Philometroides eleutheronemae*（马鲅拟噬子宫线虫）（Moravec & Manoharan）（图8-6）。

Hoa等（1972）在越南南部水域的四指马鲅肠道中发现一种线虫新种（*Bulbocephalus deblocki*）。

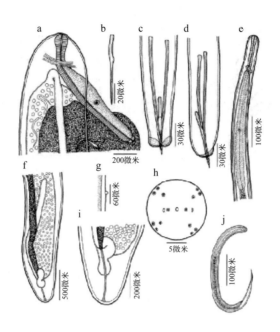

图8-6　马鲅拟嗜子宫线虫*Philometroides eleutheronemae* Moravec & Manoharan，2013

a.怀卵雌虫前端（破裂）侧面观；b.副刺侧面观；c，d.雄虫后端，分别为腹面和侧面观；f.怀卵雌虫尾部侧面观；g.表皮隆起侧面观；h.雄虫的头顶部观；i.怀卵雌虫的尾端侧面观；j.卵巢中取出的幼虫

## （六）棘头虫

Smales（2012）在澳大利亚北部的四指马鲅体中发现一种棘头虫新种 *Isthmosacanthus fitzroyensis* n. g., n. sp.。该新种吻形，有棘22行，每行13～14个钩，颈部短，躯干棘朝前，有2个隆起（一个球状）之间有一个狭峡，一条长管状吻腺和6个管状胶粘腺（图8-7和图8-8）。

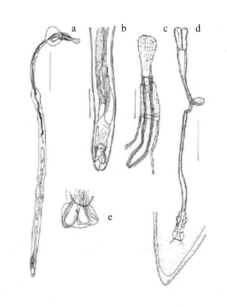

图8-7　*Isthmosacanthus fitzroyensis* n. g.，n. sp.

a.雄虫，侧面观；b.雄虫后端；c.雌虫 躯干棘；d.雌虫，生殖系统；e.雄虫，黏液囊，侧面观

标尺：a.4毫米；b.1毫米；c，d.400微米；e.200微米

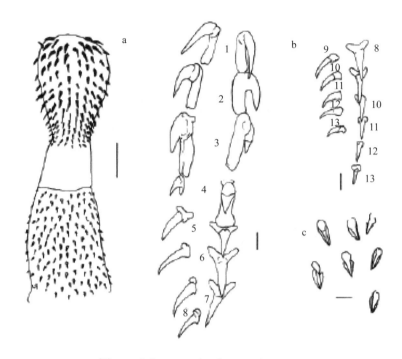

图8-8　*Isthmosacanthus fitzroyensis* n. g.，n. sp.

a. 雄虫 吻和躯干托锯齿形状；b. 两行吻钩（侧面和背面观）；c. 躯干棘

标尺：a. 200微米；b, c. 25微米

### （七）鱼虱

Asri等（2007）和Rueckert等（2009）先后报道在印度尼西亚塞加拉-阿纳坎潟湖（Segara Anakan）四指马鲅体中采集到几种甲壳类寄生虫 。寄生感染情况如表8-1所示（图8-9和图8-10）。

表8-1　塞加拉-阿纳坎潟湖四指马鲅的寄生虫（A为成虫；L为幼虫阶段）

| 种类和阶段 | 寄生部位 | 流行率/% | 平均强度/范围 |
| --- | --- | --- | --- |
| 鱼虱*Caligus phipsoni*（A） | 内鳃盖、鳃丝 | 75 | 2.8（1~6） |
| 毛刷拟瓣鱼虱*Parapetalus hirsutus*（A） | 内鳃盖 | 75.5 | 1.6（1~3） |
| 附着幼体阶段（L） | 鳃丝 | 25 | 1（1） |
| 马鲅帆水虱*Naobranchia* cf. *polynemi*（A） | 鳃丝 | 12.5 | 1（1） |
| 马鲅人形鱼虱*Lernanthropus polynemi* | 鳃丝 | 88 | 3.7（2~8） |

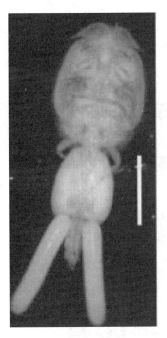

图8-9　带卵囊的鱼虱*Caligus phipsoni*（♀）

标尺=1.2毫米

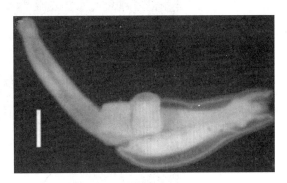

图8-10　毛刷拟辩鱼虱*Naobranchia* cf. *polynemi*（♀）

标尺=50微米

　　Bharadhirajan等（2013）报道，2012年1—12月在印度东南沿海泰米尔纳德邦Pazayar卸鱼中心逐月取样研究四指马鲅感染马鲅锚头鳋（*Lernaeenicus polynemi*）的流行情况和感染强度，分别记录了感染鱼和锚头鳋的总数。结果显示，全年雨季期间流行率和平均感染强度分别为35.23%和3.1。锚头鳋分散感染在宿主整个身体上，并集中侵袭肝脏和背主动脉等内部器官，最高记录为一尾鱼感染了66个虫，严重的感染将导致死鱼，进而影响了销售价格（图8-11和图8-12）。

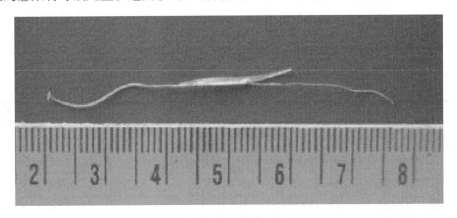

图8-11　从四指马鲅分离出来的马鲅锚头鳋*Lernaeenicus polynemi*

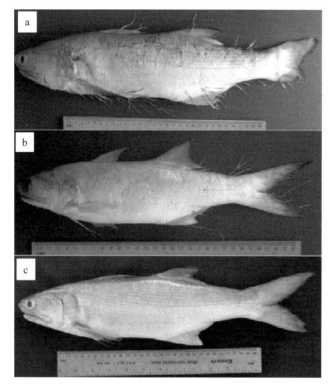

图8-12 马鲅锚头鳋*Lernaeenicus polynemi*对四指马鲅的感染情况

a：重度感染（66个虫）；b：中度感染（15个虫）；c：正常鱼

Kazmi等（2015）报道了在巴基斯坦的四指马鲅中发现的甲壳动物寄生虫，包括：蔓足纲、桡足纲、介形类、等足类、十足类等。

Gudivada等（2012）报道，2005—2006年研究了孟加拉湾沿岸水域四指马鲅的后生动物寄生虫的种群动态，检查了490尾，其中438尾受到寄生虫感染，分属19种寄生虫，包括2种单殖吸虫，7种复殖吸虫，1种绦虫，1种线虫，2种棘头虫以及6种寄生桡足类（表8-2和表8-3）。

表8-2 感染四指马鲅的寄生虫

| 寄生虫名 | 采集的寄生虫总数 |
| --- | --- |
| 马鲅鳞盘虫*Diplectanum polynemi* Tripathi，1957 | 1431 |
| 嗜马鲅虫*Polynemicola polynemi* Unnithan，1971 | 222 |
| 似绕宫吸虫*Helicometrina nimia* Linton，1910 | 18 |
| 前吻吸虫河口囊蚴*Metacercariae* of *Prosorhynchus* | 493 |
| 细尾吸虫*Erilepturus hamati* Yamaguti，（1934）Manter，1947 | 182 |
| 囊双吸虫幼虫Didymozoid larvae | 25 |

附表

| 寄生虫名 | 采集的寄生虫总数 |
|---|---|
| 马鲅前吻吸虫 *Prosorhynchus polydactyli* Yamaguti，1970 | 91 |
| 前吻吸虫 *Prosorhynchus eleutheronemi* n.sp. | 55 |
| 马鲅住心吸虫 *Cardicola polynemi* n.sp. | 27 |
| 鱼虱 *Caligus phipsoni* Bassett-Smith，1898 | 397 |
| 毛刷拟瓣鱼虱 *Parapetalus hirsutus* Bassett-Smith，1898 | 370 |
| 眼眶鱼虱 *Orbitacolax aculeatus* Pillai，1967 | 295 |
| 奇锚鱼虱 *Lernaeenicus polynemi* Bassett-Smith，1898 | 82 |
| 人形鱼虱 *Lernanthropus polynemi* Richiardi，1881 | 580 |
| 附着幼体阶段 Chalimus stages | 98 |
| 颚虫 *Gnathia maxillaris* Sars | 3 |
| 马鲅雷吻虫 *Raorhynchus polynemi* Tripathi，1959 | 49 |
| 实囊绦虫 *Scolex pleuronectis* Mueller，1788 | 228 |
| 驼形线虫 *Camallanus cotti* Fujita，1927 | 32 |

表8-3　四指马鲅寄生虫逐月感染情况（2005-2006年）

| 月份 | 观察鱼数<br>/ a | 感染鱼数<br>/ b | 寄生虫数<br>/ c | 流行率<br>/ % | 平均强度<br>/ c/b ± SD | 平均丰度<br>/ c/a ± SD |
|---|---|---|---|---|---|---|
| 7 | 18 | 15 | 166 | 83.33 | 11.07 ± 7.1 | 9.22 ± 6.2 |
| 8 | 20 | 16 | 195 | 80 | 12.19 ± 9.5 | 9.75 ± 8.1 |
| 9 | 18 | 15 | 149 | 83.33 | 9.93 ± 7.9 | 8.28 ± 7 |
| 10 | 19 | 11 | 80 | 57.89 | 7.27 ± 7.2 | 4.21 ± 4.6 |
| 11 | 23 | 21 | 339 | 91.3 | 16.14 ± 10.9 | 14.74 ± 10.3 |
| 12 | 20 | 20 | 221 | 100 | 11.05 ± 5.6 | 11.05 ± 5.6 |
| 1 | 18 | 16 | 249 | 88.89 | 15.56 ± 10.9 | 13.83 ± 10.2 |
| 2 | 22 | 22 | 305 | 100 | 13.86 ± 6.4 | 13.84 ± 6.4 |
| 3 | 18 | 13 | 238 | 72.22 | 18.31 ± 13.7 | 13.22 ± 10.5 |
| 4 | 22 | 22 | 192 | 100 | 8.73 ± 5.3 | 8.73 ± 5.3 |
| 5 | 22 | 21 | 189 | 95.45 | 9 ± 5.7 | 8.59 ± 5.6 |
| 6 | 18 | 16 | 147 | 88.88 | 9.19 ± 6.6 | 8.17 ± 6.17 |

　　Ha等（2009）报道，2008年对越南海防省沿海水域44种海水鱼类的蠕虫和甲壳类寄生虫进行调查研究，其中，10尾四指马鲅吸虫的感染率为20%，棘头虫的感染率为10%。

# 第九章
# 马鲛鱼类的种质资源特性

---

## 第一节  食用营养价值

郭海波等（2017）分析测定了四指马鲛肌肉的基本成分、脂肪酸组成和氨基酸组成，对其营养价值进行评价。

### 一、基础成分分析

四指马鲛基础成分分析见表9-1。

表9-1  四指马鲛不同部位鱼肉成分分析（克/100克）

| 分析指标 | 背肌 | 腹肌 | 尾肌 | 平均值 |
|---|---|---|---|---|
| 水分 | 75.97 | 74.41 | 76.15 | 75.51 |
| 粗蛋白 | 20.56 | 18.82 | 19.14 | 19.51 |
| 粗脂肪 | 2.67 | 3.13 | 2.45 | 2.75 |
| 粗灰分 | 0.75 | 0.69 | 0.8 | 0.75 |

### 二、蛋白质氨基酸组成

四指马鲛蛋白质氨基酸组成见表9-2。

表9-2  四指马鲛肌肉氨基酸组成

| 必需氨基酸EAA | 含量 /（克/100克） | 非必需氨基酸NEAA | 含量 /（克/100克） |
|---|---|---|---|
| 亮氨酸 | 6.999 | 谷氨酸 | 13.955 |
| 赖氨酸 | 8.047 | 天冬氨酸 | 9.014 |
| 缬氨酸 | 3.567 | 丙氨酸 | 5.457 |
| 苯丙氨酸 | 3.812 | 甘氨酸 | 3.917 |
| 异亮氨酸 | 3.268 | 精氨酸 | 5.132 |
| 苏氨酸 | 4.193 | 丝氨酸 | 3.716 |
| 色氨酸 | 0.788 | 脯氨酸 | 3.548 |
| 甲硫氨酸 | 2.71 | 组氨酸 | 1.96 |
| | | 酪氨酸 | 3.363 |
| | | 半胱氨酸 | 0.565 |
| EAA总量 | 33.375 | NEAA总量 | 50.627 |

## 三、氨基酸评分、化学评分、必需氨基酸指数和生物价

四指马鲅氨基酸评分、化学评分、必需氨基酸指数和生物价见表9-3。

表9-3　四指马鲅肌肉氨基酸评分、化学评分、必需氨基酸指数和生物价

| 氨基酸种类 | FAO/WH模式/（毫克/克蛋白质） | 鸡蛋蛋白模式/（毫克/克蛋白质） | 肌肉蛋白 | | | |
|---|---|---|---|---|---|---|
| | | | 氨基酸评分ASS | 化学评分CS | 必需氨基酸指数EAAI | 生物价BV |
| 苏氨酸 | 40 | 47 | 105 | 89 | | |
| 缬氨酸 | 50 | 66 | 71 | 54 | | |
| 甲硫氨酸+胱氨酸 | 35 | 57 | 94 | 57 | | |
| 苯丙氨酸+酪氨酸 | 60 | 93 | 120 | 77 | | |
| 色氨酸 | 10 | 17 | 78** | 46* | 69.64 | 90.37 |
| 异亮氨酸 | 40 | 54 | 82 | 61 | | |
| 亮氨酸 | 70 | 86 | 109 | 81 | | |
| 赖氨酸 | 55 | 70 | 146 | 115 | | |

注：*为第一限制氨基酸，**为第二限制氨基酸。

## 四、脂肪酸组成

四指马鲅脂肪酸组成见表9-4。

表9-4　四指马鲅脂肪酸组成

| 不饱和脂肪酸（UFA） | 不饱和脂肪酸相对含量/% |
|---|---|
| 棕榈油酸（C16:1） | 4.104 |
| 油酸（C18:1n9c） | 32.912 |
| 芥酸（C20:1n9） | 1.322 |
| 二十一碳一烯酸（C20:1） | 1.313 |
| α-亚麻酸（C18:3n3） | 3.562 |
| 二十二碳二烯酸（C20:2） | 1.225 |
| 亚油酸（C18:2n6c） | 26.85 |
| 二十碳五烯酸（C20:5） | 2.349 |
| ΣUFA | 73.63 |
| 饱和脂肪酸（SFA） | 饱和脂肪酸相对含量/% |
| 肉豆蔻酸（C14:0） | 3.044 |
| 棕榈酸（C16:0） | 19.309 |
| 硬脂酸（C18:0） | 4.014 |
| ΣSFA | 26.36 |

## 五、综合分析

肌肉营养成分测定结果表明，四指马鲅蛋白质含量高、富含人体必需的8种氨基酸，且配比合理；同时，脂肪含量较低、但不饱和脂肪酸丰富，尤其是亚油酸比例高。因此，四指马鲅是一种优质鱼肉食品加工原料。可用于补充日常膳食中人体对动物蛋白质和不饱和脂肪酸的摄入。

# 第二节　染色体核型

Khuda-Bukhsh等（1987）对印度西孟加拉南迪格莱姆（Nandigram）水域2尾四指马鲅雄鱼鳃、肾组织的检测结果显示，单倍体配子染色体数为n=24，二倍体合子染色体数为2n=48，长度0.62～1.88微米（图9-1）。

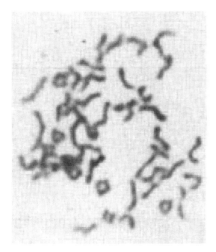

10 微米

图9-1　四指马鲅的染色体核型

# 第三节　形态性状特性

运用相关性分析、通径分析及多元回归分析等方法可以确定不同养殖环境或不同养殖群体鱼体形态性状对体质量的影响。鱼类在不同的养殖环境中会表现出不同的形态性状，以往研究采用通径分析方法研究了不同养殖环境中的卵形鲳鲹（*Trachinotus ovatus*）、褐点石斑鱼（*Epinephelus fuscoguttatus*）、花鲈（*Lateolabrax maculatus*）、黑鲷（*Sparus macrocephalus*）、大泷六线鱼（*Hexagrammos otakii*）、尖吻鲈（*Lates calcarifer*）等鱼体形态性状与体质量的相关性，也有研究比较分析了子代石斑鱼形态性状与亲本之间的相关性，以上相关研究可以指导鱼类选育技术和养殖技术优化。四指马鲅的驯养时间较短，对外界声音、光线等环境因子变化应激强烈，并且四指马鲅一直处于快速游泳状态，在不同的养殖环境中会表现出不同的生存和运动状态。目前，关于四指马鲅池塘养殖群体和工厂化养殖群体的生长性能、形态性状比较的研究报道较少。

本团队于2020年比较了室内循环水养殖群体和池塘养殖群体四指马鲅的存活生长情况，并结合不同养殖群体的体质量和形态性状数据，分析了主要形态性状对体质量的影响，利用逐步回归分析分别建立四指马鲅在室内循化水和池塘养殖环境中鱼体形态性状对体质量的多元回归方程，以期为评价不同养殖模式或不同养殖环境下四指马鲅生长状况提供参考，为其规模化养殖和选育技术优化提供理论依据。

## 一、不同养殖群体的生长性状比较

养殖实验结束时，室内循环水和池塘养殖四指马鲅的成活率分别为51%和55%，特定生长率分别为2.46%和2.16%，饵料系数分别为1.23和1.85，单位面积产量分别为2.34千克/米³和0.1千克/米³（表9-5）。

养殖实验结束时，室内循环水养殖的鱼体质量范围为71.90～233.21克，平均质量为127.64克，体长为144.73～229毫米，平均体长为184.45毫米。室外池塘养殖的鱼体质量范围为22.06～287克，平均体质量为70.14克，体长范围为111.2～247.5毫米，平均体长为152.54毫米（表9-5）。室内循环水养殖与池塘养殖的四指马鲅在体质量、全长、叉长、体长、躯干长、尾柄长、头长、吻长、眼径、体高、尾柄高、体宽、眼间距方面均呈极显著差异。室内循环水养殖情况下每月平均增长量为21.27克，每月体长增长量为30.74毫米。室外池塘养殖四指马鲅体质量平均每月增长11.69克，体长平均每月增长25.42毫米（表9-6）。室内循环水养殖和池塘养殖四指马鲅体质量的变异系数分别为26.03%和81.56%，表明室内循环水养殖的四指马鲅体质量的均匀度高于池塘养殖。循环水养殖群体其他性状的平均值均大于池塘养殖群体，可能与鱼体质量有较大关系。池塘养殖的鱼体形态指标变异系数均大于室内循环水养殖，说明池塘养殖环境具有更高的选择潜力。

### 表9-5 两种养殖环境下四指马鲅的生长特性

| 养殖方式 | 成活率/% | 饵料系数 | 特定生长率/% | 终末均质量/克 | 单位产量/千克·米⁻³ |
|---|---|---|---|---|---|
| 室内循环水养殖 | 51 | 1.23 | 2.46 | 127.64 | 2.34 |
| 池塘养殖 | 55 | 1.85 | 2.16 | 70.14 | 0.1 |

表9-6 两种养殖环境下四指马鲅的主要性状特征

| | | 体质量 y/克 | 全长 $x_1$/毫米 | 叉长 $x_2$/毫米 | 体长 $x_3$/毫米 | 躯干长 $x_4$/毫米 | 尾柄长 $x_5$/毫米 | 头长 $x_6$/毫米 | 吻长 $x_7$/毫米 | 眼径 $x_8$/毫米 | 体高 $x_9$/毫米 | 尾柄高 $x_{10}$/毫米 | 体宽 $x_{11}$/毫米 | 眼间距 $x_{12}$/毫米 |
|---|---|---|---|---|---|---|---|---|---|---|---|---|---|---|
| 室内循环水养殖 | 平均值±标准差 Mean±SD | 127.64±33.22** | 228.78±20.16** | 199.96±17.6** | 184.45±16.49** | 43.09±4.80** | 48.41±4.92** | 48.99±4.06** | 7.44±1.1** | 10.33±1.16** | 49.45±5.26** | 22.86±2.37** | 24.98±2.99** | 15.6±1.82** |
| | 变异系数%CV | 26.03 | 8.81 | 8.8 | 8.94 | 11.14 | 10.17 | 8.29 | 14.78 | 11.20 | 10.64 | 10.38 | 11.92 | 11.68 |
| | 月平均增长量克/月或毫米/月 | 21.27 | 38.13 | 33.32 | 30.74 | 7.18 | 8.07 | 8.17 | 1.24 | 1.72 | 8.24 | 3.81 | 4.16 | 2.6 |
| 池塘养殖 | 平均值±标准差 | 70.14±57.2** | 194.63±42.96** | 167.44±36.78** | 152.54±34.12** | 34.33±9.28** | 38.60±8.27** | 41.15±8.04** | 6.82±1.66** | 8.57±1.38** | 35.78±9.14** | 17.67±5.56** | 18.07±4.73** | 12.84±3.13** |
| | 变异系数%CV | 81.56 | 22.07 | 21.9 | 22.37 | 27.03 | 21.42 | 19.53 | 24.4 | 16.1 | 25.56 | 31.48 | 26.19 | 24.37 |
| | 月平均增长量克/月或毫米/月 | 11.69 | 32.44 | 27.91 | 25.42 | 5.72 | 6.43 | 6.86 | 1.14 | 1.43 | 5.96 | 2.95 | 3.01 | 2.14 |

注：$y$为体质量，$x_1$为全长，$x_2$为叉长，$x_3$为体长，$x_4$为躯干长，$x_5$为尾柄长，$x_6$为头长，$x_7$为吻长，$x_8$为眼径，$x_9$为体高，$x_{10}$为尾柄高，$x_{11}$为体宽，$x_{12}$为眼间距，下同。**表示有极显著差异，下同。

## 二、不同养殖群体形态性状之间的相关性分析

所测两个养殖群体四指马鲅的形态性状与体质量均呈正相关，且相关性达到极显著水平（$P < 0.01$）。池塘养殖群体的各形态性状与体质量的相关系数均大于室内循环水养殖群体形态性状与体质量的相关系数。室内循环水养殖群体的体质量与各形态性状相关关系中，相关程度最大的是叉长，其次是体长、头长、尾柄高、全长、体高、躯干长和体宽，相关程度最小的是吻长；而池塘养殖群体的体质量与形态性状相关性最大的是全长和尾柄高，其次为叉长、体长、体高、躯干长、头长和体宽，相关程度最小的为眼径。两个养殖群体各形态性状之间的相关系数均达到极显著水平（$P < 0.01$），室内循环水养殖群体各性状之间相关性最大的是体长和叉长，池塘养殖群体的体长与叉长也具有最大的相关性；室内循环水养殖群体形态性状之间相关系数最小的是眼径与吻长，而池塘养殖群体形态性状之间相关系数最小的是眼径和体宽（表9-7）。

## 三、不同养殖群体形态性状对体质量的通径分析

室内循环水养殖四指马鲅的所有形态性状中，体长、头长、眼径、体高和体宽5个形态性状对体质量的通径系数达到极显著水平。从直接作用系数来看，体长（0.408）>体高（0.337）>头长（0.215）>体宽（0.16）>眼径（-0.096），表明体长对体质量的直接作用最大。其中，眼径对体质量的直接作用系数为负值，说明眼径对体质量影响为负向作用，但眼径通过体长、头长、体高和体宽对体质量产生较大的间接作用分别为0.218、0.124、0.2、0.09，其总的间接作用达0.64，抵消了负向作用。从间接作用系数来看，头长（0.642）>眼径（0.64）>体宽（0.583）>体高（0.497）>体长（0.471）（表9-8）。

池塘养殖四指马鲅的所有形态性状中，全长、躯干长、头长、体高和尾柄高5个形态性状对体质量的通径系数达到极显著水平。从直接作用系数来看，全长（0.417）>尾柄高（0.391）>体高（0.268）>躯干长（0.122）>头长（-0.206），全长对体质量的直接作用最大。其中，头长对体质量影响的直接作用系数为负值，说明头长对体质量影响为负向作用，但头长通过全长、躯干长、体高和尾柄高产生较大的间接作用（分别为0.41、0.116、0.26、0.375），其总的间接作用达1.161，完全抵消了其负向作用。就间接作用系数来看，头长（1.161）>躯干长（0.833）>体高（0.701）>尾柄（0.585）>体宽（0.559）（表9-9）。

表9-7 不同养殖环境四指马鲅各形态性状间的相关系数

| 群体 | 性状 | $y$ | $x_1$ | $x_2$ | $x_3$ | $x_4$ | $x_5$ | $x_6$ | $x_7$ | $x_8$ | $x_9$ | $x_{10}$ | $x_{11}$ |
|---|---|---|---|---|---|---|---|---|---|---|---|---|---|
| 室内循环水养殖 | $x_1$ | 0.846** | | | | | | | | | | | |
| | $x_2$ | 0.891** | 0.937** | | | | | | | | | | |
| | $x_3$ | 0.88** | 0.93** | 0.987** | | | | | | | | | |
| | $x_4$ | 0.77** | 0.768** | 0.806** | 0.824** | | | | | | | | |
| | $x_5$ | 0.764** | 0.753** | 0.799** | 0.835** | 0.781** | | | | | | | |
| | $x_6$ | 0.858** | 0.877** | 0.899** | 0.890** | 0.748** | 0.740** | | | | | | |
| | $x_7$ | 0.531** | 0.494** | 0.499** | 0.471** | 0.449** | 0.428** | 0.595** | | | | | |
| | $x_8$ | 0.545** | 0.626** | 0.586** | 0.535** | 0.521** | 0.401** | 0.579** | 0.338** | | | | |
| | $x_9$ | 0.834** | 0.707** | 0.733** | 0.681** | 0.591** | 0.553** | 0.716** | 0.518** | 0.593** | | | |
| | $x_{10}$ | 0.847** | 0.755** | 0.789** | 0.777** | 0.695** | 0.693** | 0.803** | 0.501** | 0.548** | 0.839** | | |
| | $x_{11}$ | 0.744** | 0.628** | 0.662** | 0.638** | 0.659** | 0.609** | 0.588** | 0.445** | 0.614** | 0.761** | 0.705** | |
| | $x_{12}$ | 0.615** | 0.596** | 0.628** | 0.602** | 0.595** | 0.528** | 0.597** | 0.341** | 0.617** | 0.598** | 0.658** | 0.7** |
| 池塘养殖 | $x_1$ | 0.975** | | | | | | | | | | | |
| | $x_2$ | 0.973** | 0.998** | | | | | | | | | | |
| | $x_3$ | 0.972** | 0.998** | 0.999** | | | | | | | | | |
| | $x_4$ | 0.955** | 0.971** | 0.971** | 0.972** | | | | | | | | |
| | $x_5$ | 0.928** | 0.96** | 0.96** | 0.964** | 0.927** | | | | | | | |
| | $x_6$ | 0.954** | 0.983** | 0.983** | 0.983** | 0.949** | 0.949** | | | | | | |
| | $x_7$ | 0.9** | 0.913** | 0.912** | 0.908** | 0.877** | 0.873** | 0.896** | | | | | |
| | $x_8$ | 0.877** | 0.898** | 0.9** | 0.894** | 0.871** | 0.861** | 0.884** | 0.871** | | | | |
| | $x_9$ | 0.97** | 0.977** | 0.976** | 0.975** | 0.945** | 0.925** | 0.969** | 0.884** | 0.876** | | | |
| | $x_{10}$ | 0.975** | 0.974** | 0.972** | 0.972** | 0.947** | 0.929** | 0.958** | 0.909** | 0.883** | 0.97** | | |
| | $x_{11}$ | 0.94** | 0.943** | 0.942** | 0.943** | 0.919** | 0.913** | 0.925** | 0.865** | 0.86** | 0.947** | 0.94** | |
| | $x_{12}$ | 0.955** | 0.969** | 0.967** | 0.968** | 0.941** | 0.937** | 0.962** | 0.877** | 0.871** | 0.964** | 0.968** | 0.919** |

注：*表示显著相关（$P<0.05$），**表示极显著相关（$P<0.01$）。

表9-8 室内循环水养殖四指马鲅形态性状对体质量的通径分析

| 性状 | 相关系数 | 直接作用 | 间接作用 | | | | | |
|---|---|---|---|---|---|---|---|---|
| | | | $\Sigma$ | $x_3$ | $x_6$ | $x_8$ | $x_9$ | $x_{11}$ |
| $x_3$ | 0.88 | 0.408 | 0.471 | – | 0.191 | −0.051 | 0.229 | 0.102 |
| $x_6$ | 0.858 | 0.215 | 0.642 | 0.363 | – | −0.056 | 0.241 | 0.094 |
| $x_8$ | 0.545 | −0.096 | 0.64 | 0.218 | 0.124 | – | 0.2 | 0.098 |
| $x_9$ | 0.834 | 0.337 | 0.497 | 0.278 | 0.154 | −0.057 | – | 0.122 |
| $x_{11}$ | 0.744 | 0.16 | 0.583 | 0.26 | 0.126 | −0.059 | 0.256 | – |

注：$x_3$为体长、$x_6$为头长、$x_8$为眼径、$x_9$为体高、$x_{11}$为体宽。

表9-9 池塘养殖四指马鲅形态性状对体质量的通径分析

| 性状 | 相关系数 | 直接作用 | 间接作用 | | | | | |
|---|---|---|---|---|---|---|---|---|
| | | | $\Sigma$ | $x_1$ | $x_4$ | $x_6$ | $x_9$ | $x_{10}$ |
| $x_1$ | 0.975 | 0.417 | 0.559 | – | 0.118 | −0.202 | 0.262 | 0.381 |
| $x_4$ | 0.955 | 0.122 | 0.833 | 0.405 | – | −0.195 | 0.253 | 0.37 |
| $x_6$ | 0.954 | −0.206 | 1.161 | 0.41 | 0.116 | – | 0.26 | 0.375 |
| $x_9$ | 0.97 | 0.268 | 0.701 | 0.407 | 0.115 | −0.2 | – | 0.379 |
| $x_{10}$ | 0.975 | 0.391 | 0.585 | 0.406 | 0.116 | −0.197 | 0.26 | – |

注：$x_1$为全长、$x_4$为躯干长、$x_6$为头长、$x_9$为体高、$x_{10}$为尾柄高。

## 四、不同养殖群体形态性状对体质量的决定作用分析

将四指马鲅形态性状与体质量的相关系数分成各形态性状直接影响及其通过其他形态性状的间接影响。室内循环水养殖四指马鲅的5个性状直接决定系数与间接决定系数的总和为1.418（表9-10），表明体长、头长、眼径、体高和体宽是影响室内循环水养殖四指马鲅体质量的主要性状，且所选取的这5个性状对体质量的影响存在差异。从直接决定程度看，体宽对体质量的直接决定程度为0.554，高于其他4个性状；从间接决定程度来看，体长和头长共同作用对体质量的决定程度较高，间接决定系数为0.156。

池塘养殖四指马鲅的5个形态性状直接决定系数与间接决定系数的总和为0.968，说明全长、躯干长、头长、体高和尾柄高是影响室外池塘养殖四指马鲅体质量的主要形态性状；全长对四指马鲅体质量的直接决定程度最大（0.174），其次为尾柄高（0.153），最小为躯干长（0.015）；从间接决定程度分析，全长和尾柄高共同作用对体质量的决定程度最大（0.318）（表9-11）。

表9-10　室内循环水养殖四指马鲅形态性状指标对体质量的决定作用系数

| 性状 | $x_3$ | $x_6$ | $x_8$ | $x_9$ | $x_{11}$ | $\Sigma$ |
|---|---|---|---|---|---|---|
| $x_3$ | 0.166 | 0.156 | −0.042 | 0.187 | 0.083 | |
| $x_6$ | | 0.046 | −0.024 | 0.104 | 0.04 | |
| $x_8$ | | | 0.009 | −0.038 | −0.019 | 1.418 |
| $x_9$ | | | | 0.114 | 0.082 | |
| $x_{11}$ | | | | | 0.554 | |

注：$x_3$为体长、$x_6$为头长、$x_8$为眼径、$x_9$为体高、$x_{11}$为体宽。

表9-11　室外池塘养殖四指马鲅形态性状对体质量的决定系数

| 性状 | $x_1$ | $x_4$ | $x_6$ | $x_9$ | $x_{10}$ | $\Sigma$ |
|---|---|---|---|---|---|---|
| $x_1$ | 0.174 | 0.099 | −0.169 | 0.218 | 0.318 | |
| $x_4$ | | 0.015 | −0.048 | 0.062 | 0.09 | |
| $x_6$ | | | 0.042 | −0.107 | −0.154 | 0.968 |
| $x_9$ | | | | 0.072 | 0.203 | |
| $x_{10}$ | | | | | 0.153 | |

注：$x_1$为全长、$x_4$为躯干长、$x_6$为头长、$x_9$为体高、$x_{10}$为尾柄高。

## 五、多元回归方程的建立

通过多元回归分析，剔除偏回归系数不显著的形态性状指标，分别建立室内循环水养殖、池塘养殖四指马鲅形态性状与鱼体质量的多元回归方程：

$$y_{室内循环水养殖} = -231.439 + 0.823x_3 + 1.756x_6 - 2.771x_8 + 2.13x_9 + 1.788x_{11}$$

$$y_{室外池塘养殖} = -134.385 + 0.555x_1 + 0.751x_4 - 1.467x_6 + 1.677x_9 + 4.020x_{10}$$

方程式中，$y$为体质量，$x_1$为全长，$x_3$为体长，$x_4$为躯干长，$x_6$为头长，$x_8$为眼径，$x_9$为体高，$x_{10}$为尾柄高，$x_{11}$为体宽。

室内循环水养殖和池塘养殖的多元回归方程的回归关系均达极显著水平（$F=234.27$，$P=0$；$F=1051.96$，$P=0$），$R^2$分别为0.891和0.968。经显著性检验该回归方程的偏回归系数，室内循环水养殖所选的性状$x_3$、$x_6$、$x_8$、$x_9$、$x_{11}$对四指马鲅体质量的偏回归系数达到显著或极显著水平（$x_3$：$t= 6.367$，$P= 0<0.01$；$x_6$：$t=3.211$，$P=0.002<0.01$；$x_8$：$t=-2.575$，$P=0.011<0.05$；$x_9$：$t=6.781$，$P=0<0.01$；$x_{11}$：$t=3.418$，$P=0.001<0.01$）；池塘养殖所选的性状$x_1$、$x_4$、$x_6$、$x_9$和$x_{10}$对四指马鲅体质量的偏回归系数达到极显著水平（$x_1$：$t=3.538$，$P=0.001<0.01$；$x_4$：$t=2.120$，$P=0.035<0.05$；$x_6$：$t=-2.668$，$P=0.008<0.01$；$x_9$：$t=3.796$，$P=0<0.01$；$x_{10}$：$t=5.979$，

$P=0<0.01$ ）。经过分析，使用以上两种养殖四指马鲅的回归方程所得估计值与观测值差异不显著，表明该多元线性回归方程可以准确反映两种养殖环境下四指马鲅形态性状与体质量之间的相互关系。

# 第四节　稳定性同位素分析

据Newman等（2011）报道，2007—2009年期间，测定了澳大利亚西部、北部和东部11个站位470尾四指马鲅的耳石碳酸盐中稳定同位素$\delta^{18}O$和$\delta^{13}C$含量。对这些稳定同位素的分析表明群体间存在显著的分化，各群体间同位素特征的显著差异表明，群体间不太可能有大量的交流。这些种群的空间分离表明，整个澳大利亚北部四指马鲅种群结构比较复杂，至少存在11个群体。

图9-2表示各站位样本$\delta^{18}O$和$\delta^{13}C$含量平均值的MDS测试排序结果。图中的直线按数值高低（BMB，最高值；KB，最低值）和椭圆群的顺序连接各个站位，椭圆群中各站位之间的数值无显著差异。

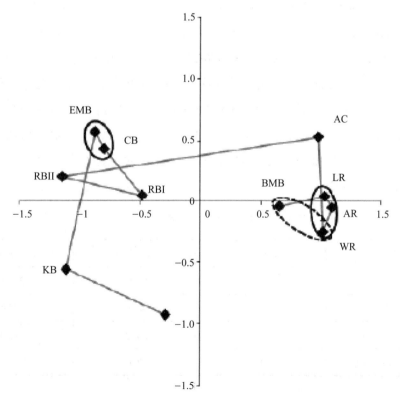

图9-2　各站位样本$\delta^{18}O$和$\delta^{13}C$含量平均值的MDS测试排序

EMB：八十哩海滩；RB：罗巴克湾；BMB：蓝泥湾；WR：沃克河；RR：罗珀河；AC：亚瑟河；
AR：阿切尔河；LR：爱河；CB：克利夫兰湾；KB：肯佩尔湾；PA：阿尔玛港

# 第五节　分子遗传学特性

## 一、多鳞四指马鲅不同地理种群的AFLP分析

杨阳等（2013）应用AFLP技术分析了江苏启东（QD）、广东湛江（ZJ）、上海崇明（CM）和海南琼海（QH）近海海域4个地理群体的遗传特性和群体分化，120个个体样品、8对引物组合共扩增246条带，多态性条带为128条，多态性比例为53.4%。ZJ群体扩增位点最多，多态性比例也最高，群体内的Nei's基因多样性指数和Shannon's信息指数变化趋势一致，均为CM<QD<QH<ZJ。应用AMOVA对4个群体的遗传变异来源进行分析得出，总的遗传分化指数F为0.1012，表明9.12%的变异来自群体间，90.88%的变异来自群体内个体间，说明群体之间已发生了一定程度的遗传分化。聚类分析表明，各群体间的遗传相似性系数为0.8918～0.9287，遗传距离为0.0739～0.1145，其中ZJ群体和QH群体间的遗传距离最近，为0.07739。

## 二、四指马鲅微卫星位点识别和功能基因分析

Ismail等（2019）通过illumina高通量测序平台对三个四指马鲅样本（KET25，KET29，KET30）进行了全基因组测序，分别获得8390317、7085775和8461589的高质量数据，从经组装后获得的Scaffold中分别检测出Ket25、Ket29和Ket30中的60246、46107和60907个简单重复序列（SSR）标记，可用于四指马鲅的种群遗传分析和其他多样性研究。组装Scaffold预测分别得到Ket25的31943个基因、Ket29的26487个基因和Ket30的31654个基因，平均基因大小分别为458bp、424bp和459bp。分别共有30209、25107和29943个基因可以注释到NCBINR数据库中（表9-12和表9-13）。

表9-12　四指马鲅三个样本的基因统计

| 样本 | Ket25 | Ket29 | Ket30 |
|---|---|---|---|
| 基因数 | 31943 | 26487 | 31654 |
| 平均基因长度 | 458 | 424 | 459 |
| 最大基因长度 | 5070 | 5493 | 4848 |
| 最小基因长度 | 201 | 201 | 201 |

表9-13 四指马鲅三个样本的基因分类

| 样本 | 参与生物学过程 | 实现分子功能 | 构成细胞成分 |
|---|---|---|---|
| Ket25 | 2980 | 3223 | 2459 |
| Ket29 | 2633 | 2866 | 2264 |
| Ket30 | 3054 | 3355 | 2647 |

## 三、四指马鲅线粒体COI基因全长序列的克隆与分析

林少珍等（2012）采用 COI基因片段研究了东海区象山（XS）、乐清（YQ）和宁德（ND）三个四指马鲅群体的遗传多样性和种群遗传结构。在 90 个四指马鲅样本中，共检出单倍型 13 个，包括变异位点 23 个，其中简约信息位点 14 个。在三个种群中，YQ 群体具有最高的单倍型多样性和核苷酸多样性水平，但整体上，三个群体的遗传变异水平均比较低。中性检验结果表明，三个群体内部在分子水平可能存在自然选择作用。NJ 系统发生分析发现，YQ 部分单倍型与 XS 和 ND 群体聚在一起，而与另一部分 YQ群体遗传分化较大。AMOVA分析显示，遗传差异主要来自群体内部（79.66%）（表9-14和表9-15）。

表9-14 四指马鲅3个群体的遗传多样性参数

| 群体 | 象山（XS） | 乐清（YQ） | 宁德（ND） |
|---|---|---|---|
| 样品数 | 30 | 30 | 30 |
| 片段常度（bp） | 627 | 627 | 627 |
| 多态位点数（$S$） | 4 | 21 | 4 |
| 单倍型数（$H$） | 5 | 11 | 5 |
| 单倍型多样性（$Hd$） | 0.4989±0.103 | 0.7816±0.0591 | 0.5402±0.099 |
| 核苷酸多态性（$\pi$） | 0.0009±0.0084 | 0.00556±0.00325 | 0.00139±0.00112 |
| 平均碱基配对差异（$K$） | 0.56322±0.47235 | 3.4736±1.82866 | 0.8689±0.62878 |
| Fu·s 和$FsD$检验 | −2.16519* | −1.6557 | −0.99888 |
| Tajima`s $D$检验 | −1.13535 | −1.19804 | −0.35783 |

注：* 表示有显著差异（$P<0.05$）。

表9-15　四指马鲅3个群体的遗传距离

| 群体 | 象山（XS） | 乐清（YQ） | 宁德（ND） |
|---|---|---|---|
| 象山（XS） | – | | |
| 乐清（YQ） | 0.008 | – | |
| 宁德（ND） | 0.002 | 0.009 | – |

　　杨翌聪等（2019）采用 DNA 条形码技术对四指马鲅和多鳞四指马鲅进行种间遗传差异分析。在检测的线粒体 COI 基因序列 655 bp 中，共有变异位点 87 个，核苷酸多样性为 0. 13282，序列同源性为 93. 34%；基于 Kimura 2-parameter 模型计算的种间距离为 0. 151（＞最小物种距离0.02）。结合 Neighbor-joining 系统树分析，四指马鲅与多鳞四指马鲅应属于同一个属亲缘关系很近的两个不同种。此外，采用 10 条随机引物对两种马鲅进行分析，对其中的 S4 随机引物扩增出约1300 bp 的四指马鲅特异性条带进行 SCAR 转化，最终获得四指马鲅特异性 SCAR 标记 SCAR 1（目的片段 469 bp，退火温度 62 ℃）和SCAR 5（目的片段 606 bp，退火温度 56 ℃），可作为四指马鲅与其近缘物种鉴定的分子标记。

　　邓春兴（2014）在对我国东南沿海 10 个地理群体 194 尾四指马鲅属鱼类样本进行形态鉴定的基础上，通过 PCR 扩增技术和 DNA 直接测序法测定鱼体线粒体 COI 基因序列，结合从 GeneBank 下载的印度洋、澳大利亚北部沿海以及我国西沙和南沙等海域的四指马鲅属鱼类 DNA 同源序列共 207 条基因序列，进行遗传分析，得到如下结果：四指马鲅属鱼类在 NJ 树中聚类为 3 个明显谱系，根据各谱系间的遗传距离、遗传分化指数（Fst 值）以及外部形态特征鉴定结果，结合历史资料，确定我国东南沿海大多数四指马鲅属鱼类为多鳞四指马鲅（E.rhadinum）；确定 E. coecus Macleay 为有效种，东兴大部分个体、福州少数个体与澳大利亚全部个体均为本种，且我国沿海和澳大利亚北部海域E.coecus 群体间存在较大的遗传分化，或为不同的亚种。东兴个别样品与印度洋海域的四指马鲅属鱼类聚类，根据四指马鲅（E.tetradactylus）地模标本的地理分布情况，初步认为这个谱系为四指马鲅，考虑到广阔的印度洋和东兴海域难以排除出现新谱系的可能，暂将其定义为 E. cf.tetradactylus。

　　Thirumaraiselvi等（2015）利用（COI）基因，对南亚热带4个FAO捕捞区四指马鲅的遗传变异、多样性和种群结构进行了评价。共收集到4个FAO捕捞区COI基因30个序列。检出了18个单倍型，孟加拉湾种群中单倍型多样性高（HD＝0.952±0.096），核苷酸多样性（π＝0.01536±0.00312）。南海种群无单倍型和核苷酸多样性。分子方差的层次分析表明，0.81%的遗传变异发生在群体内，7.09%发生在种群间。在北澳大利亚种群（一个分支）、我国南海种群（一个分支）、阿拉伯海和孟加拉湾种群（相邻连接树上的一个分支）中识别出显著的系谱分支。这些结果表明，FAO捕捞区51、57和61的四指马鲅种群已产生出不同的遗传结构（图9-3）。

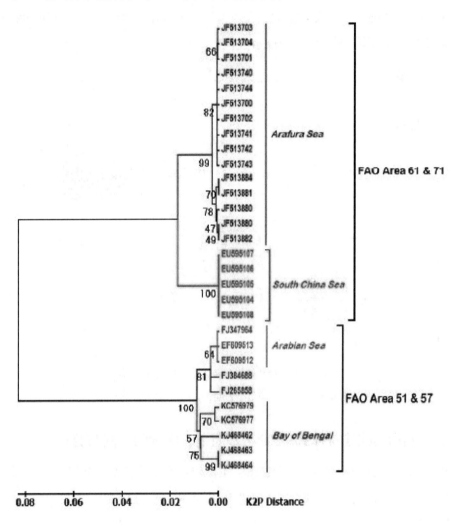

图9-3　基于COI基因序列的四个FAO捕鱼区四指马鲅单倍型NJ树

## 四、四指马鲅细胞色素b序列测定

徐志进等（2015）对四指马鲅Cytb序列进行了克隆分析。研究检出Cytb单倍型3个，变异位点2个。核苷序列的碱基组成为A：24.95%；T：26.63%；C：31.74%；G：16.58%。A+T：51.58%，高于G+C含量（48.32%）。结果表明，该群体的Cytb基因存在较低的遗传多样性。

Wang等（2014）在我国东海和南海4个四指马鲅种群中采集120个样本，分析了线粒体DNA细胞色素b序列的1151对碱基片段。在24个变异核苷酸位点中共检出了16个单倍型。观察到4个种群中均呈现高水平的单倍型多样性及低水平的核苷酸多样性。AMOVA检测结果表明各种群内的遗传变异为89.4%，种群间存在显著的遗传分化（0.05097，$P<0.05$），但没有检测到大规模的区域差异。中性进化分析和错配分布表明近年没有出现种群扩张现象（图9-4）。

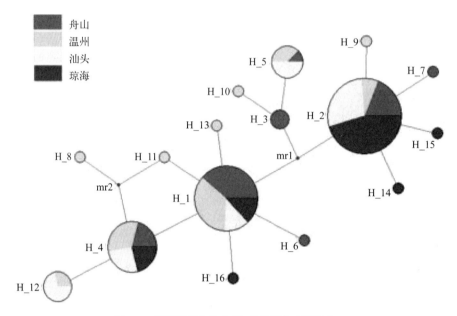

图9-4　四指马鲅细胞色素b单倍型的中联网络，
每个圆圈代表一个单倍型，面积与单倍型的频率成正比

## 五、四指马鲅线粒体16S rRNA基因全长序列的克隆与分析

徐志进等（2015）对四指马鲅16S rRNA序列进行了克隆分析。研究检出16S rRNA单倍型1个，变异位点0个。核苷序列的碱基组成为A：28.34%；T：24.08%；C：25.13%；G：22.46%。A+T：52.40%，高于G+C含量（47.59%）。结果表明，该群体的16SrRNA基因存在较低的遗传多样性。

## 六、四指马鲅全线粒体基因组

Zhang等（2014）测定了四指马鲅全线粒体基因组，线粒体基因组长为16474对碱基，编码13个蛋白质编码基因，2个溶酶体RNA基因，22个tRNA基因以及2个主非编码区（轻链复制控制区和起点）。四指马鲅全部碱基组成为A27.2%，C29.9%，G17.0%，T25.9%，A+T为53.1%。四指马鲅线粒体基因组与其他鱼类具有相似的基因排列和tRNA结构特征，在其线粒体基因组也测定了2个非编码区（图9-5）。

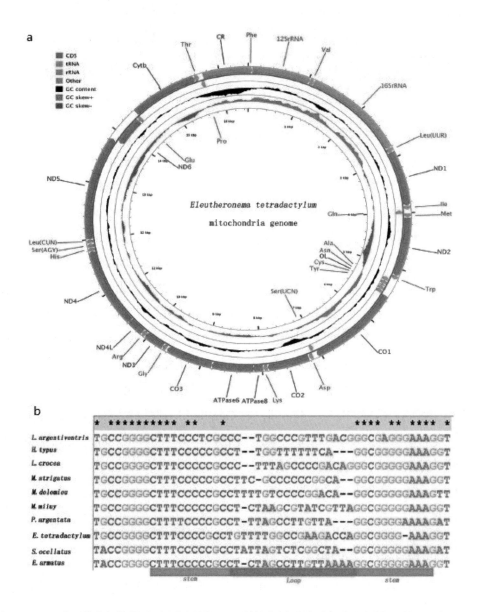

图9-5　a：四指马鲅线粒体基因组图谱和结构，圆形基因图内外分别表示重链或轻链基因。内环示GC含量图；b：鲈形目鱼类$O_L$的序列对比，星号表示相同核苷酸，破折号表示缺失分子标记

## 七、基于线粒体COI基因的马鲅科鱼类DNA条形码研究

传统DNA条形码技术是用基因组内一段标准化的DNA片段来鉴定生物物种，其中线粒体DNA的COI基因拥有长度适宜，进化速率慢及富含系统发育信号等特点，且大多数鱼类的COI基因能被通用引物扩增。目前使用较多的高通量条形码为Miya等建

立的12SrNDA条形码，可基本满足海洋鱼类鉴定的需求（图9-6）。

CACCGCGGTTATACGAGAGGCCCAAGTTGACAGACCACGGCGTAAAGAGTGGTTAGGGAAA
TTTCTAAACTAAAGCCGAACGCTTCCTGAGAGCTGTTATACGCATATCGAAGTATGAAGACC
AACAACGAAAGTGGCTTTAACCTTTAACCTGAACCCACGAGAGCTAAGGAA

图9-6　四指马鲅线粒体DNA12S片段序列（单斌斌等，2019）

王业磷等（2020）测定了我国7省10个地点马鲅科鱼类3属5种33条COI基因5′端序列，结合GenBanK下载的5属16种41条同源序列，共分析了6属20种马鲅科鱼类DNA条形码。结果显示，20种鱼类种间平均遗传距离为19.6%，是种内平均遗传距离0.9%的22倍；其中14种形成了单系分支，支持其物种有效性。四指马鲅（*Eleutheronema tetradactylum*）和多鳞四指马鲅（*E.rhadinum*）的种间遗传距离（16.0%）是种内平均遗传距离（1.2%）的13倍，支持将两者作为两个独立物种的分类处理。多鳞四指马鲅种内遗传距离（2.3%）大于2%，形成了两个自展数据支持率为99%的分支，分支间遗传距离（4.8%）是分支内平均遗传距离（0.1%）的48倍，表明在我国沿海分布的多鳞四指马鲅有可能存在2个亚种或隐藏种。黑斑多指马鲅（*Polydactylus sextarius*）与马达加斯加多指马鲅（*P.malagasyensis*）外部形态极为相似，种间遗传距离仅为1%，且在分子系统树上镶嵌混杂为一支，仅根据分子数据结果，推测两者可能为同一物种；但由于没有可检视的标本，也不能排除GenBank序列种名注释中形态鉴定出错的可能。马伦氏多指马鲅（*P.mullani*）与七丝指马鲅（*Filimnus heptadactylus*）也混为一支，分支内遗传距离仅为0.1%；如果不是GenBank序列种名注释出错，则两者应为同一物种。GenBank序列中来源于北部湾的六丝多指马鲅（*P. sexfilis*），则可能是黑斑多指马鲅的错误鉴定。

## 八、四指马鲅的基因组

Qu等（2020）测序并组装了四指马鲅的基因组，具有高连续性（scaffold N50=56.3kb）和高注释完整性（96.5%）。组装得到的基因组为610.5Mb，是迄今为止组装的第二个最小的鲈形目鱼类基因组。重复系列占比9.07%～10.91%，成为迄今为止所有鲈形目鱼类的最低者。共对37683个蛋白质编码基因进行了注释，并对发育转录因子进行了分析，包括Hxo、ParaHox和Sox家族，对MicroRNA基因进行了注释。

# 附录

## 附录一　水产养殖用药明白纸2020年1号

动物食品中禁止使用的药品及其他化合物清单（截至2020年6月30日）

| 序号 | 名称 | 依据 |
|---|---|---|
| 1 | 酒石酸锑钾（Antimony potassium tartrate） | |
| 2 | β-兴奋剂(β-agonistis)类及其盐、酯 | |
| 3 | 汞制剂：氯化亚汞(甘汞)(Clelomel)、醋酸汞( Mercurous acetate)、硝酸亚汞(Mercurous nitrate)，吡啶基醋酸汞(Pyridyl mercurous acetate) | |
| 4 | 毒杀芬(氯化烯)( Camahechlor) | |
| 5 | 卡巴氧( Carbadox)及其盐、酯 | |
| 6 | 呋喃丹(克百威)( Carbofuran) | |
| 7 | 氯霉素( Chloramphenicol)及其盐、酯 | |
| 8 | 杀虫脒（克死螨）( Chlordimefrom) | |
| 9 | 氨苯砜（Dapsone） | |
| 10 | 硝基呋喃类：呋喃西林( furacilnum)、呋喃妥因( Furadantin)、呋喃它酮(Furalltadone)、呋喃唑酮(Furrazolidone)、呋精苯烯酸钠( Nifurstyrenate sodium) | |
| 11 | 林丹(Lindane) | |
| 12 | 孔雀石绿( Malachite green) | |
| 13 | 类固醇激素：醋酸美仑孕酮（Melengestrol Acetate）甲基睾丸酮（Methyltosterone）、群勃龙（去甲雄三烯醇酮）（Trenbone）、玉米赤霉醇（Zeranol） | 农业农村部公告第250号 |
| 14 | 安眠酮( Methaqualone) | |
| 15 | 硝呋烯腙（Nirovin)） | |
| 16 | 五氯酚酸钠( Pentachlorophenol sodium) | |
| 17 | 硝基咪唑类：洛硝达唑( Ronidazole)、替硝唑( Tinidazole) | |
| 18 | 硝基酚钠 (Sodium nitrophenolate) | |
| 19 | 已二烯雌酚(Dienoestrol)、已烯雌酚( Diethystilbestrol)、已烷雌酚( Hexoestrol及其盐、酯 | |
| 20 | 锥虫砷胺( Tryparsamile) | |
| 21 | 万古霉素( Vancomycin)及其盐、酯 | |

食品动物中停止使用的兽药(截至2020年6月30日)

| 序号 | 名称 | 依据 |
|---|---|---|
| 1 | 洛美沙星、培氟沙星、氧氟沙星、诺氟沙星4种兽药的原料药的各种盐、酯及其各种制剂 | 农业部公告第2292号 |
| 2 | 噬菌蛭弧菌微生态制剂（生物制菌王） | 农业部公告第2293号 |
| 3 | 非泼罗尼及相关制剂 | 农业部公告第2583号 |
| 4 | 喹乙醇、氨苯胂酸，溶克沙肿3种兽药的原料药及各种制剂 | 农业部公告第2638号 |

《兽药管理条例》第三十九条规定："禁止使用假、劣兽药以及国务院兽医行政管理部门规定禁止使用的药品和其他化合物。"

《兽药管理条例》第四十一条规定："禁止将原料药直接添加到饲料及动物饮用水中或者直接饲喂动物，禁止将人用药品用于动物。"

《农药管理条例》第三十五条规定："严禁使用农药毒鱼、虾、鸟、兽等。"

# 附录二　水产养殖用药明白纸2020年2号

（已批准的水产养殖用兽药，截至2020年6月30日）

| 序号 | 名称 | 出处 | 休药期 | 序号 | 名称 | 出处 | 休药期 |
|---|---|---|---|---|---|---|---|
| | 抗菌药 | | | 15 | 地克珠利预混剂（水产用） | B | 500度日 |
| 1 | 甲砜霉素粉* | A | 500度日 | 16 | 阿苯达唑粉（水产用） | B | 500度日 |
| 2 | 氟苯尼考粉* | A | 375度日 | 17 | 吡喹酮预混剂（水产用） | B | 500度日 |
| 3 | 氟苯尼考注射液 | A | 375度日 | 18 | 辛硫磷溶液（水产用）* | B | 500度日 |
| 4 | 氟甲喹粉* | B | 175度日 | 19 | 敌百虫溶液（水产用）* | B | 500度日 |
| 5 | 恩诺沙星粉（水产用）* | B | 500度日 | 20 | 精制敌百虫粉（水产用）* | B | 500度日 |
| 6 | 盐酸多西环素粉（水产用）* | B | 750度日 | 21 | 盐酸氯苯胍粉 | B | 500度日 |
| 7 | 维生素C磷酸酯镁盐酸环丙沙星预混剂 | B | 500度日 | 22 | 氯硝柳胺粉（水产用）* | B | 500度日 |
| 8 | 硫酸新霉素粉（水产用）* | B | 500度日 | 23 | 硫酸锌粉（水产用） | B | 未规定 |
| 9 | 磺胺间甲氧嘧啶钠粉（水产用）* | B | 500度日 | 24 | 硫酸锌三氯异氰脲酸粉（水产用） | B | 未规定 |
| 10 | 复方磺胺嘧啶粉（水产用）* | B | 500度日 | 25 | 硫酸铜硫酸亚铁粉（水产用） | B | 未规定 |
| 11 | 复方磺胺二甲嘧啶粉（水产用）* | B | 500度日 | 26 | 氰戊菊酯溶液（水产用）* | B | 500度日 |
| 12 | 复方磺胺甲噁唑粉（水产用）* | B | 500度日 | 27 | 溴氰菊酯溶液（水产用）* | B | 500度日 |
| | 驱虫和杀虫剂 | | | 28 | 高效氯溴氰菊酯溶液（水产用）* | B | 500度日 |
| 13 | 复方甲苯咪唑粉 | A | 150度日 | | 抗真菌药 | | |
| 14 | 甲苯咪唑溶液（水产用）* | B | 500度日 | 29 | 复方甲霜灵粉 | C2505 | 240度日 |

续表

| 序号 | 名称 | 出处 | 休药期 | 序号 | 名称 | 出处 | 休药期 |
|---|---|---|---|---|---|---|---|
| | 消毒剂 | | | 48 | 碘附（1） | B | 未规定 |
| 30 | 三氯异氰脲酸粉 | B | 未规定 | 49 | 复合碘溶液（水产用） | B | 未规定 |
| 31 | 三氯异氰脲酸粉（水产用） | B | 未规定 | 50 | 溴氯海因粉（水产用） | B | 未规定 |
| 32 | 戊二醛苯扎溴铵溶液（水产用） | B | 未规定 | 51 | 聚维酮碘溶液（II） | B | 未规定 |
| 33 | 稀戊二醛溶液（水产用） | B | 未规定 | 52 | 聚维酮碘溶液（水产用） | B | 500度日 |
| 34 | 浓戊二醛溶液（水产用） | B | 未规定 | 53 | 复合亚氯酸钠粉 | C2236 | 0度日 |
| | | | | 54 | 过硫酸氢钾复合物粉 | C2357 | 无 |
| 35 | 次氯酸钠溶液（水产用） | B | 未规定 | | 中药材和中成药 | | |
| 36 | 过碳酸钠（水产用） | B | 未规定 | 55 | 大黄末 | A | 未规定 |
| 37 | 过硼酸钠粉（水产用） | B | 0度日 | 56 | 大黄芩鱼散 | A | 未规定 |
| 38 | 过氧化钙粉（水产用） | B | 未规定 | 57 | 虾蟹脱壳促长散 | A | 未规定 |
| 39 | 过氧化氢溶液（水产用） | B | 未规定 | 58 | 穿梅三黄散 | A | 未规定 |
| 40 | 含氯石灰（水产用） | B | 未规定 | 59 | 蚌毒灵散 | A | 未规定 |
| 41 | 苯扎溴铵溶液（水产用） | B | 未规定 | 60 | 七味板蓝根散 | B | 未规定 |
| 42 | 癸甲溴铵碘复合溶液 | B | 未规定 | 61 | 大黄末（水产用） | B | 未规定 |
| 43 | 高碘酸钠溶液（水产用） | B | 未规定 | 62 | 大黄解毒散 | B | 未规定 |
| 44 | 蛋氨酸碘粉 | B | 虾0日 | 63 | 大黄芩蓝散 | B | 未规定 |
| 45 | 蛋氨酸碘溶液 | B | 鱼虾0日 | 64 | 大黄侧柏叶合剂 | B | 未规定 |
| 46 | 硫代硫酸钠粉（水产用） | B | 未规定 | 65 | 大黄五倍子散 | B | 未规定 |
| 47 | 硫酸铝钾粉（水产用） | B | 未规定 | 66 | 三黄散（水产用） | B | 未规定 |

| 序号 | 名称 | 出处 | 休药期 | 序号 | 名称 | 出处 | 休药期 |
|---|---|---|---|---|---|---|---|
| 67 | 山青五黄散 | B | 未规定 | 90 | 青莲散 | B | 未规定 |
| 68 | 川楝陈皮散 | B | 未规定 | 91 | 青连白贯散 | B | 未规定 |
| 69 | 六味地黄散（水产用） | B | 未规定 | 92 | 青板黄柏散粉 | B | 未规定 |
| 70 | 六味黄龙散 | B | 未规定 | 93 | 苦参末 | B | 未规定 |
| 71 | 双黄白头翁散 | B | 未规定 | 94 | 虎黄合剂 | B | 未规定 |
| 72 | 双黄苦参散 | B | 未规定 | 95 | 虾康颗粒 | B | 未规定 |
| 73 | 五倍子末 | B | 未规定 | 96 | 柴黄益肝散 | B | 未规定 |
| 74 | 五味常青颗粒 | B | 未规定 | 97 | 根莲解毒散 | B | 未规定 |
| 75 | 石知散（水产用） | B | 未规定 | 98 | 清键散 | B | 未规定 |
| 76 | 龙胆泻肝散（水产用） | B | 未规定 | 99 | 清热散（水产用） | B | 未规定 |
| 77 | 加减消黄散（水产用） | B | 未规定 | 100 | 脱壳促长散 | B | 未规定 |
| 78 | 百部贯众散 | B | 未规定 | 中草材和中成药 | | | |
| 79 | 地锦草末 | B | 未规定 | 101 | 黄连解毒散（水产用） | B | 未规定 |
| 80 | 地锦鹤草散 | B | 未规定 | 102 | 黄芪多糖粉 | B | 未规定 |
| 81 | 苦参散 | B | 未规定 | 103 | 银翘板蓝根散 | B | 未规定 |
| 82 | 驱虫散（水产用） | B | 未规定 | 104 | 雷丸槟榔散 | B | 未规定 |
| 83 | 苍术香连散（水产用） | B | 未规定 | 105 | 蒲甘散 | B | 未规定 |
| 84 | 扶正解毒散（水产用） | B | 未规定 | 106 | 博落回散 | C2374 | 未规定 |
| 85 | 肝胆利康散 | B | 未规定 | 107 | 银黄可溶性粉 | C2415 | 未规定 |
| 86 | 连翘解毒散（水产用） | B | 未规定 | 疫苗 | | | |
| 87 | 板黄散 | B | 未规定 | 108 | 草鱼出血病灭活疫苗 | A | 未规定 |
| 88 | 板蓝根散末 | B | 未规定 | 109 | 草鱼出血病活疫苗（GCH V-892株） | B | 未规定 |
| 89 | 板蓝根大黄散 | B | 未规定 | 110 | 牙鲆鱼溶藻弧菌、鳗弧菌、迟缓爱德华菌病多联抗独特型抗体疫苗 | B | 未规定 |

续表

| 序号 | 名称 | 出处 | 休药期 | 序号 | 名称 | 出处 | 休药期 |
|---|---|---|---|---|---|---|---|
| 111 | 嗜水气单胞菌败血症灭活疫苗 | B | 未规定 | 119 | 注射用促黄体素释放激素A₃ | B | 未规定 |
| 112 | 鱼虹彩病毒病灭活疫苗 | C2152 | 未规定 | 120 | 注射用复方鲑鱼促性腺激素释放激素类似物 | B | 未规定 |
| 113 | 大菱鲆迟钝爱德华氏菌活疫苗（EIBA V1株） | C2270 | 未规定 | 121 | 注射用复方绒促性素A型（水产用） | B | 未规定 |
| 114 | 大菱鲆鳗弧菌基因工程活疫苗（MVAV6203株） | D158 | 未规定 | 122 | 注射用复方绒促性素B型（水产用） | B | 未规定 |
| 115 | 鳜传染性脾肾坏死病灭活疫苗（NH0618株） | D253 | 未规定 | 123 | 注射用绒促性素（I） | B | 未规定 |
| 维生素类药 | | | | 其他类 | | | |
| 116 | 亚硫酸氢钠甲萘醌粉（水产用） | B | 未规定 | 124 | 多潘立酮注射液 | B | 未规定 |
| 117 | 维生素C钠粉（水产用） | B | 未规定 | 125 | 盐酸甜菜碱预混剂（水产用） | B | 0度日 |
| 生物制品 | | | | | | | |
| 118 | 注射用促黄体素释放激素A₂ | B | 未规定 | | | | |

说明：1.本宣传材料仅供参考，已批准的兽药名称，用法用量和休药期，以兽药典、兽药质量标准及相关公告为准。2.代码解释，A:兽药典2015年版，B:兽药质量标准2017年版，C:农业部公告，D:农业农村部公告，例如:C2505为农业部公告第2505号。3.休药期中"度日"是指水温与停药天数乘积，如某种兽药休药期为500度日，当水温25度，至少需停药20天以上，即25度×20日=500度日。4.水产养殖生产者应依法做好用药记录。使用有休药期规定的兽药必须遵守休药期，购买处方药必须由执业兽医开具处方。5.带*的兽药，为凭借执业兽医处方可以购买和使用的兽用处方药等。

农业农村部渔业渔政管理局 中国水产科学研究院 全国水产技术推广总站
2020年9月

# 附录三　筛网目数—孔径对照表

| 筛网目数 | 筛网孔径（微米） | 筛网目数 | 筛网孔径（微米） |
|---|---|---|---|
| 30 | 600 | 460 | 30 |
| 35 | 500 | 540 | 26 |
| 40 | 425 | 650 | 21 |
| 45 | 355 | 800 | 19 |
| 50 | 300 | 900 | 15 |
| 60 | 250 | 1100 | 13 |
| 70 | 212 | 1300 | 11 |
| 80 | 180 | 1600 | 10 |
| 100 | 150 | 1800 | 8 |
| 120 | 125 | 2000 | 6.5 |
| 140 | 106 | 2500 | 5.5 |
| 150 | 100 | 3000 | 5.0 |
| 170 | 90 | 3500 | 4.5 |
| 200 | 75 | 4000 | 3.4 |
| 230 | 63 | 5000 | 2.7 |
| 270 | 53 | 6000 | 2.5 |
| 325 | 45 | 7000 | 1.25 |
| 400 | 38 | | |

# 附录四　海水盐度、相对密度换算表

海水17.5℃时，海水盐度与相对密度的相互关系

| 盐度 | 密度/（克/厘米³） | 盐度 | 密度/（克/厘米³） | 盐度 | 密度/（克/厘米³） | 盐度 | 密度/（克/厘米³） |
|---|---|---|---|---|---|---|---|
| 1.84 | 1.0014 | 5.70 | 1.0044 | 9.63 | 1.0074 | 13.57 | 1.0104 |
| 1.91 | 1.0015 | 5.83 | 1.0045 | 9.76 | 1.0075 | 13.70 | 1.0105 |
| 2.03 | 1.0016 | 5.96 | 1.0046 | 9.89 | 1.0076 | 13.84 | 1.0106 |
| 2.17 | 1.0017 | 6.09 | 1.0047 | 10.03 | 1.0077 | 13.96 | 1.0107 |
| 2.30 | 1.0018 | 6.22 | 1.0048 | 10.16 | 1.0078 | 14.09 | 1.0108 |
| 2.43 | 1.0019 | 6.36 | 1.0049 | 10.28 | 1.0079 | 14.23 | 1.0109 |
| 2.56 | 1.0020 | 6.49 | 1.0050 | 10.42 | 1.0080 | 14.36 | 1.0110 |
| 2.69 | 1.0021 | 6.62 | 1.0051 | 10.55 | 1.0081 | 14.49 | 1.0111 |
| 2.83 | 1.0022 | 6.74 | 1.0052 | 10.68 | 1.0082 | 14.61 | 1.0112 |
| 2.95 | 1.0023 | 6.88 | 1.0053 | 10.81 | 1.0083 | 14.75 | 1.0113 |
| 3.08 | 1.0024 | 7.01 | 1.0054 | 10.94 | 1.0084 | 14.89 | 1.0114 |
| 3.21 | 1.0025 | 7.14 | 1.0055 | 11.08 | 1.0085 | 15.01 | 1.0115 |
| 3.35 | 1.0026 | 7.27 | 1.0056 | 11.20 | 1.0086 | 15.15 | 1.0116 |
| 3.48 | 1.0027 | 7.40 | 1.0057 | 11.34 | 1.0087 | 15.28 | 1.0117 |
| 3.60 | 1.0028 | 7.54 | 1.0058 | 11.47 | 1.0088 | 15.41 | 1.0118 |
| 3.73 | 1.0029 | 7.67 | 1.0059 | 11.60 | 1.0089 | 15.53 | 1.0119 |
| 3.87 | 1.0030 | 7.79 | 1.0060 | 11.73 | 1.0090 | 15.67 | 1.0120 |
| 4.00 | 1.0031 | 7.93 | 1.0061 | 11.86 | 1.0091 | 15.81 | 1.0121 |
| 4.13 | 1.0032 | 8.06 | 1.0062 | 12.00 | 1.0092 | 15.93 | 1.0122 |
| 4.26 | 1.0033 | 8.19 | 1.0063 | 12.12 | 1.0093 | 16.07 | 1.0123 |
| 4.40 | 1.0034 | 8.31 | 1.0064 | 12.26 | 1.0094 | 16.20 | 1.0124 |
| 4.52 | 1.0035 | 8.45 | 1.0065 | 12.39 | 1.0095 | 16.33 | 1.0125 |
| 4.65 | 1.0036 | 8.59 | 1.0066 | 12.52 | 1.0096 | 16.46 | 1.0126 |
| 4.78 | 1.0037 | 8.71 | 1.0067 | 12.65 | 1.0097 | 16.59 | 1.0127 |
| 4.92 | 1.0038 | 8.84 | 1.0068 | 12.78 | 1.0098 | 16.73 | 1.0128 |
| 5.05 | 1.0039 | 8.97 | 1.0069 | 12.92 | 1.0099 | 16.85 | 1.0129 |
| 5.17 | 1.0040 | 9.11 | 1.0070 | 13.04 | 1.0100 | 16.98 | 1.0130 |
| 5.31 | 1.0041 | 9.24 | 1.0071 | 13.17 | 1.0101 | 17.12 | 1.0131 |
| 5.44 | 1.0042 | 9.37 | 1.0072 | 13.31 | 1.0102 | 17.25 | 1.0132 |
| 5.57 | 1.0043 | 9.51 | 1.0073 | 13.44 | 1.0103 | 17.38 | 1.0133 |

| 盐度 | 密度/（克/厘米³） | 盐度 | 密度/（克/厘米³） | 盐度 | 密度/（克/厘米³） | 盐度 | 密度/（克/厘米³） |
|---|---|---|---|---|---|---|---|
| 17.51 | 1.0134 | 21.72 | 1.0166 | 25.91 | 1.0198 | 30.12 | 1.0230 |
| 17.65 | 1.0135 | 21.85 | 1.0167 | 26.05 | 1.0199 | 30.25 | 1.0231 |
| 17.77 | 1.0136 | 21.98 | 1.0168 | 26.18 | 1.0200 | 30.37 | 1.0232 |
| 17.90 | 1.0137 | 22.11 | 1.0169 | 26.31 | 1.0201 | 30.51 | 1.0233 |
| 18.04 | 1.0138 | 22.25 | 1.0170 | 26.45 | 1.0202 | 30.64 | 1.0234 |
| 18.17 | 1.0139 | 22.38 | 1.0171 | 26.58 | 1.0203 | 30.77 | 1.0235 |
| 18.30 | 1.0140 | 22.50 | 1.0172 | 26.71 | 1.0204 | 30.90 | 1.0236 |
| 18.43 | 1.0141 | 22.64 | 1.0173 | 26.83 | 1.0205 | 31.03 | 1.0237 |
| 18.57 | 1.0142 | 22.77 | 1.0174 | 26.97 | 1.0206 | 31.17 | 1.0238 |
| 18.69 | 1.0143 | 22.90 | 1.0175 | 27.11 | 1.0207 | 31.29 | 1.0239 |
| 18.82 | 1.0144 | 23.03 | 1.0176 | 27.23 | 1.0208 | 31.43 | 1.0240 |
| 18.96 | 1.0145 | 23.16 | 1.0177 | 27.36 | 1.0209 | 31.56 | 1.0241 |
| 19.09 | 1.0146 | 23.30 | 1.0178 | 27.49 | 1.0210 | 31.69 | 1.0242 |
| 19.22 | 1.0147 | 23.42 | 1.0179 | 27.63 | 1.0211 | 31.82 | 1.0243 |
| 19.35 | 1.0148 | 23.56 | 1.0180 | 27.75 | 1.0212 | 31.94 | 1.0244 |
| 19.49 | 1.0149 | 23.69 | 1.0181 | 27.89 | 1.0213 | 32.09 | 1.0245 |
| 19.61 | 1.0150 | 23.82 | 1.0182 | 28.03 | 1.0214 | 32.21 | 1.0246 |
| 19.74 | 1.0151 | 23.95 | 1.0183 | 28.15 | 1.0215 | 32.34 | 1.0247 |
| 19.88 | 1.0152 | 24.08 | 1.0184 | 28.28 | 1.0216 | 32.47 | 1.0248 |
| 20.01 | 1.0153 | 24.22 | 1.0185 | 28.41 | 1.0217 | 32.60 | 1.0249 |
| 20.14 | 1.0154 | 24.34 | 1.0186 | 28.55 | 1.0218 | 32.74 | 1.0250 |
| 20.27 | 1.0155 | 24.47 | 1.0187 | 28.68 | 1.0219 | 32.86 | 1.0251 |
| 20.41 | 1.0156 | 24.61 | 1.0188 | 28.80 | 1.0220 | 32.99 | 1.0252 |
| 20.53 | 1.0157 | 24.74 | 1.0189 | 28.94 | 1.0221 | 33.13 | 1.0253 |
| 20.66 | 1.0158 | 24.87 | 1.0190 | 29.07 | 1.0222 | 33.26 | 1.0254 |
| 20.80 | 1.0159 | 25.00 | 1.0191 | 29.20 | 1.0223 | 33.39 | 1.0255 |
| 20.93 | 1.0160 | 25.14 | 1.0192 | 29.33 | 1.0224 | 33.51 | 1.0256 |
| 21.06 | 1.0161 | 25.26 | 1.0193 | 29.46 | 1.0225 | 33.65 | 1.0257 |
| 21.19 | 1.0162 | 25.39 | 1.0194 | 29.60 | 1.0226 | 33.78 | 1.0258 |
| 21.33 | 1.0163 | 25.53 | 1.0195 | 29.72 | 1.0227 | 33.91 | 1.0259 |
| 21.46 | 1.0164 | 25.66 | 1.0196 | 29.85 | 1.0228 | 34.04 | 1.0260 |
| 21.58 | 1.0165 | 25.79 | 1.0197 | 29.98 | 1.0229 | 34.17 | 1.0261 |

续表

| 盐度 | 密度/<br>（克/厘米³） | 盐度 | 密度/<br>（克/厘米³） | 盐度 | 密度/<br>（克/厘米³） | 盐度 | 密度/<br>（克/厘米³） |
|---|---|---|---|---|---|---|---|
| 34.31 | 1.0262 | 36.13 | 1.0276 | 37.95 | 1.0290 | 39.78 | 1.0304 |
| 34.43 | 1.0263 | 36.26 | 1.0277 | 38.08 | 1.0291 | 39.90 | 1.0305 |
| 34.56 | 1.0264 | 36.39 | 1.0278 | 38.22 | 1.0292 | 40.04 | 1.0306 |
| 34.70 | 1.0265 | 36.52 | 1.0279 | 38.35 | 1.0293 | 40.17 | 1.0307 |
| 34.83 | 1.0266 | 36.65 | 1.0280 | 38.48 | 1.0294 | 40.30 | 1.0308 |
| 34.96 | 1.0267 | 36.78 | 1.0281 | 38.60 | 1.0295 | 40.43 | 1.0309 |
| 35.08 | 1.0268 | 36.91 | 1.0282 | 38.73 | 1.0296 | 40.53 | 1.0310 |
| 35.21 | 1.0269 | 37.04 | 1.0283 | 38.87 | 1.0297 | 40.68 | 1.0311 |
| 35.35 | 1.0270 | 37.18 | 1.0284 | 39.00 | 1.0298 | 40.81 | 1.0312 |
| 35.48 | 1.0271 | 37.30 | 1.0285 | 39.13 | 1.0299 | 40.95 | 1.0313 |
| 35.61 | 1.0272 | 37.43 | 1.0286 | 39.25 | 1.0230 | 41.08 | 1.0314 |
| 35.73 | 1.0273 | 37.56 | 1.0287 | 39.38 | 1.0231 | 41.20 | 1.0315 |
| 35.87 | 1.0274 | 37.69 | 1.0288 | 39.52 | 1.0232 | 41.33 | 1.0316 |
| 36.00 | 1.0275 | 37.83 | 1.0289 | 39.65 | 1.0233 | 41.46 | 1.0317 |

# 参考文献

常有民, 张涛, 庄平, 等, 2013. 多鳞四指马鲅耳石形态特征的观察. 海洋渔业, 35(1): 24–33.

陈再超, 刘继兴, 1982. 南海经济鱼类. 广州: 广东科技出版社, 79–83.

成庆泰, 郑葆珊, 1987. 中国鱼类系统检索. 北京: 科学出版社, 271–272.

单斌斌, 高天祥, 孙典荣, 2020. 南海鱼类图鉴及条形码 (第一册). 北京: 中国农业出版社, 54–55.

邓春兴, 2014. 基于 COI 基因序列的中国东南沿海四指马鲅属鱼类的遗传多样性分析. 暨南大学硕士学位论文.

郭海波, 吴益春, 罗海军, 等, 2017. 四指马鲅鱼的营养成分分析. 食品安全质量检测学报, 8(1): 88–92.

《福建鱼类志》编写组, 1984. 《福建鱼类志》(上卷). 福州: 福建科学出版社, 496–498.

何锦军, 苏志烽, 何玮, 2014. 水生植物对水产养殖水源的处理效果研究. 科学养鱼, (10): 50–51.

黄桂云, 张涛, 赵峰, 等, 2012. 多鳞四指马鲅幼鱼消化道形态学和组织学的初步观察. 海洋渔业, 34(2): 159–162.

蓝军南, 李俊伟, 温久福, 等, 2020. 四指马鲅泌尿系统胚后发育组织学研究, 海洋渔业, 42(1): 35–44.

蓝军南, 区又君, 温久福, 等, 2020. 四指马鲅精巢发育及精子发生的组织学和超微结构. 中国水产科学, 27(6): 637–648.

蓝军南, 温久福, 李俊伟, 等, 2020. 四指马鲅淋巴器官发育组织学观察. 渔业科学进展, 41(3): 70–77.

蓝军南, 温久福, 李俊伟, 等, 2020. 封闭式循环水养殖四指马鲅形态性状对体质量的影响分析. 生态科学, 39(5): 204–210.

李加儿, 1996. 六指多指马鲅中间培育生产技术. 水产文摘, (9): 22.

李加儿, 区又君, 2002. 六指马鲅的繁养殖. 水产科技, 2002, (5): 15–17.

李俊伟, 区又君, 温久福, 等, 2020. 室内循环水和池塘养殖四指马鲅的生长性能及形态性状与体质量的相关性研究. 南方水产科学, 16(1): 27-35.

李明德, 2011. 鱼类分类学. 北京: 海洋出版社, 179.

李庆奎, 邱兆祉, 赵忠芳, 1999. 北部湾海鱼的复殖吸虫Ⅳ (独睾科一新种). 动物科学与动物医学, 16(4): 10–11.

林少珍, 王丹丽, 王亚军, 等, 2012. 基于 COI 序列分析东海区四指马鲅 (*Eleutheronema tetrad-*

*actylum*）的种群遗传结构. 海洋与湖沼, 43(6):1261–1265.

林先智, 区又君, 李加儿, 等, 2015. 马鲅科（Polynemidae）鱼类的研究现状及展望. 生物学杂志, 32(4): 83–87.

刘奇奇, 2017. 操作及低温胁迫对四指马鲅幼鱼组织结构和抗氧化系统的影响. 上海海洋大学硕士学位论文.

刘奇奇, 温久福, 区又君, 等, 2017. 运输胁迫对四指马鲅幼鱼肝脏、鳃和脾脏组织结构的影响. 南方农业学报, 48(9): 1708–1714.

刘奇奇, 温久福, 区又君, 等, 2018. 塑料袋充氧包装运输胁迫对四指马鲅幼鱼抗氧化系统的影响及抗应激剂的作用. 动物学杂志, 53(1): 82–91.

卢如君, 1962. 珠江口马鲅鱼生物学特性的初步研究. 中华人民共和国水产部南海水产研究所调查研究报告第 25 号.

陆穗芬, 1989. 马鲅科稚鱼的形态特征及其在南海北部近海区的分布. 南海水产研究文集（第一辑）. 广州：广东科技出版社, 77–86.

罗海忠, 李伟业, 傅荣兵, 等, 2015. 盐度对四指马鲅（*Eleutheronema tetradactylum*）幼鱼生长及其鳃丝 Na+/K+-ATP 酶的影响. 渔业科学进展, 36(2): 94–99.

罗俊标, 骆明飞, 汤清亮, 等, 2016. 四指马鲅池塘养殖试验. 海洋与渔业, (8):54–55.

罗俊标, 汤清亮, 骆明飞, 等, 2016. 四指马鲅鱼苗的培育方法. 中国专利：CN 105557588A.

罗俊标, 谢木娇, 区又君, 等, 2016. 四指马鲅头肾和脾脏组织学研究. 生物学杂志, 33(4): 43–47.

毛连环, 2009. 四指马鲅人工繁殖技术. 水产科技情报, 36(6): 275–277.

米海峰, 刘汉元, 文远红, 等, 2014. 一种绿色健康的营养型四指马鲅育成配合饲料. 中国专利：CN103947896A.

牛莹月, 区又君, 蓝军南, 等, 2020. 人工培育四指马鲅鳃组织结构及其早期发育. 南方水产科学, 16(5): 108–114.

齐明, 侯俊利, 楼宝, 等, 2014. 一龄四指马鲅形态性状对体重的影响分析. 浙江海洋学院学报(自然科学版), 34(2): 134–139.

区又君, 刘奇奇, 温久福, 等, 2018. 急性低温胁迫对四指马鲅幼鱼肝脏、肌肉以及鳃组织结构的影响. 生态科学, 37(3): 53-59.

区又君, 谢木娇, 李加儿, 等, 2017. 广东池塘培育四指马鲅亲鱼初次性成熟和苗种规模化繁育技术研究. 南方水产科学, 13(4): 97–104.

沈世杰, 1993. 台湾鱼类志. 台北：台湾大学动物学系, 443.

宋大祥, 匡溥人, 1980. 中国动物图谱 甲壳动物 第 4 册. 北京：科学出版社, 44.

宋熏华, 1991. 马鲅鱼之养殖. 养鱼世界 (12): 132–137.

宋熏华, 黄朝盛, 苏伟成, 1993. 台湾西南海域五丝马鲅生物学之研究. 台湾水产学会刊, 20(2): 113–124.

孙典荣, 陈铮, 2013. 南海鱼类检索. 北京: 海洋出版社, 380–382.

王鹏飞, 区又君, 谢木娇, 等, 2018. 一种四指马鲅人工低盐育苗方法. 中国专利: ZL 2016 1 0016559.2.

王业磷, 章群, 邓春兴, 等, 2020. 基于线粒体 COI 基因的马鲅科鱼类 DNA 条形码研究. 海洋渔业, 42(1): 1–9.

吴灵, 李婷, 吴俊, 2016. 一种四指马鲅促生长营养饲料及其制备和使用方法. 中国专利: CN105942025A.

吴灵, 李婷, 吴俊, 2017. 一种四指马鲅幼鱼营养饲料及其制备方法. 中国专利: CN 106387318A.

吴灵, 李婷, 吴俊, 2016. 一种四指马鲅低鱼粉环保饲料及其制备和使用方法. 中国专利: CN105961914A.

伍汉霖, 邵广昭, 赖春福, 等, 2017. 拉汉世界鱼类系统名典. 青岛: 中国海洋大学出版社, 166.

谢木娇, 区又君, 李加儿, 等, 2017. 四指马鲅 (*Eleutheronema tetradactylum*) 消化系统胚后发育组织学观察. 渔业科学进展, 38(4): 50–58.

谢木娇, 2016. 四指马鲅胚胎生活史, 受精卵和早期仔鱼盐度适应性及消化道发育研究. 上海海洋大学硕士学位论文.

谢木娇, 李加儿, 区又君, 等, 2018. 四指马鲅胃肠道内分泌细胞免疫组织化学的定位. 生物学杂志, 35(2): 48–51.

谢木娇, 区又君, 李加儿, 等, 2015. 四指马鲅稚鱼、幼鱼和成鱼消化道黏液细胞组织化学研究. 中国细胞生物学学报, 37(9): 1226–1234.

谢木娇, 区又君, 李加儿, 等, 2016. 不同发育阶段的四指马鲅消化道组织学比较研究. 南方水产科学, 12(2): 51–58.

谢木娇, 区又君, 温久福, 等, 2016. 四指马鲅胚胎发育观察. 应用海洋学学报, 35(3): 405–411.

谢木娇, 区又君, 温久福, 等, 2016. 四指马鲅消化道黏液细胞的发育规律. 南方农业学报, 47(7): 1222–1227.

谢木娇, 区又君, 温久福, 等, 2016. 四指马鲅 (*Eleutheronema tetradactylum*) 受精卵和仔鱼对不同盐度的耐受性研究. 生态学杂志, 35(5): 1263–1267.

徐志进, 柳敏海, 傅荣兵, 等, 2015. 四指马鲅人工繁育技术. 科学养鱼, (7):42.

徐志进, 章霞, 柳敏海, 等, 2015. 利用 Cytb 和 16S rRNA 序列研究多鳞四指马鲅和四指马鲅的

种群遗传结构 . 大连海洋大学学报 , 30(3): 266–270.

徐志新 , 倪昌武 , 1994. 流刺网捕捞四指马鲅技术经济分析 . 浙江水产学院学报 , 13(1): 68–69.

杨阳 , 汤滔 , 张涛 , 等 , 2013. 应用 AFLP 技术分析多鳞四指马鲅不同地理种群的遗传多样性 . 海洋渔业 , 35(2): 131–136.

杨翌聪 , 李活 , 刘锦上 , 等 , 2019. 四指马鲅、多鳞四指马鲅种间差异的 DNA 条形码分析及 SCA R 标记开发 . 中山大学学报（自然科学版）, 58(4): 60–67.

油九菊 , 柳敏海 , 傅荣兵 , 等 , 2014. 四指马鲅仔稚鱼发育及生长特征的初步研究 . 大连海洋大学学报 , 29(6): 577–581.

张春霖 , 成庆泰 , 郑葆珊 , 等 , 1955. 黄渤海鱼类调查报告 . 北京：科学出版社 , 92–93.

张克烽 , 2016. 四指马鲅土池生态养殖试验 . 水产养殖 , (9): 15–17.

张仁斋 , 陆穗芬 , 赵传 , 等 , 1985. 中国近海鱼卵与仔鱼 . 上海：上海科学技术出版社 , 54–56.

郑安仓 , 刘秉中 , 秦宗显 , 等 , 2017. 台湾屏东养殖场四丝马鲅的成长及生殖生物学分析 . 台湾水产学会刊 , 44(1): 23–35.

郑石勤 , 2012. 关于四丝马鲅的学名 . 养鱼世界 , (7): 25–28.

郑石勤 , 2012. 热销大陆 , 午仔鱼供不应求 . 养鱼世界 , 36(6): 29–35.

中国科学院动物研究所 , 中国科学院海洋研究所 , 上海水产学院 , 1962. 南海鱼类志 . 北京：科学出版社 : 267–271.

中国水产科学研究院珠江水产研究所 , 华南师范大学 , 暨南大学 , 等 , 1991. 广东淡水鱼类志 . 广州：广东科技出版社 , 355–356.

中华人民共和国水产部南海水产研究所 , 1966. 南海北部底拖网鱼类资源调查报告 , 第三册 , 15–19.

周慧 , 2017. 四指马鲅视网膜早期发育及其对不同光周期环境的适应性研究 . 上海海洋大学硕士学位论文 .

周慧 , 李加儿 , 区又君 , 等 , 2017. 四指马鲅视网膜早期发育的组织学研究 . 动物学杂志 , 52(3): 458–467.

周慧 , 区又君 , 温久福 , 等 , 2019. 不同光照周期对四指马鲅视网膜组织结构和视蛋白表达的影响及视蛋白生物信息学分析 . 渔业研究 , 41(6): 455–469.

朱元鼎 , 张春霖 , 成庆泰 , 1963. 东海鱼类志 . 北京：科学出版社 , 202–204.

庄平 , 王幼槐 , 李圣法 , 等 , 2006. 长江口鱼类志 . 上海：上海科学技术出版社 , 194–196.

ASRI T. YUNIAR, HARRY W P, THORSTEN W, 2007. Crustacean fish parasites from Segara Anakan Lagoon, Java, Indonesia. Parasitol Res 100:1193–1204.

BALLAGH A C, WELCH D J, NEWMAN S J. Stock structure of the blue threadfin (*Eleutherone-*

*ma tetradactylum*) across northern Australia derived from life-history characteristics.Fisheries Research, 2012(121–122) : 63–72.

BHARADHIRAJAN P, GOPALAKRISHNAN A, RAJA K, MURUGAN S, et al, 2013. Prevalence of copepod parasite (*Lernaeenicus polynemi*) infestation on *Eleutheronema tetradactylum* from Pazhayar coastal waters, southeast coast of India. Journal of Coastal Life Medicine, 1(4): 278–281.

DAVID W V J, IZUMI N, ROBIN J SHIELDS, 2007. Surface disinfection of Pacific threadfin, *Polydactylus sexfilis*, and amberjack, *Seriola rivoliana*, eggs. Aquaculture Research, 38: 605–612.

GOPALAKRISHNAN V. 1972. Taxonomy and biology of tropical fin-fish for coastal aquaculture in the Indo-Pacific region. In Coastal Aquaculture in the Indo-Pacific Region (Pillay, T. V. R., ed). London: Fishing News Books, 120–149.

GUDIVADA M, VANKARA A P, CHIKKAM V, 2012. Population dynamics of metazoan parasites of marine threadfin fish, (*Eleutheronema tetradactylum* Shaw, 1804) from Visakhapatnam coast, Bay of Bengal. Cibtech Journal of Zoology, 1 (1) :14–32.

HA D N, HA N V, TU N D, et al, 2009. Preliminary study on the parasitic helminth fauna on marine fishes in the coastal waters of Haiphone Province.Tap chi Sinh Hoc, 31(1):1–8.

HÀ N V, HÀ D N, TRÀN T B, et al, 2012. Bơ sung các loái sán lá thuôc hq Hemiuridae looss, 1899 ky sinh trên cá biên ơ vinh Halong. Tap Chi Sinh Hqc, 34(3): 288–293.

HENA M K A, IDRIS M H, WONG S K, et al. 2011. Growth and survival of Indian salmon (*Eleutheronema tetradactylum* Shaw, 1804) in brackish water pond. Journal of Fisheries and Aquatic Science 6(4): 470–484.

HOA LV, KHUE P N, LIÊN N T L, 1972. Study of 2 new species of nematodes of the genus *Bulbocephalus*, Rasheed 1966, parasites of sea fishes of South Vietman (observations on the subfamily Bulbocephalinae, Rasheed 1966). Bulletin De La Société De Pathologie Exotique, 65(2):313–322.

INGRAM B A, 1990. A suspected endoparasitic dactylorid(Monogenea) from the stomach of the threadfin salmon, *Eleutheronema thtradactylum* (Shaw) (Polynemidae). Bull Eur. Ass. Fish Pathol, 10(4), 112.

ISMAIL S, VINEESH N, PETER R, et al, 2019. Identification of microsatellite loci, gene ontology and functional gene annotations in Indian salmon (*Eleutheronema tetradactylum*) through nextgeneration sequencing technology using illumina platform. Ecological Genetics and Genomics, https:// doi.org/10.1016/ j.egg.

KAGWADE P V, 1967. Hermaphroditism in a teleost, *Polynemus heptadactylus* Cuv and Val. Indian Journal of Fisheries, 14:187–197.

KHUDA-BUKHSH A R, BARAT A, 1987. Chromosomes in fifteen species of Indian teleosts (pisces), Caryologia, 40(1–2): 131–144.

KIM B C, LEBER K M, ARCE S M, et al, 1990. Growth and survival of cultured juvenile moi.*Polydactylus sexfilis*, with different diets during a high cannibalistic period. Abstract Annual Meeting World Aquaculture Society, 10–14 June, Hilifax, N. S., 92.

KUTHALINHGAM M D K, 1960. Studies on the life history and feeding habit of the Indian threadfin *Polynemus indicus*(Shaw). Jour. Zool. India, 12(2):191–200.

LEIS J M, HAY A C, LOCKETT M M, et al. 2007.Ontogeny of swimming speed in larvae of pelagic-spawning, tropical, marine fishes. Mar Ecol Prog Ser 349: 255–267.

MALOLLAHI A, NORINEJAD M, MARZBAN R, et al, 2008. Biological and reproduction behaviour of *Eleuthronema tetradactylum*. Fisheres Research Institute of Iran:51.

MAY R C, 1975. Studies on the culture of the threadfin *Polydactylus sexfilis* in Hawaii.FAO Techical Conference in Aquaculture, Kyoto, Japan:5.

MAY R C, 1979. Cage culture of moi (*Polydactylus sexfilis*): a preliminary analysis of production economics. In: R.C. May (Editor). Papers of the moi *Polydactylus sexfilis*. Sea Grant Techical Paper UNIHI SEAGRANT–TP–79–03.University of Hawaii, Honolulu., 15.

MILLER T L, ADLARD R D, 2013.*Unicapsula* species (Myxosporea: Trilosporidae) of Australian marine fishes, including the description of *Unicapsula andrarenae* n.sp. in five teleost families off Queensland, Austiria.Paralotal, 112: 2945–2957.

MORAVEC F, ALI A H, ABED J M, et al, 2016. New records of philometrids (Nematoda: Philometridae) from marine fishes off Iraq, with the erection of two new species and the first description of the male of *Philometroides eleutheronemae* Moravec & Manoharan, 2013. Syst Parasitol, 93:129–144.

MORAVEC F, DIGGLES B K, 2014. Philometrid nematodes (Philometridae) from marine fishes off the northern coast of Australia, including three new species Folia Parasitologica , 61 (1): 37–54.

MORAVEC F, MANOHARAN J, 2013. Gonad-infecting philometrids (Nematoda: Philometridae) including four new species from marine fishes off the eastern coast of India. Folia Parasitologica. (2): 105–122.

MOTOMURA H, IWASDUSKY Y, KIMURA S, et al, 2002. Revision of the Indo-West Pacific polynemid fish genus *Eleutheronema* ( Teleostei: Perciformes). Ichthyological Research, (49) : 47–61.

MOTOMURA H, IWATSUKI Y, KIMURA S, et al, 2012. Revision of the Indo-West Pacific polynemid fish genus *Eleutheronema* (Teleostei: Perciformes). Ichthyol Res 49: 47–61.

MOTOMURA H, 2004. Threadfins of the world ( Family Polynemidae) : an annotated and illustrated catalogue of polynemid species known to date. FAO: Species Catalogue for Fisheries Purposes: 18–24.

NESARUL H M, HENA M A, SAIFULLAH S M, et al, 2014. Breeding biology of *Eleutheronema tetradactylum* (Shaw, 1804) from the Bay of Bengal, Indian Ocean. World Applied Sciences Journal 30: 240.

NEWMAN S J, PEMBER M B, ROME B M, 2011. Stock structure of blue threadfin *Eleutheronema tetradactylum* across northern Australia as inferred from stable isotopes in sagittal otolith carbonate. Fisheries Management and Ecology, 18(3): 246–257.

OSTROSKI A C, IWAI T, MONAHAN S, UNGER S, et al, 1996. Nursery production for Pacific threadfin (*Polydactylus sexfilis*). Aquaculture, 139 (1–2):19–29.

PATNAIK, S.1969. A contribution to the fishery and biology of Chilka Sahal, *Eleutheronema tetradactylum* (Shaw). Central Inland Fisheries Research Substation, Cuttack 36: 34–61.

RIDHO M R, RAHARDJO M, FRANATA A Y, 2010. Feeding habits and lenght-weight relation of senangin fish (*Eleutheronema tetradactylum* (Shaw)) caught in Sungsang Waters, South Sumatera. Faculty of Agriculture Sriwijaya University.

RUECKERT S, HAGEN W, Y A T, et al, 2009. Metazoan fish parasites of Segara Anakan Lagoon, Indonesia, and their potential use as biological indicators. Reg Environ Change (2009) 9:315–328.

SAROJINIM K K, MALBOTRA J C, 1952. The larval development of the so-called Indian Salmon, *Eleutheronema Tetradactylun*(Shaw). Jour. Zool. India, 4(1):63–72.

SENG E K, FANG Q, CHANG S F, et al, 2002. Characterisation of a pathogenic virus isolated from marine threadfin fish (*Eleutheronema tetradactylus*) during a disease outbreak. Aquaculture 214: 1–18.

SENG E K, FANG Q, LAM T J, et al, 2004. Development of a rapid, sensitive and specific diagnostic assay for fish aquareovirus based on RT-PCR. Journal of Virological Methods 118 (2004) 111–122.

SENG E K, FANG Q, SIN Y M et al, 2005. Molecular characterization of a major outer capsid protein encoded by the threadfin aquareovirus (TFV) gene segment 10 (S10). Arch Virol, 150: 2021–2036.

SHAO K T, CHEN K C, WU J H, 2002. Identification of marine fish eggs in Taiwan using light microscopy, scanning electric microscopy and mtDNA sequencing. Mar. Freshwater Res., 53, 355–365.

SHIHAB I, GOPALAKRISHNAN A, VINEESH N, et al 2017. Histological profiling of gonads depicting protandrous hermaphroditism in *Eleutheronema tetradactylum*. Journal of Fish Biology, 90,

2402–2411.

SMALES L R, 2012. A new acanthocephalan family, the Isthmosascanthidae (Acanthocephalua: Echinorhynchida), with the description of *Isthmosacanthus fitzroyensis* n.g., n.sp, from threadfin fishes (Polynemidae) of northern Australia. Syst Parasitol, 82: 105–111.

SZYPER J P, ANDERSON J J, RICHAMAN N H, 1991. Preliminary aquaculture evaluation of moi (*Polydactylus sexfilis*).Progressive Fish Culturist., 53(1):20–25.

THIRUMARAISELVI R, THANGARAJ M, 2015. Genetic diversity analysis of Indian salmon, *Eleutheronema tetradactylum* from South Asian countries based on mitochondrial COI gene sequences. Not Sci Biol, 7(4): 417–422.

TITRAWANI, ELVYRA R, SAWALIA D R U, 2016. Analisis lsi Lambung lkan (*Eleutheronema tetradactylum* Shaw) di Perairan Dumai.Al-Kauniyah Jurnal Biologi, 6(2): 85–90.

TRẦN T M, VŨ V S, 2013. Ảnh hương cưa thưc ân đên sinh trương vâ ty lê sông cưa cá như bôn râu (*Eleutheronema tetradactylum* Shaw, 1804) gial đoạn ban đâu nuôi thương phâm. J. Sci. & Devel., 11(4): 519–524.

WANG J J, SUN P, YIN F, 2014. Low mtDNA Cytb diversity and shallow population structure of *Eleutheronema tetradactylum* in the East China Sea and the South China Sea. Biochemical Systematics and Ecology, 55: 268–274.

WRIGHT K J , HIGGS D M, LEIS J M, 2011. Ontogenetic and interspecific variation in hearing ability in marine fish larvae. Marine Ecology Progress , 424(424):1.

ZHANG B, SUN Y, AND SHI G, 2014. The complete mitochondrial genome of the fourfinger threadfin *Eleutheronema tetradactylum* (Perciforms: Polynemidae) and comparison of light strand replication origin within Percoidei. Mitochondrial DNA, 25(6): 411– 413.